职业技能等级水平评价培训教材
港口行业职业技能培训教材

港口内燃装卸机械司机 中级

GANGKOU
NEIRAN ZHUANGXIEJIXIE SIJI
ZHONGJI

人力资源和社会保障部教材办公室
中国交通教育研究会港口教育分会 组织编写

中国劳动社会保障出版社

图书在版编目（CIP）数据

港口内燃装卸机械司机：中级 / 王澎主编．-- 北京：中国劳动社会保障出版社，2018

职业技能等级水平评价培训教材　港口行业职业技能培训教材

ISBN 978-7-5167-2409-5

Ⅰ．①港…　Ⅱ．①王…　Ⅲ．①港口装卸设备－内燃机－技术培训－教材　Ⅳ．①U653.92

中国版本图书馆 CIP 数据核字（2018）第 082243 号

中国劳动社会保障出版社出版发行

（北京市惠新东街 1 号　邮政编码：100029）

*

三河市华骏印务包装有限公司印刷装订　新华书店经销

787 毫米 ×1092 毫米　16 开本　17.25 印张　361 千字

2018 年 5 月第 1 版　2018 年 5 月第 1 次印刷

定价：50.00 元

读者服务部电话：（010）64929211/84209103/84626437

营销部电话：（010）84414641

出版社网址：http：//www.class.com.cn

港口行业职业技能培训教材编审指导委员会

主　任：杨秀微　广州港集团有限公司党委副书记

副主任（按单位拼音首字母排序）：

袁　毅　大连港集团有限公司工会主席
朱朝阳　河北港口集团有限公司副总经理
葛洪军　南京港（集团）有限公司副总经理
叶志航　浙江海港投资运营集团（宁波舟山港集团）党委委员兼组织部长（人力资源部部长）
李雄伟　湛江港（集团）股份有限公司常务副总裁

委　员（按单位拼音首字母排序）：

徐芳盛　大连港集团有限公司人事组织部部长
李绍波　大连港教育培训中心主任
温东伟　广州港集团有限公司组织人事部部长
段华丽　广州港集团有限公司教育培训中心主任
李永来　河北港口集团有限公司人力资源部部长
陈立志　河北港口集团有限公司教育培训中心主任
朱栋良　南京港（集团）有限公司人力资源部部长
刘明璋　宁波舟山港集团教育培训中心主任
徐振和　日照港集团有限公司人力资源部部长
刘长青　日照港集团有限公司党校党委书记
张　峰　日照港集团有限公司员工保障中心主任
金志伟　上海国际港务（集团）股份有限公司人力资源部总经理
胡戌壮　上海港教育培训中心主任
陈　钢　天津港职工培训中心主任
秦　昕　天津港职工培训中心副主任
张　健　烟台港集团有限公司人力资源部部长
邹嘉勇　烟台港职工培训中心主任
任　强　湛江港（集团）股份有限公司人力资源部部长

港口内燃装卸机械司机技能培训教材编审委员会

港口内燃装卸机械司机（中级）教材编审组

主　编：王　澎

副主编：苏月华

参　编：孙爱云　胡泽东

主　审：张维军　陈保余　陶凯石

参　审：胡志勤　刘明玉　赵雪松　钟成国　刘庆东　柳敏学

前　言

技术工人是推动经济社会发展的重要力量。习近平总书记在党的十九大报告中提出“建设知识型、技能型、创新型劳动者大军，弘扬劳模精神和工匠精神”，指明了技术工人队伍建设的方向和要求。建设高素质的技术工人队伍已成为实现中国制造向中国创造转变、实现产业结构转型升级的技能人才保障和重要支撑。随着“一带一路”建设推进，港口行业迎来了新的历史发展机遇，我国港口将从传统的货运业向现代航运服务业延伸，呈现由装卸业向上下游的延伸，打造现代港口服务产业链，这些都离不开高素质的港口专业人才。为此，人力资源和社会保障部教材办公室会同中国交通教育研究会港口教育分会组织港口行业相关专家，首先针对港口电动装卸机械司机等 5 个港口主体工种编写了港口行业职业技能培训教材。

该套教材具有以下主要特点：

在编写原则上，突出以职业能力为核心。教材编写贯穿“以职业标准为依据，以岗位需求为导向，以职业能力为核心”的理念，依据国家职业标准和行业标准，结合企业实际，反映岗位需求，既兼顾技术的普遍性和通用性，又突出新设备、新技术、新工艺、新方法，注重职业能力培养。同时，有效融入与岗位有关专业理论基础知识，为技术工人职业能力发展打下理论基础。

在教材体系上，采用分技能等级模块化编写。不同于港口传统培训学科化的培训教材模式，该套教材按照职业技能等级分级别编写，打破知识的学科分割，面向职业技能等级的不同梯度要求整合为基础知识模块、专业知识与技能模块，形成初中高 3 个技能等级教材合理衔接、步步提升，为技能人才培养搭建科学的阶梯型培训架构。

在使用功能上，注重服务于培训和技能等级水平评价。该套教材讲练结合，每个岗位等级均配套编写了 4 套、共 800 道试题的理论知识考试模拟试卷，供培训后练习和测试使用。随着我国人才评价机制的不断完善，我们还将配套开发相应岗位各等级试题库系统，以满足各部门、行业和企业开展职业技能等级水平评价的需要。

教材编写是一项艰苦的工作。本套教材历时 2 年多终于完成，编审专家反复修改、反复校核，付出了极大的心血。在此我们向所有参加教材编审的单位和专家，以及对教材编写工作给予大力支持的单位和专家致以最诚挚的谢意。同时也希望大家在教材使用过程中将使用意见和建议及时反馈给我们，帮助教材修订，使其日臻完善。

人力资源和社会保障部教材办公室

中国交通教育研究会港口教育分会

目　录

第1部分　基础知识

第三章 液压传动基础知识

第四章 常用维修设备及工具

第3部分　理论知识考试模拟试卷

第1部分

基础知识

第一章　机械制图与公差配合

第一节　机械图样的基本表示法

一、视图

根据有关标准和规定，绘制出的物体的多面正投影图形称为视图。视图主要用于表达物体的外部结构和形状，物体中不可见的结构和形状在必要时才用细虚线画出。

视图分为基本视图、向视图、局部视图和斜视图等几种。

1. 基本视图

将物体向基本投影面投射所得的视图称为基本视图。一个物体可以有六个基本投射方向，如图 1—1a 所示，相应地有六个与基本投射方向垂直的基本投影面。基本视图就是物体向六个基本投影面投射所得的视图。空间中的六个基本投影面可设想围成一个正六面体，为使其上的六个基本视图位丁同一平面内，可将六个基本投影面按图 1—1b 所示方法展开。六个基本投射方向及视图名称见表 1—1。

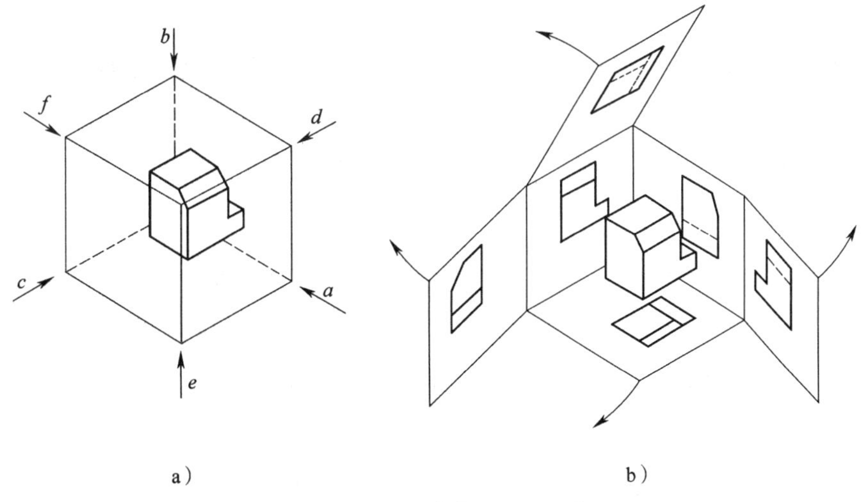

图 1—1　六个基本视图的形成

在机械图样中，六个基本视图的名称和配置关系如图 1—2 所示。在同一张图纸内按图 1—2 所示配置视图时，图样中一律不标注视图的名称。

表 1—1　　六个基本投射方向及视图名称

方向代号	*a*	*b*	*c*	*d*	*e*	*f*
投射方向	由前向后	由上向下	由左向右	由右向左	由下向上	由后向前
视图名称	主视图	俯视图	左视图	右视图	仰视图	后视图

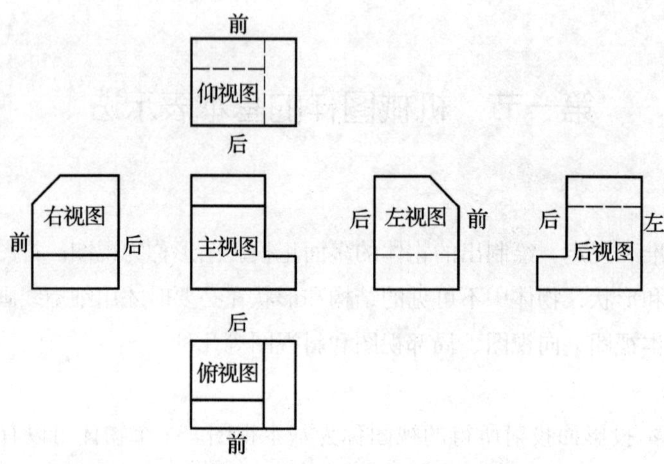

图 1—2　六个基本视图的配置和方位对应关系

六个基本视图应保持“长对正、高平齐、宽相等”的三等关系。实际画图时，无须将六个基本视图全部画出，应根据物体的复杂程度和表达需要，选用其中必要的几个基本视图。若无特殊情况，优先选用主视图、俯视图和左视图。

2. 向视图

可以移位配置的基本视图称为向视图。当某视图不能按投影关系配置时，可按向视图绘制，如图 1—3 中的向视图 *D*、向视图 *E* 和向视图 *F* 所示。

向视图必须在图形上方中间位置处注出视图名称“×”（“×”为大写拉丁字母，下同），并在相应视图的附近用箭头指明投射方向，标注相同的字母。

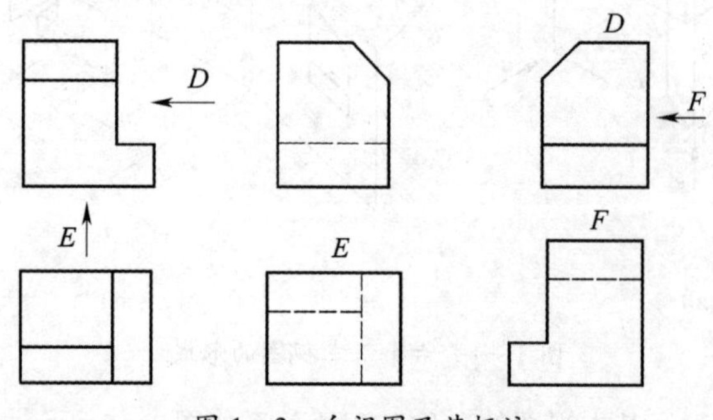

图 1—3　向视图及其标注

3. 局部视图

将物体的某一部分向基本投影面投射所得的视图称为局部视图。图 1—4 所示的机件，用主视图和俯视图两个基本视图表达了主体形状，但左、右两边凸缘形状若用左视图和右视图表达，则显得烦琐和重复，采用 *A* 向和 *B* 向两个局部视图来表达这两个凸缘形状，既简练又突出重点。

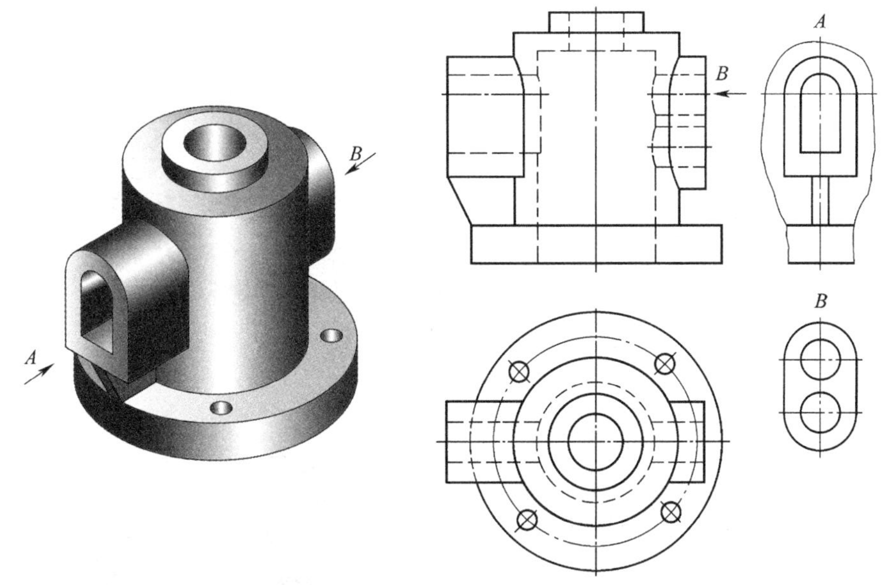

图 1—4　局部视图

4. 斜视图

将物体向不平行于基本投影面的平面投射所得的视图称为斜视图。

当机件上某局部结构不平行于任何基本投影面，在基本投影面上不能反映该部分的实形时，可增加一个新的辅助投影面，使其与机件上倾斜结构的主要平面平行，并垂直于一个基本投影面，然后将倾斜结构向辅助投影面投射，就可得到反映倾斜结构实形的视图，即斜视图，如图 1—5 所示。

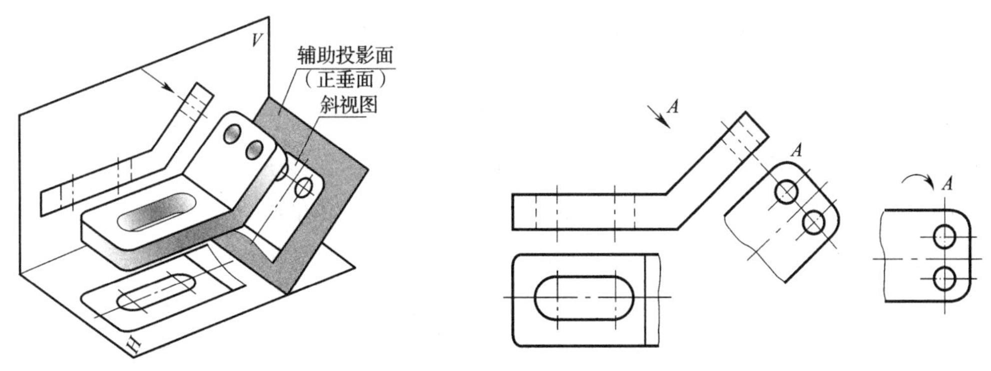

图 1—5　倾斜结构斜视图的形成

二、剖视图

1. 剖视图的形成及画法

（1）剖视图的形成。假想用剖切面剖开物体，将处在观察者与剖切面之间的部分移去，而将其余部分向投影面投射所得的图形即为剖视图，简称剖视。剖视图的形成过程如图 1—6b 和图 1—6c 所示，图 1—6d 中的主视图即为机件的剖视图。

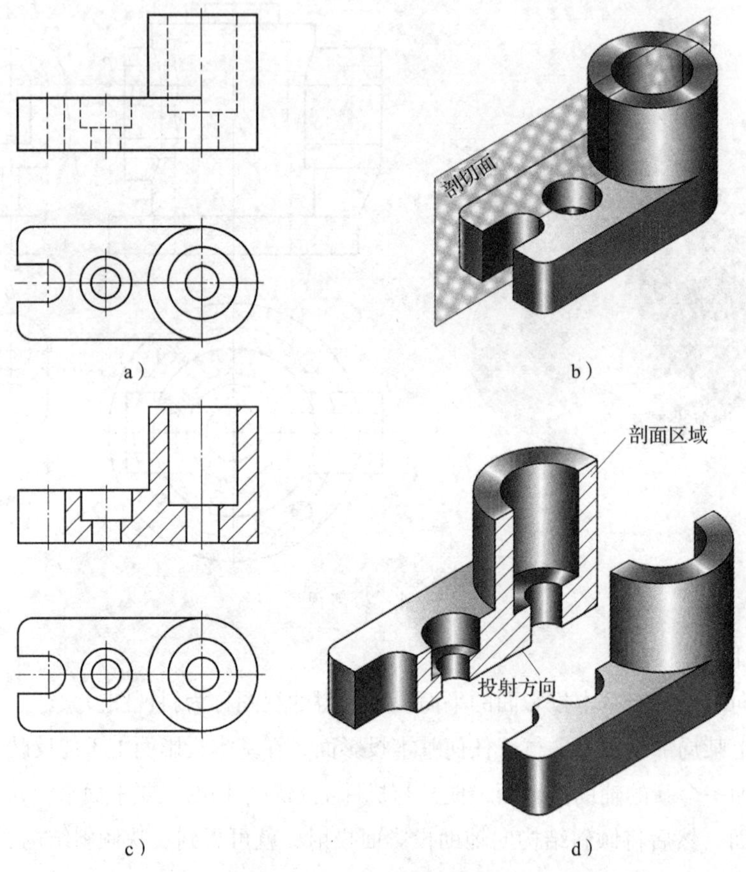

图 1—6　剖视图的形成

（2）剖面符号。物体被假想剖切后，将剖视图中剖切面与物体接触的部分称为剖面区域。

在机械设计中，金属材料的使用最多，为此，国家标准规定用简明易画的平行细实线作为剖面符号，将其称为剖面线。绘制剖面线时，同一机械图样中同一零件的剖面线应方向相同、间隔相等。剖面线的间隔应按剖面区域的大小确定。剖面线的方向一般与主要轮廓或剖面区域的对称线成 45°，如图 1—7 所示。

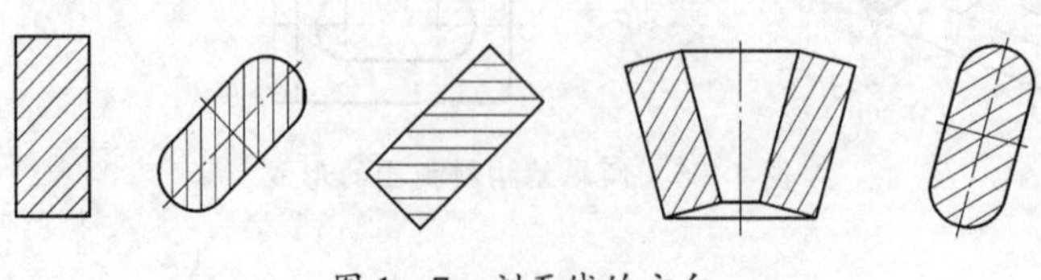
图 1—7　剖面线的方向

（3）画剖视图的注意事项

1）剖切物体的剖切面必须垂直于相应的投影面。

2）物体的一个视图画成剖视后，其他视图的完整性不应受其影响，一般仍应完整画出。

3）剖切面后的可见结构一般应全部画出，如图 1—8 所示。

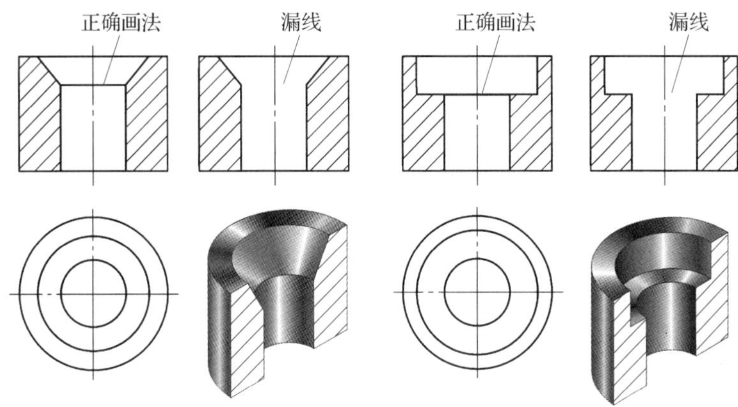

图 1—8　剖视图画法的常见错误

4）一般情况下，尽量避免用细虚线表示物体上不可见的结构。

2. 剖视图的标注

（1）剖视图标注三要素

1）剖切位置。用粗实线的短线段表示剖切面起、迄和转折位置。

2）投射方向。将箭头画在剖切位置线外侧指明投射方向。

3）对应关系。将大写拉丁字母注写在剖切面起、迄和转折位置旁边，并在所对应的剖视图上方标注相同字母名称。

（2）剖视图的标注方法。剖视图的标注有三种情况，即全标、不标和省标。

1）全标。三要素全部标出，这是基本规定，如图 1—9 中所示的 *A—A*。

2）不标。同时满足以下三个条件时，三要素可不必标注：

①单一剖切平面通过物体的对称平面或基本对称平面剖切。

②剖视图按投影关系配置。

③剖视图与相应视图之间没有其他图形隔开。

3）省标。仅满足不标条件中的后两个条件，则可省略表示投射方向的箭头，如图 1—9 中所示的 *B—B*。

3. 剖视图的种类

（1）全剖视图。用剖切面完全地剖开物体所得到的剖视图，称为全剖视图。全剖视图一般适用于外形比较简单、内部结构较为复杂的物体，如图 1—10 所示。

（2）半剖视图。当物体具有对称平面时，以对称平面为界，用剖切面剖开物体的一半所得到的剖视图称为半剖视图，如图 1—11 所示。

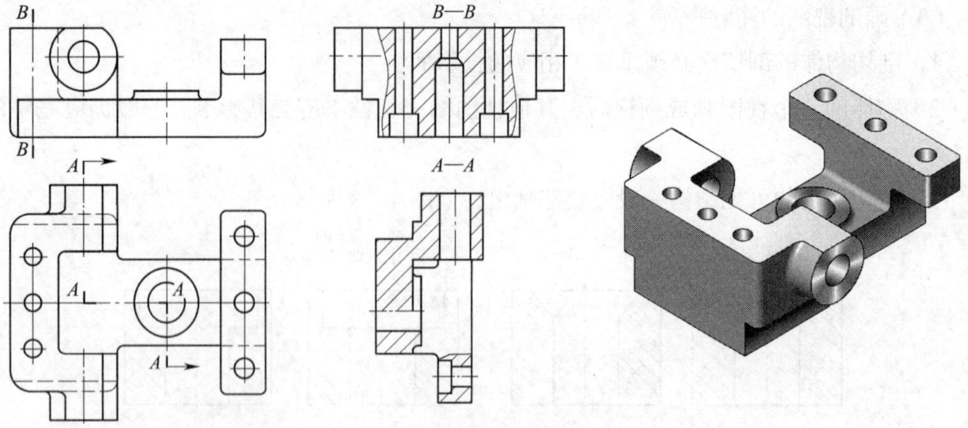

图 1—9　剖视图的配置和标注

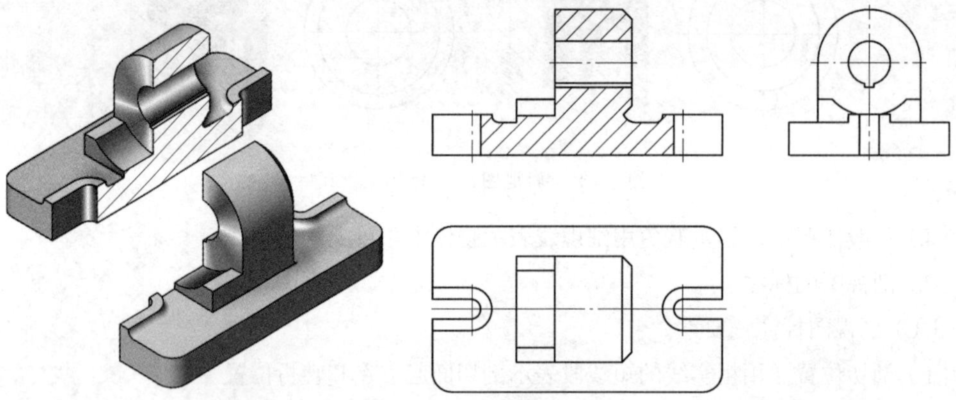

图 1—10　全剖视图

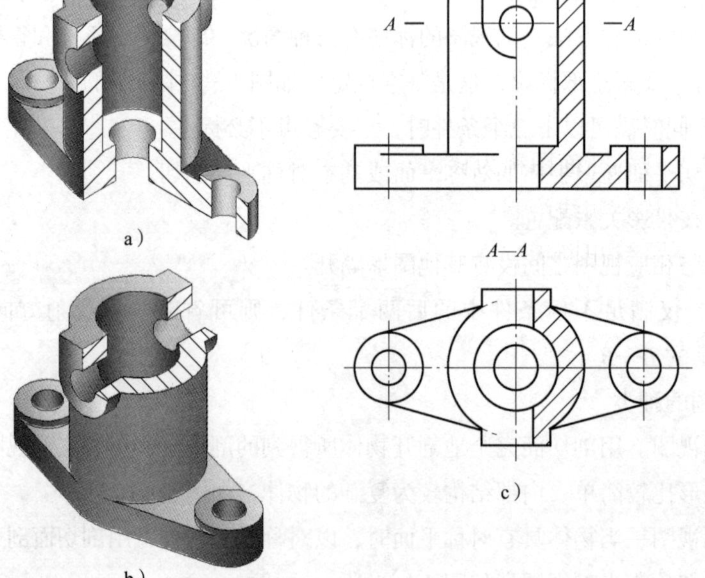

图 1—11　半剖视图（一）

当物体的形状接近对称且不对称部分已另有图形表达清楚时，也可以画成半剖视图，如图 1—12 所示。

（3）局部剖视图。用剖切面局部地剖开物体所得到的剖视图，称为局部剖视图，如图 1—13 所示。

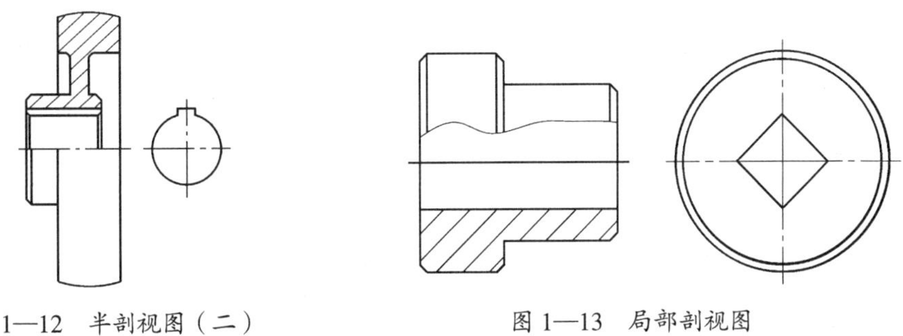

图 1—12　半剖视图（二）　　图 1—13　局部剖视图

三、断面图

假想用剖切面将物体的某处切断，仅画出其断面的图形称为断面图，简称断面，如图 1—14 所示。

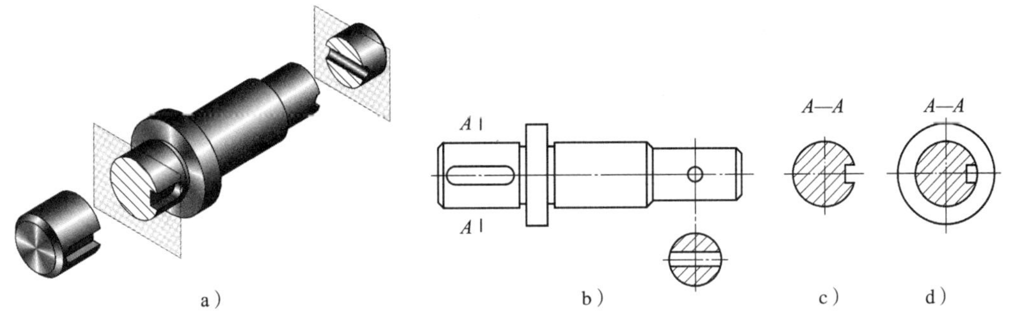

图 1—14　断面图与剖视图的比较

1. 移出断面图

画在视图之外的断面图称为移出断面图。移出断面图的轮廓线用粗实线绘制。由两个或多个相交的剖切平面获得的移出断面，中间一般应断开，如图 1—15 所示。

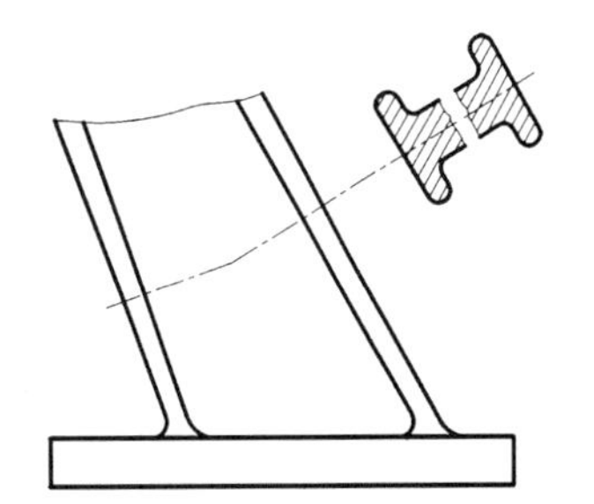

图 1—15　由两个相交的剖切面获得的移出断面

当剖切平面通过回转面形成的孔或凹坑的轴线时，如图 1—16a 所示；或通过非圆孔但会导致出现完全分离的断面时，如图 1—16b 所示，这些结构按剖视图要求绘制。

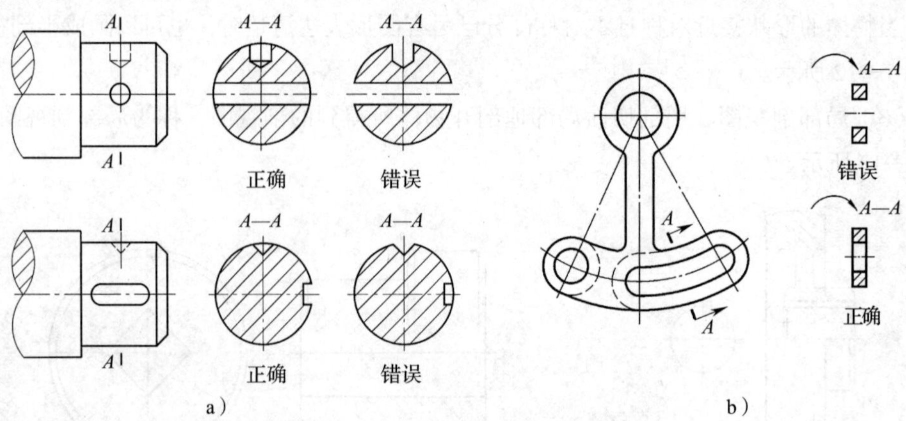

图 1—16　断面图的特殊画法

画出移出断面图后应按国家标准进行标注。剖视图标注的三要素同样适用于移出断面图。移出断面图的配置及标注方法见表 1—2。

表 1—2　　**移出断面图的配置及标注方法**

配置	对称的移出断面	不对称的移出断面
配置在剖切线或剖切符号延长线上	剖切线（细点画线） 不必标注字母和剖切符号	不必标注字母
按投影关系配置	A　A—A　A 不必标注箭头	A　A—A　A 不必标注箭头
配置在其他位置	A　A　A—A 不必标注箭头	A　A　A—A 应标注剖切符号（含箭头）和字母

2. 重合断面图

将断面图形画在视图之内的断面图，称为重合断面图，如图 1—17a 所示。重合断面的轮廓线用细实线绘制。当视图中的轮廓线与重合断面的图形重叠时，视图中的轮廓线仍应连续画出，不可间断，如图 1—17b 所示。

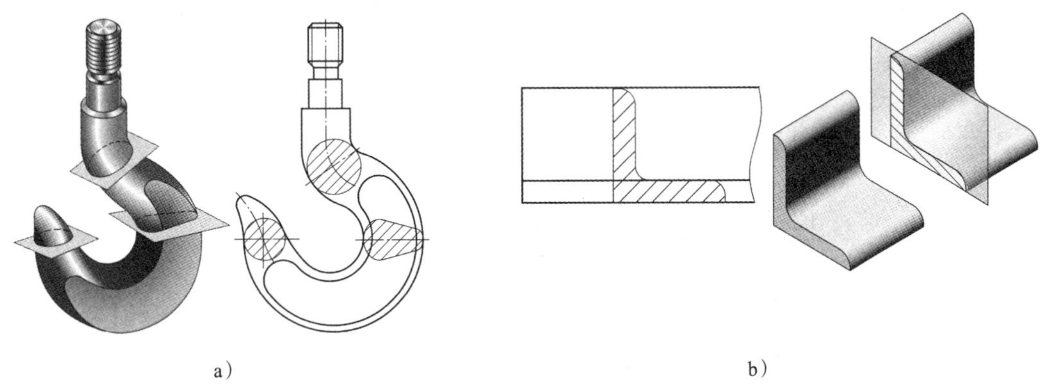

图 1—17 重合断面图

四、局部放大图

将物体的部分结构用大于原图形所采用的比例画出的图形称为局部放大图，如图 1—18 所示。局部放大图应尽量配置在被放大部位的附近。绘制局部放大图时，除螺纹牙型、齿轮和链轮的齿形外，应用细实线圈出被放大部位。当同一物体上有几处被放大的部分时，应用罗马数字编号，并在局部放大图上方标注出相应的罗马数字和所采用的比例。

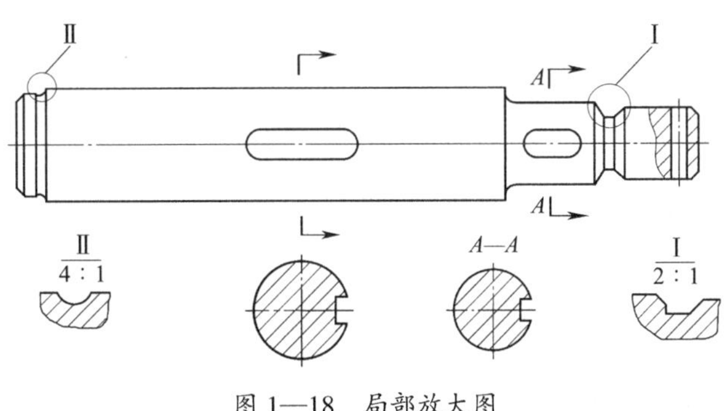

图 1—18 局部放大图

第二节 零件上的常见工艺及技术要求

一、零件上的常见工艺结构

零件的结构和形状，除了应满足使用功能的要求外，还应满足制造工艺的要求，即应具有合理的工艺结构。

1. 铸造工艺结构

（1）起模斜度。在铸造零件毛坯时，为便于将木模从砂型中取出，在铸件的内、外壁沿起模方向应有一定的斜度（1∶20 ~ 1∶10），如图 1—19a 所示。起模斜度在制作模型时应予以考虑，视图上可以不注出。

（2）铸造圆角。为防止起模或浇铸时砂型在尖角处脱落及避免铸件冷却收缩时在尖角处产生裂纹，铸件各表面相交处应作成圆角，如图 1—19b 所示。

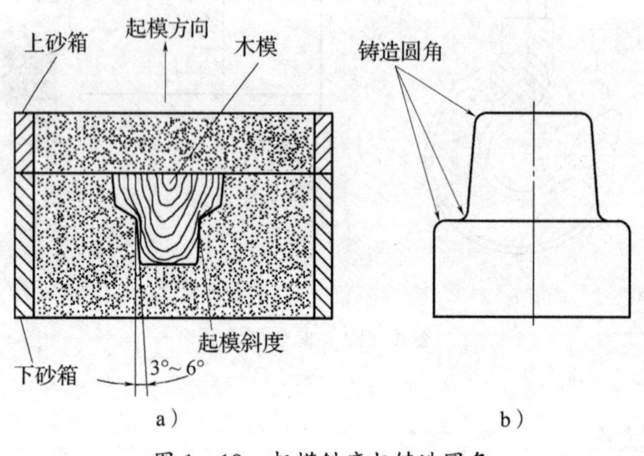

图 1—19　起模斜度与铸造圆角

a）起模斜度　b）铸造圆角

（3）铸件壁厚。如图 1—20 所示，为了避免浇铸后由于铸件壁厚不均匀而产生缩孔、裂纹等缺陷（见图 1—20a），应尽可能使铸件壁厚均匀或逐渐过渡（见图 1—20b、c）。

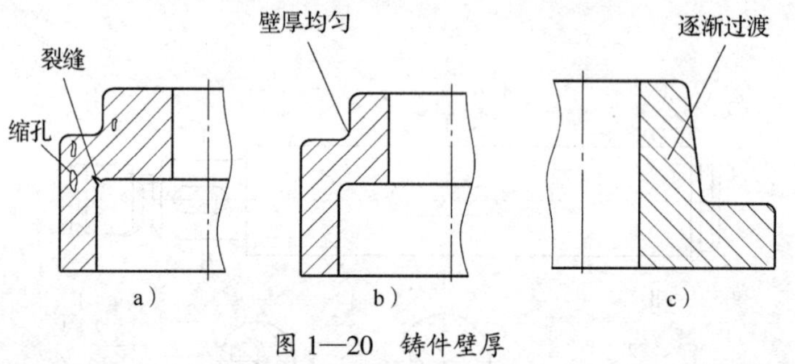

图 1—20　铸件壁厚

2. 机械加工工艺结构

（1）倒角和倒圆。为了便于装配和安全操作，轴或孔的端部应加工成圆台面，称为倒角；为了避免因应力集中而产生裂纹，轴肩处应圆角过渡，称为倒圆。45° 倒角和倒圆的尺寸注法如图 1—21 所示（图中 C 表示 45° 倒角）。

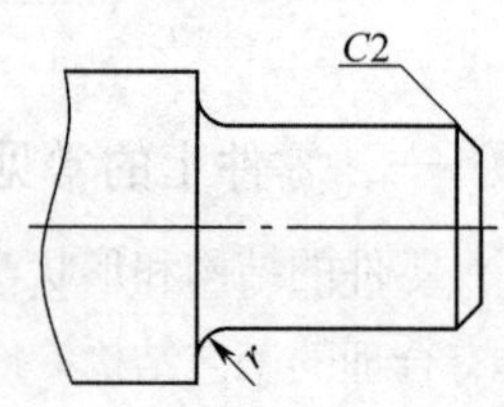

图 1—21　倒角和倒圆

（2）退刀槽和砂轮越程槽。切削加工（主要是车螺纹和磨削）时，为了便于退出刀具或砂轮，以及在装配时保证与相邻零件靠紧，常在待加工面的轴肩处先车出退刀槽或砂轮越程槽，如图 1—22 所示。

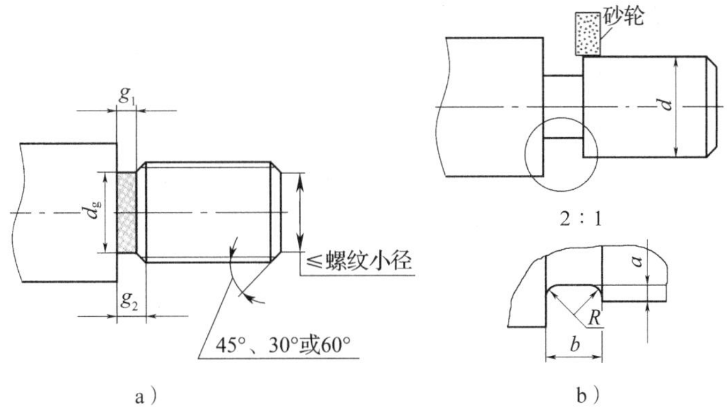

a）　　b）

图 1—22　螺纹退刀槽和砂轮越程槽

a）退刀槽　b）越程槽

（3）凸台和凹坑。为了使零件间表面接触良好和减小加工面积，常将两零件的接触表面设计成凸台和凹坑（见图 1—23）或凹槽和凹腔（见图 1—24）等结构。

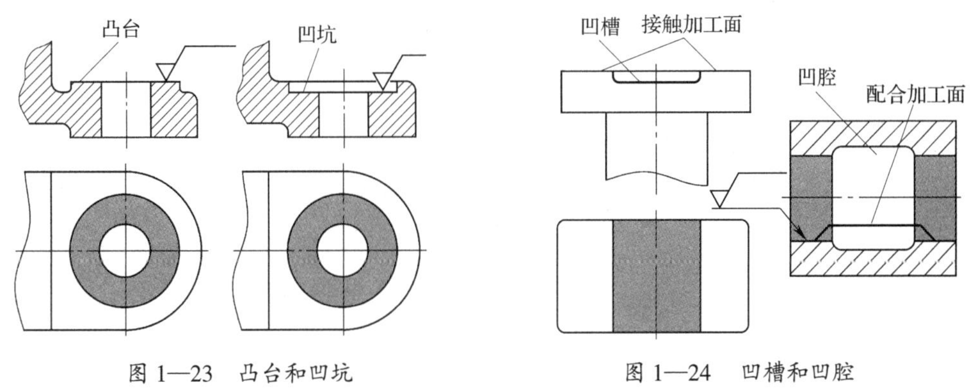

图 1—23　凸台和凹坑　　图 1—24　凹槽和凹腔

（4）钻孔结构。钻孔时，应尽可能使钻头轴线与被钻孔表面垂直，以保证孔的精度和避免钻头弯曲或折断。图 1—25 所示为三种处理斜面上钻孔的正确结构。

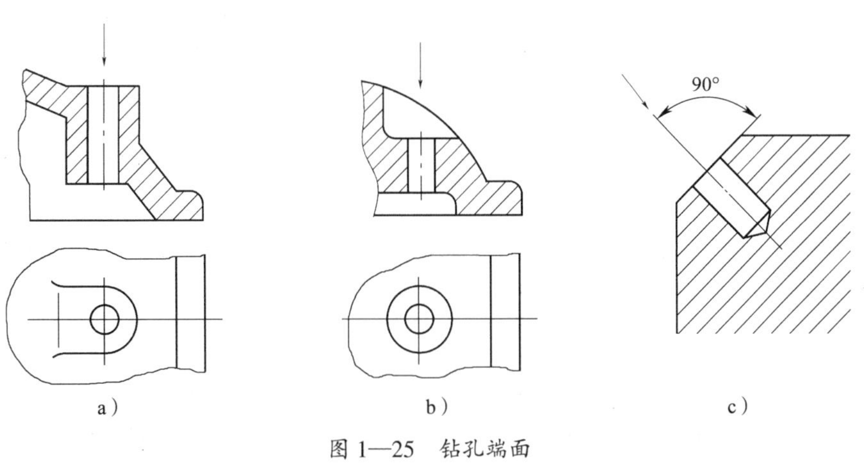

a）　　b）　　c）

图 1—25　钻孔端面

二、零件尺寸的合理标注

1. 正确选择尺寸基准

尺寸基准是指零件在机器中或在加工测量时用以确定其位置的面或线。一般情况下，零件在长、宽、高三个方向都应有一个主要基准；为便于加工制造，还可以有若干辅助基准。基准的选择如图 1—26 所示。

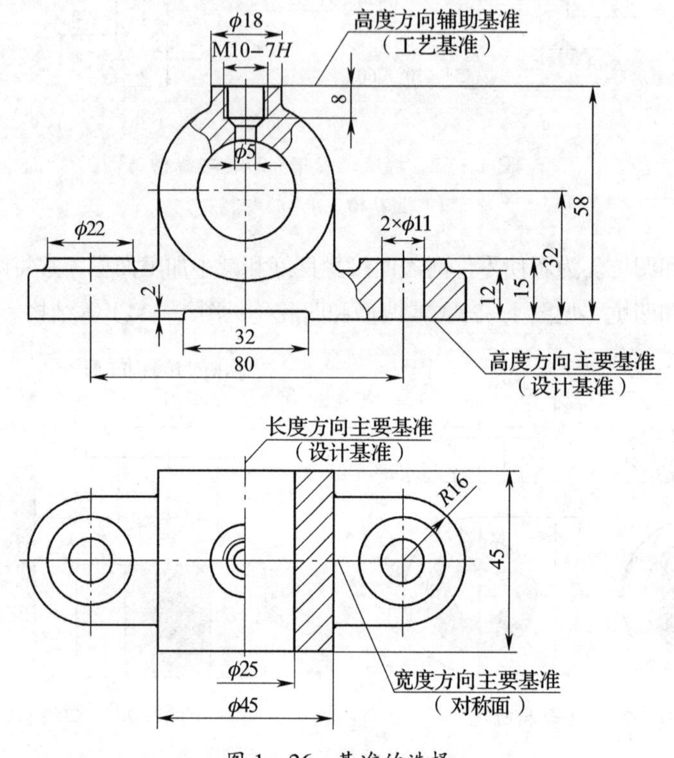

图 1—26 基准的选择

（1）设计基准。确定零件在部件中工作位置的基准面或线。在图 1—26 中，标注轴承孔的中心高 32，应以底面为高度方向基准。底面（安装面）和对称面是设计基准。

（2）工艺基准。零件在加工、测量时的基准面或线。图 1—26 中凸台的顶面是工艺基准，以此为基准测量螺孔的深度尺寸 8 mm 比较方便。

设计基准和工艺基准最好能重合，这样既可满足设计要求，又能便于加工、检测。

2. 合理标注尺寸的原则

（1）重要尺寸直接注出。重要尺寸是指有配合功能要求的尺寸、重要的相对位置尺寸、影响零件使用性能的尺寸，这些尺寸都要在零件图上直接注出，如图 1—27a 所示。

（2）避免出现封闭尺寸链。如图 1—28b 中的尺寸 l_1、l_2、l_3、l 构成一个封闭尺寸链，每一段的误差都会积累到尺寸 l 上，使总长 l 不能保证设计精度要求。为此，选择其中一个不重要的尺寸空出不注，称为开口环，使所有的尺寸误差都积累在这一段上。

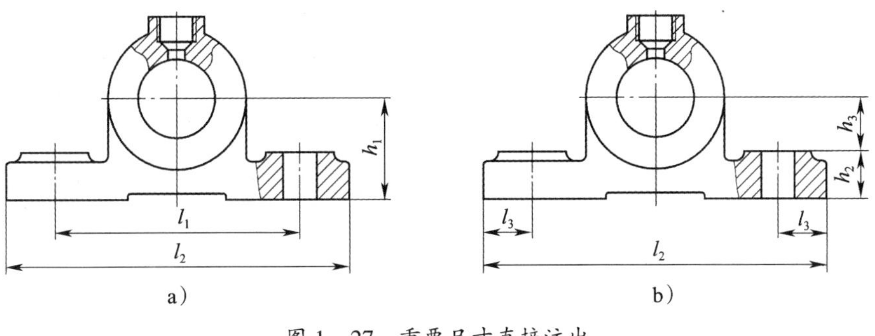

图 1—27 重要尺寸直接注出

a）正确 b）错误

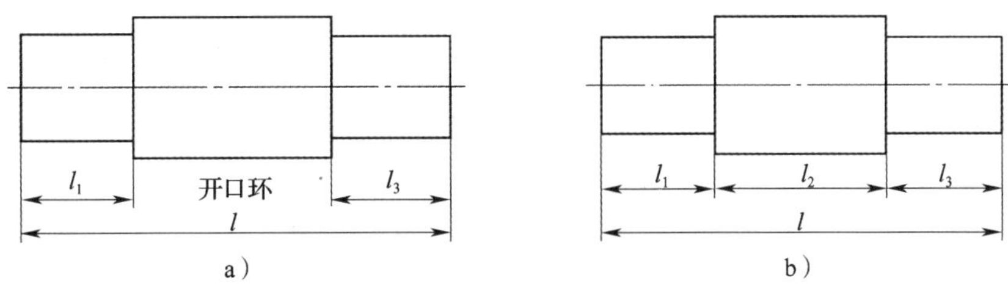

图 1—28 不要注成封闭尺寸链

a）正确 b）错误

（3）标注尺寸要便于加工测量

1）退刀槽和砂轮越程槽的尺寸标注。退刀槽或砂轮越程槽工艺结构，标注尺寸时应将这类结构要素的尺寸单独注出，且包括在相应的某一段长度内，如图 1—29a 所示。

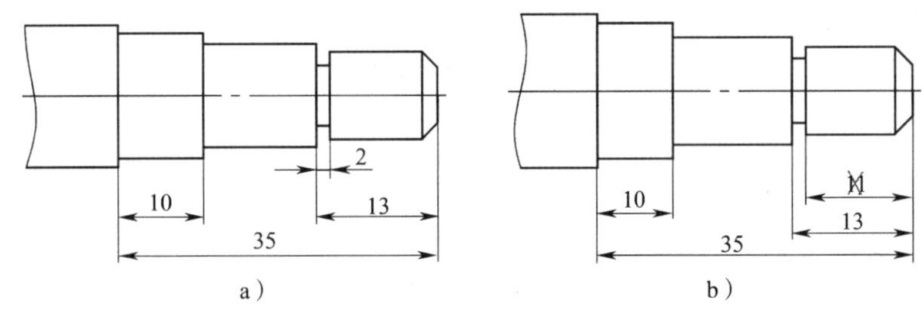

图 1—29 退刀槽和砂轮越程槽的尺寸标注

a）正确 b）错误

零件上常见结构要素的尺寸标注已经格式化，如倒角、退刀槽可按图 1—30a、b 的形式标注。图 1—30c 所示为轴套类零件中越程槽的尺寸注法。

2）键槽深度的尺寸标注。如图 1—31a 所示，表示轴或轮毂上键槽的深度尺寸以圆柱面素线为基准进行标注，以便于测量。

3）阶梯孔的尺寸标注。零件上阶梯孔的加工顺序一般是先作成小孔，再加工大孔，因此轴向尺寸的标注应从端面注出大孔的深度，以便于测量，如图 1—31b 所示。

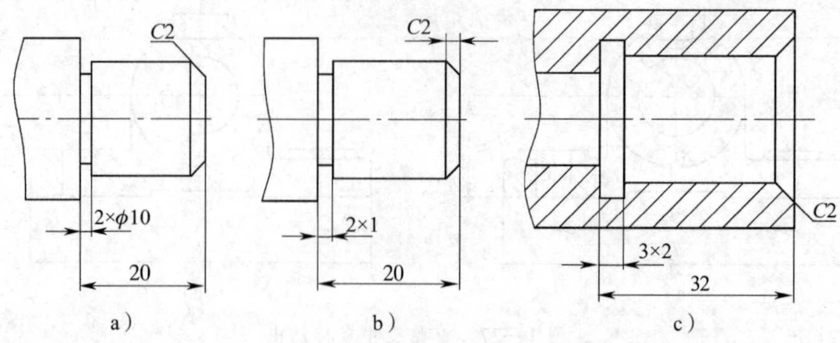

图 1—30 零件上常见结构要素的尺寸标注

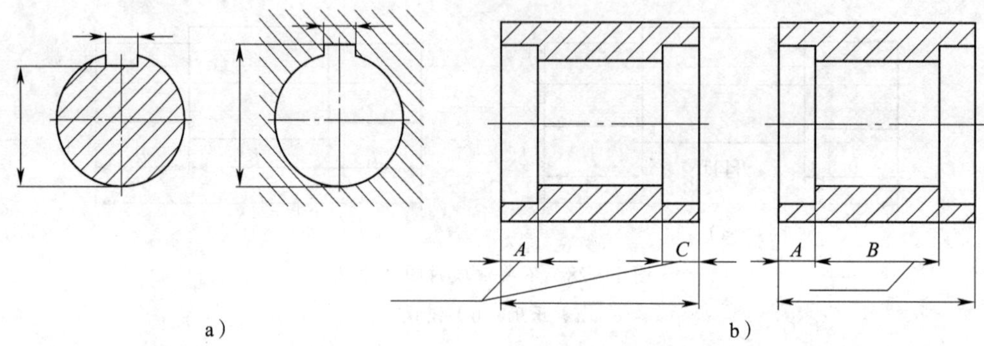

图 1—31 标注尺寸要便于加工测量

a）键槽深度 b）阶梯孔

4）毛面尺寸的标注。毛坯的毛面是指始终不进行加工的表面。标注尺寸时，在同一方向上应分为两个尺寸系统，即毛面与毛面之间为一尺寸系统，加工面与加工面之间为另一尺寸系统。两个尺寸系统之间必须有且只有一个尺寸联系。如图 1—32a 所示，该零件只有一个 *B* 尺寸为毛面与加工面之间的联系尺寸；图 1—32b 中 *D* 尺寸增加了加工面和毛面的联系尺寸个数，是不合理的。

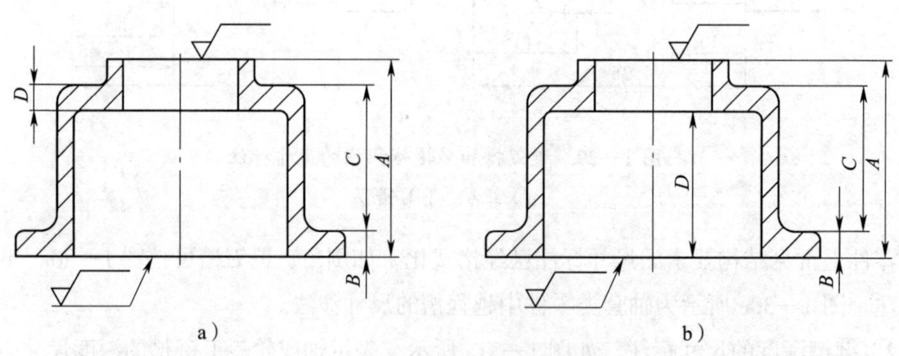

图 1—32 毛坯毛面尺寸的标注

a）合理 b）不合理

5）各种孔的简化注法。零件上各种孔（光孔、沉孔、螺孔）的简化注法见表 1—3。标注尺寸时应尽可能使用符号和缩写词，见表 1—4。

表 1—3　　各种孔的简化注法

零件结构类型		简化注法	一般注法	说明
光孔	一般孔	4×φ5↧10　4×φ5↧10	4×φ5　10	4×φ5 表示直径为 5 mm 的四个光孔，孔深可与孔径连注
	精加工孔	$4\times\phi5^{+0.012}_{0}$↧10 孔↧12　$4\times\phi5^{+0.012}_{0}$↧10 孔↧12	$4\times\phi5^{+0.012}_{0}$　10　12	光孔深为 12 mm，钻孔后需精加工至 $\phi5^{+0.012}_{0}$ mm，深度为 10 mm
	锥孔	锥销孔φ5 配作　锥销孔φ5 配作	锥销孔φ5 配作	φ5 mm 为与锥销孔相配的圆锥销小头直径（公称直径）。锥销孔通常是两零件装在一起后加工的，故应注明“配作”
沉孔	锥形沉孔	4×φ7 ▽φ13×90°　4×φ7 ▽φ13×90°	90°　φ13　4×φ7	4×φ7 表示直径为 7 mm 的四个孔，90° 锥形沉孔的最大直径为 φ13 mm
	柱形沉孔	4×φ7 ⌴φ13↧3　4×φ7 ⌴φ13↧3	φ13　3　4×φ7	四个柱形沉孔的直径为 φ13 mm，深度为 3 mm
	锪平沉孔	4×φ7 ⌴φ13　4×φ7 ⌴φ13	φ13　锪平　4×φ7	锪孔 φ13 mm 的深度不必标注，一般锪平到不出现毛面为止
螺孔	通孔	2×M8　2×M8	2×M8	2×M8 表示公称直径为 8 mm 的两螺孔，中径和顶径的公差带为 6H
	不通孔	2×M8↧10 孔↧12　2×M8↧10 孔↧12	2×M8　10　12	表示两个螺孔 M8 的螺纹长度为 10 mm，钻孔深度为 12 mm，中径和顶径的公差带代号为 6H

表 1—4　　　　　　　　　　尺寸标注常用符号及缩写词

含义	符号或缩写词	含义	符号或缩写词
直径	ϕ	深度	↧
半径	R	沉孔或锪平	⌴
球直径	$S\phi$	埋头孔	⌵
球半径	SR	弧长	⌒
厚度	L	斜度	∠
均布	EQS	锥度	◁
45° 倒角	C	展开长	○→
正方形	□	型材截面形状	按 GB/T 4656—2008 的规定

三、零件图上的技术要求

1. 表面结构的图样表示法

表面结构是表面粗糙度、表面波纹度、表面缺陷、表面纹理和表面几何形状的总称。表面结构的各项要求在图样上的表示法在 GB/T 131—2006 中均有具体规定。

评定表面结构常用的轮廓参数有算术平均偏差 Ra 和轮廓的最大高度 Rz，如图 1—33 所示。

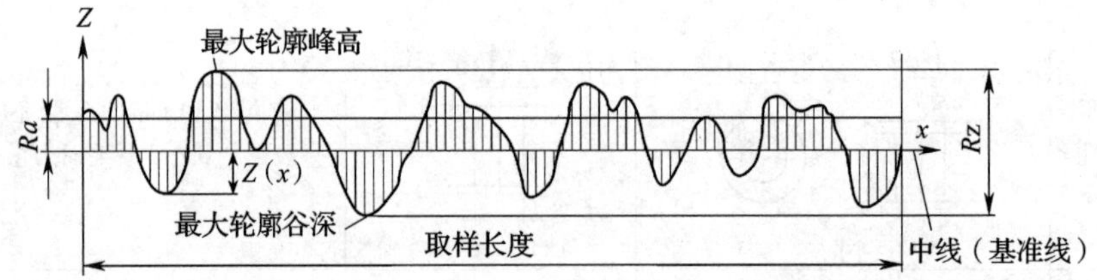

图 1—33　算术平均偏差 Ra 和轮廓的最大高度 Rz

表面结构的图形符号如图 1—34 所示。

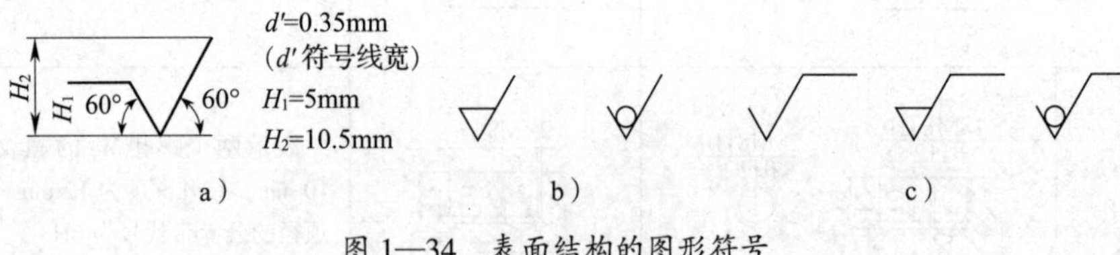

图 1—34　表面结构的图形符号

a）基本图形符号　b）扩展图形符号　c）完整图形符号

表面结构要求在图形符号中的注写位置如图 1—35 所示。

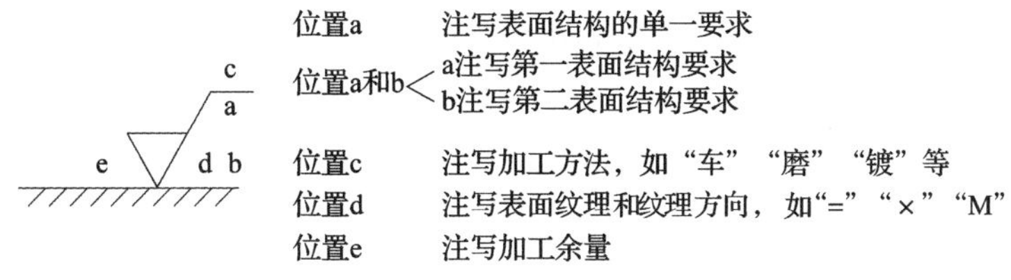

图 1—35 补充要求的注写位置（a ~ e）

2. 公差与配合

（1）尺寸公差。零件在制造过程中，由于加工或测量等因素的影响，完工后的实际尺寸总存在一定的误差。为保证零件的互换性，必须将零件的实际尺寸控制在允许变动的范围内，这个允许的尺寸变动量称为尺寸公差，简称为公差。具体数值来说，尺寸公差就是上极限尺寸与下极限尺寸之差，也等于上极限偏差减去下极限偏差，如图 1—36 所示。尺寸公差是一个没有符号的绝对值。尺寸公差越小，则尺寸精度越高。

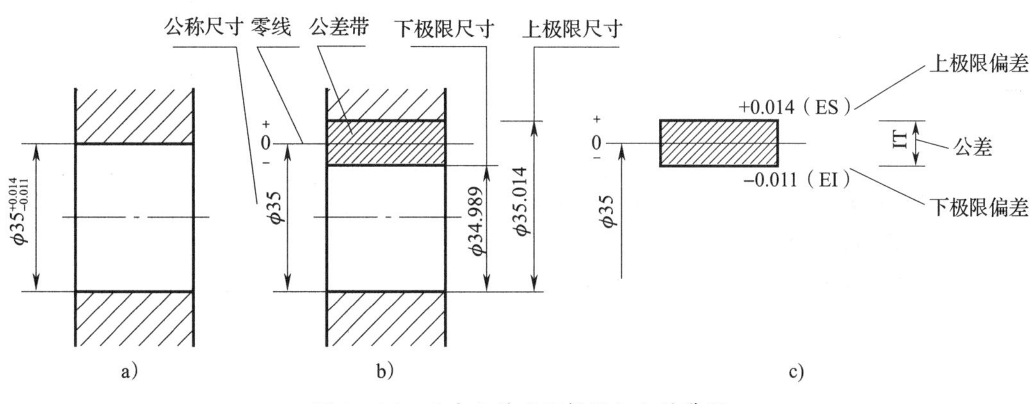

图 1—36 尺寸公差名词解释与公差带图

（2）配合类别

1）间隙配合。指公称尺寸相同的、相互结合的孔和轴，具有间隙（包括最小间隙为零）的配合。此时孔的公差带在轴的公差带之上。间隙配合指孔大轴小的配合，也可以是零间隙配合。

2）过盈配合。具有过盈（包括最小过盈为零）的配合。此时孔的公差带在轴的公差带之下。

3）过渡配合。可能具有间隙或过盈的配合。此时孔的公差带与轴的公差带相互交叠，如图 1—37 所示。

（3）标准公差与基本偏差

1）标准公差。国家标准规定的，用来确定公差带大小的任一公差。

2）基本偏差。国家标准规定的，用来确定公差带相对于零线位置的上极限偏差或下极限偏差，一般为靠近零线的那个偏差，如图 1—38 所示。

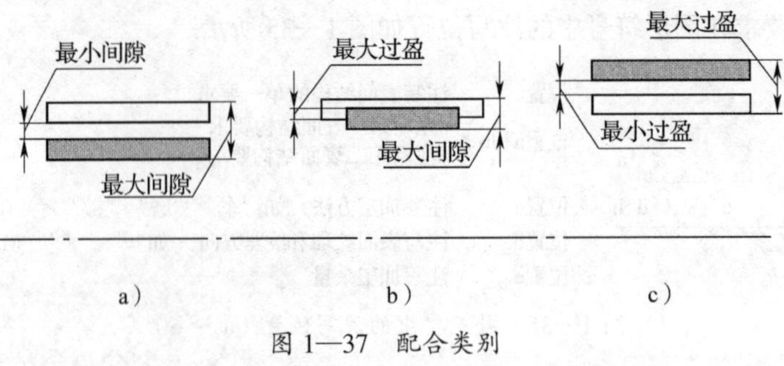

图 1—37　配合类别

a）间隙配合　b）过渡配合　c）过盈配合

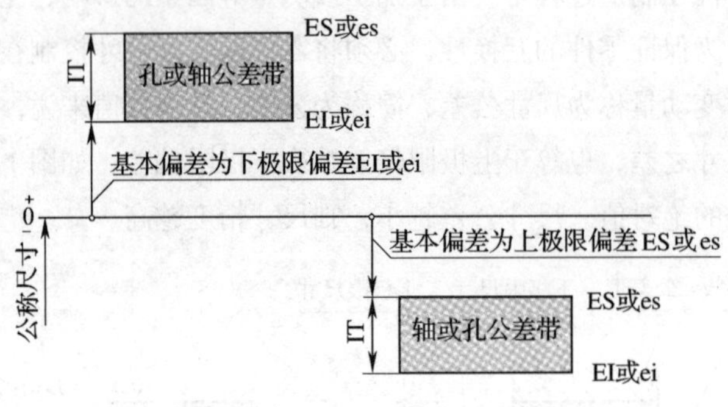

图 1—38　公差带大小及位置

（4）配合制。在制造互相配合的零件时，使其中一种零件作为基准件，它的基本偏差固定，通过改变另一种非基准件的基本偏差来获得各种不同性质的配合制度。

1）基孔制配合。基孔制是基本偏差为一定的孔的公差带，与不同基本偏差的轴的公差带形成各种配合的一种制度，如图 1—39 所示。

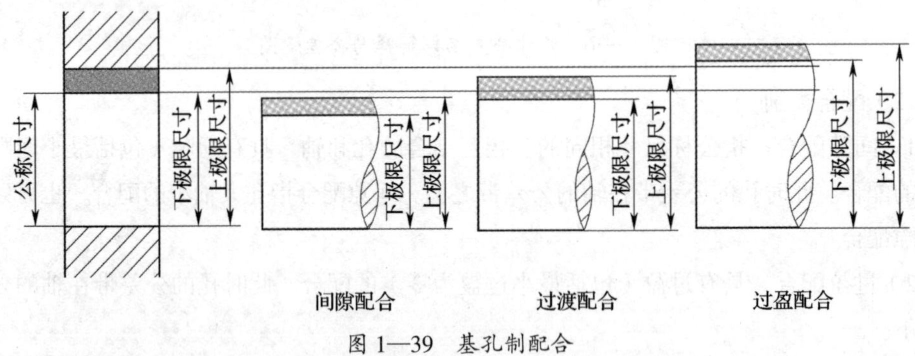

图 1—39　基孔制配合

2）基轴制配合。基轴制是基本偏差为一定的轴的公差带，与不同基本偏差的孔的公差带形成各种配合的一种制度，如图 1—40 所示。

（5）极限与配合的标注与查表

1）在装配图上的标注形式如图 1—41a 所示。

2）在零件图上的标注形式如图 1—41b 所示。

3）极限偏差值的查表方法示例如图 1—42 所示。

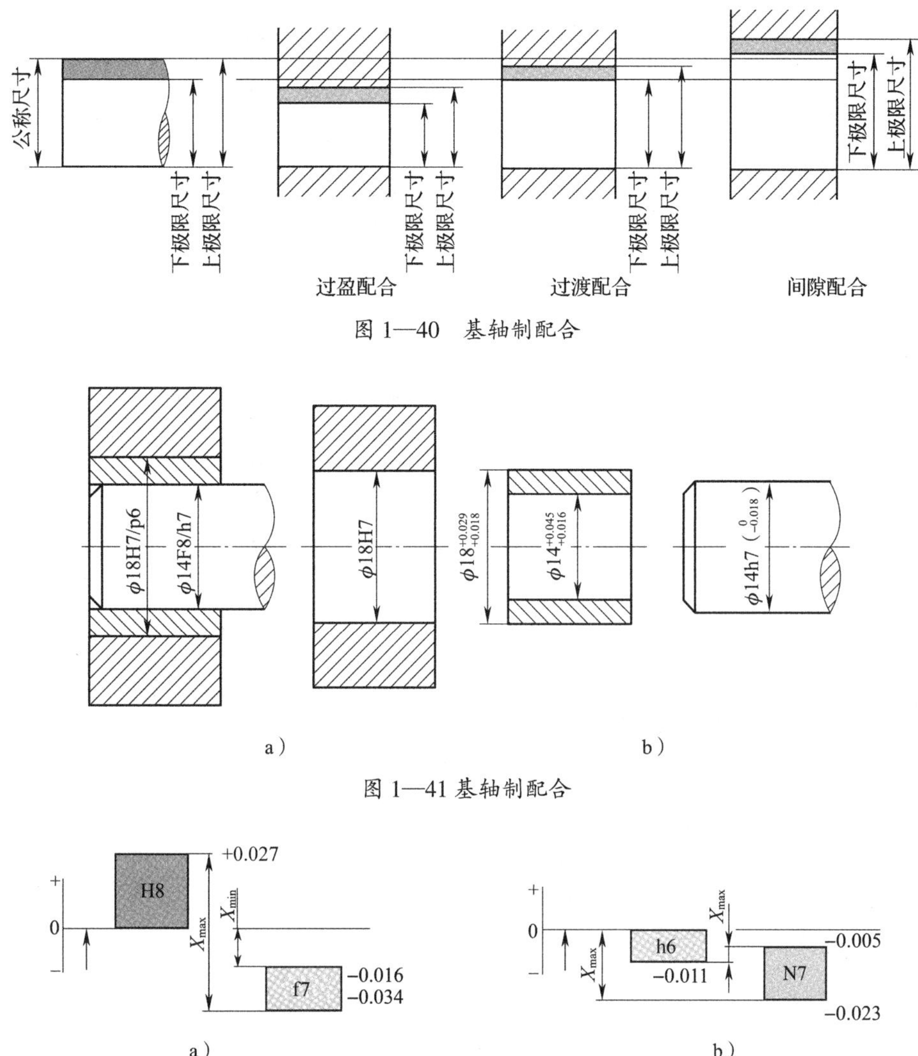

图 1—40　基轴制配合

图 1—41 基轴制配合

图 1—42　公差带图

a）ϕ18H8/f7　b）ϕ14N7/h6

第二章　机械基础

第一节　轴

一、轴的用途和分类

在绝大多数机器和机械装置中，轴的应用是非常广泛的，如带轮、齿轮、凸轮等旋转零件都需要用轴支承才能实现运动和动力的传递。轴的功用是支承回转零件（如齿轮、带轮等），传递运动和动力。其分类如下：

按轴线形状：
- 直轴
- 曲轴
- 挠性钢丝软轴（简称挠性轴）

按承载情况：
- 心轴
- 传动轴
- 转轴

1. 根据轴线形状的不同，轴可以分为直轴、曲轴和挠性钢丝软轴（简称挠性轴），见表 2—1。

表 2—1　　轴的主要类型及应用特点

轴的类型		外形图	应用特点
直轴	光轴	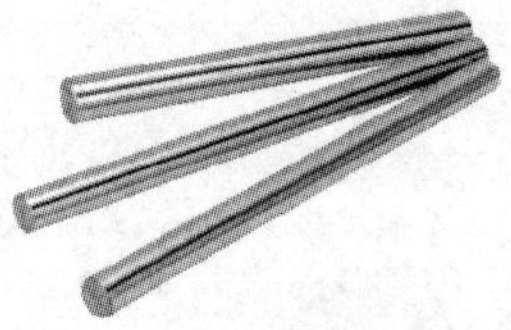	直径无变化。形状简单，应力集中小，但轴上零件不易装配和定位。常用于心轴和传动轴
	阶梯轴	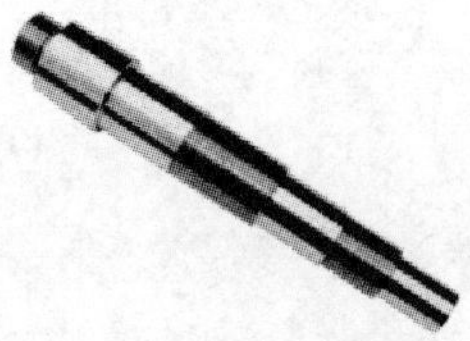	直径有变化。特点与光轴相反。常用于转轴

续表

轴的类型	外形图	应用特点
曲轴		将回转运动转变为直线往复运动，或将直线往复运动转变为回转运动。常用于内燃机、冲床等
挠性钢丝软轴（挠性轴）	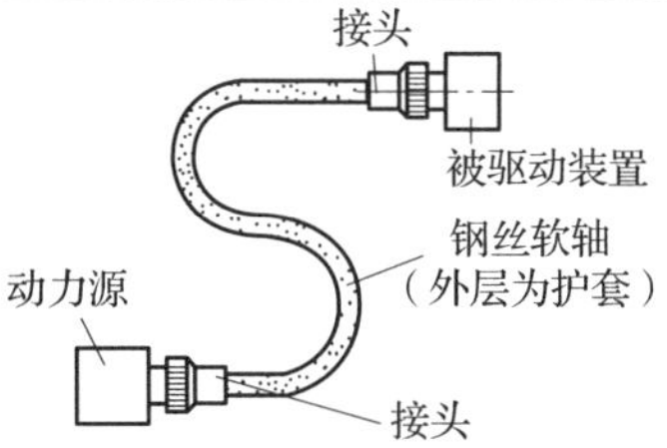 接头 被驱动装置 钢丝软轴（外层为护套） 动力源 接头	可把回转运动灵活地传到任何位置。常用于机械式远距离控制机构及小型手持电动机具等的传动

2. 根据承载情况的不同，直轴又可以分为心轴、传动轴和转轴三类，其应用特点见表2—2。

表2—2　　心轴、传动轴和转轴的承载情况及应用特点

类型		举例外形图	应用特点
心轴	转动心轴	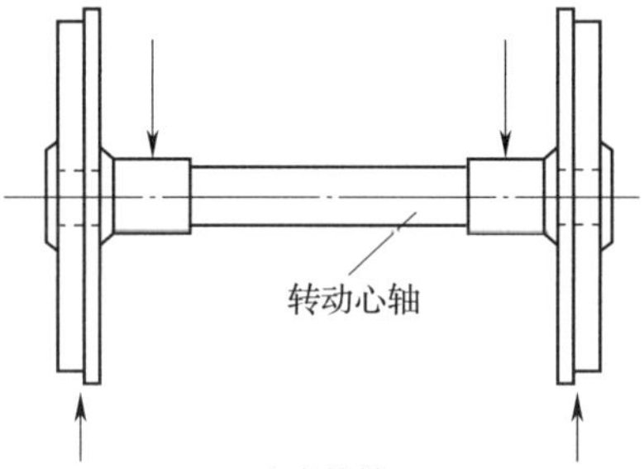 转动心轴 火车轮轴	工作时只承受弯矩，起支承作用
	固定心轴	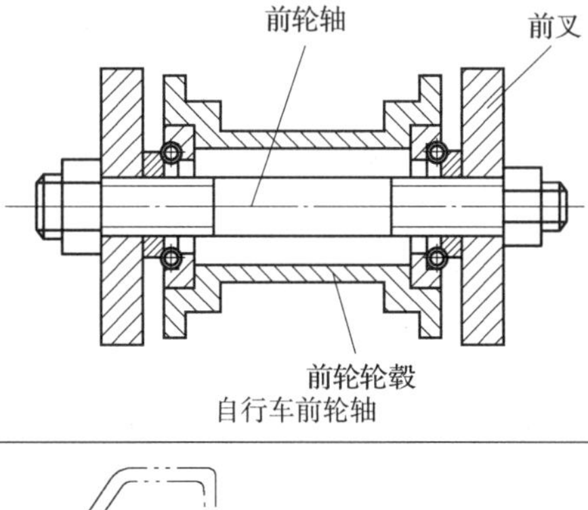 前轮轴 前叉 前轮轮毂 自行车前轮轴	
传动轴		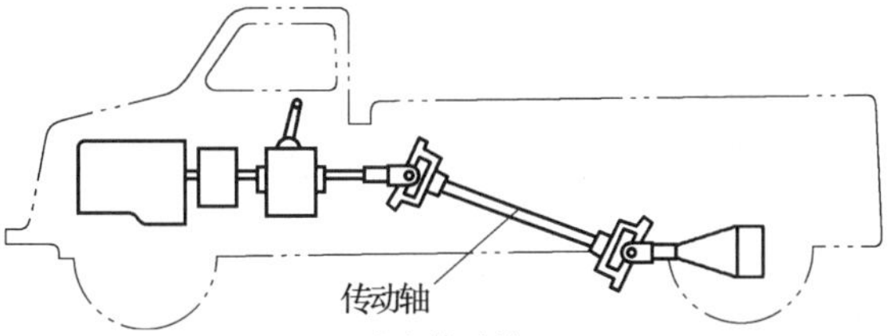 传动轴 汽车传动轴	工作时只承受转矩，不承受弯矩，仅起传递动力作用

续表

类型	举例外形图	应用特点
转轴	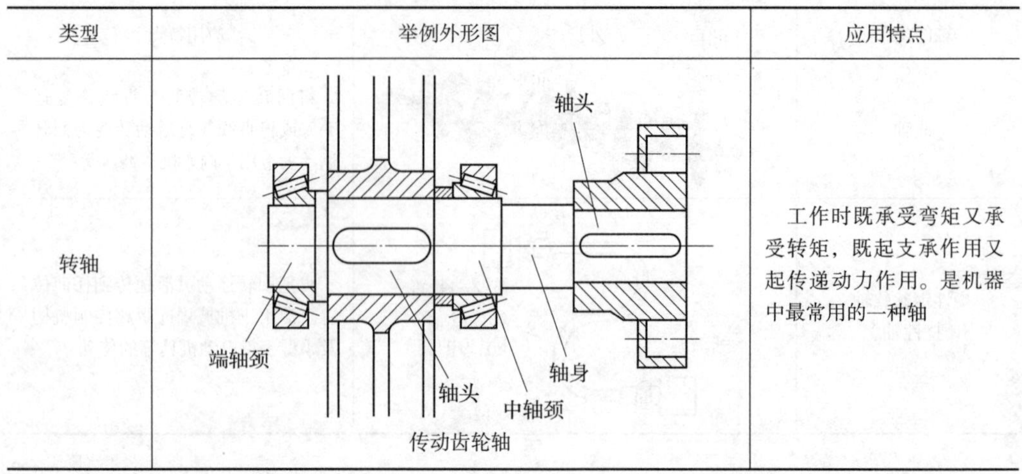传动齿轮轴	工作时既承受弯矩又承受转矩，既起支承作用又起传递动力作用。是机器中最常用的一种轴

二、转轴的结构

1. 转轴的典型结构

转轴在工作中，既要传递动力，又要支承传动零件，这就要求转轴既要有足够的强度，又要有合理的结构来保证传动零件具有准确、可靠的位置。轴上各段按其作用主要分为轴头、轴颈和轴身，如图 2—1 所示。

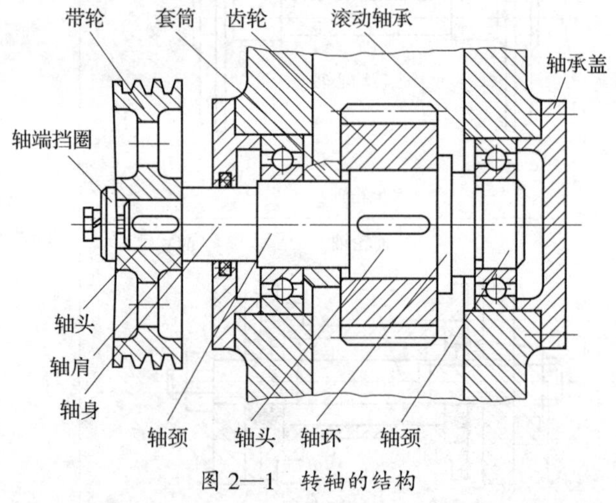

图 2—1　转轴的结构

（1）轴颈。用于装配轴承的部分。其直径与轴承内径的配合应严格执行国家标准或国际 ISO 标准。

（2）轴头。装配回转零件（如带轮、齿轮）的部分。其直径应与相配零件的轮毂内径选用标准公差配合，并尽可能采用标准直径。为了便于装配，轴颈和轴头的端部均应有倒角。

（3）轴身。连接轴头与轴颈的部分。

（4）轴肩或轴环。轴上截面尺寸变化的部分。

2. 轴上零件的固定

轴上零件的固定分为轴向固定和周向固定两种情况。

（1）轴上零件的轴向固定。轴上零件轴向固定的目的是保证零件在轴上有确定的轴向位置，防止零件做轴向移动，并能承受轴向力。常用的轴上零件的轴向固定方法及应用见表 2—3。

表 2—3　　轴上零件的轴向固定方法及应用

类型	固定方法及简图	结构特点及应用
圆螺母	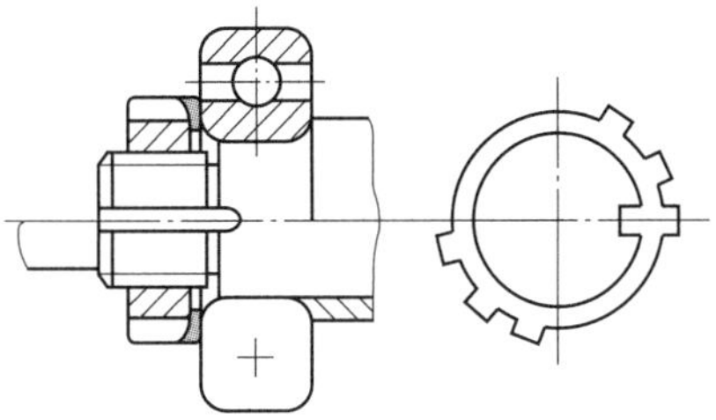	固定可靠、拆卸方便，可承受大的轴向力，能调整轴上零件之间的间隙。但轴上螺纹处有较大的应力集中，会降低轴的疲劳强度。常用于轴上零件距离较大处及轴端零件的固定
轴肩与轴环	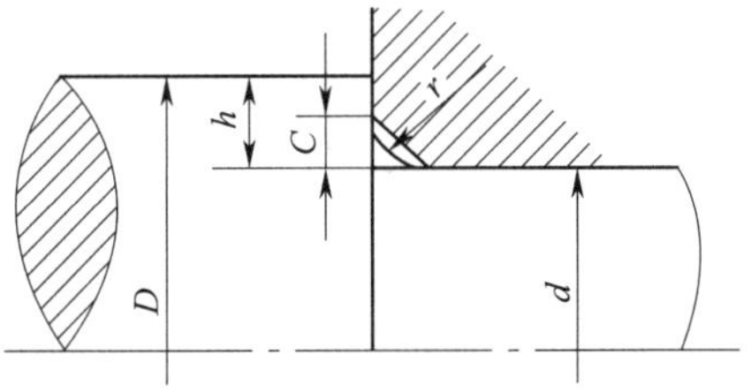 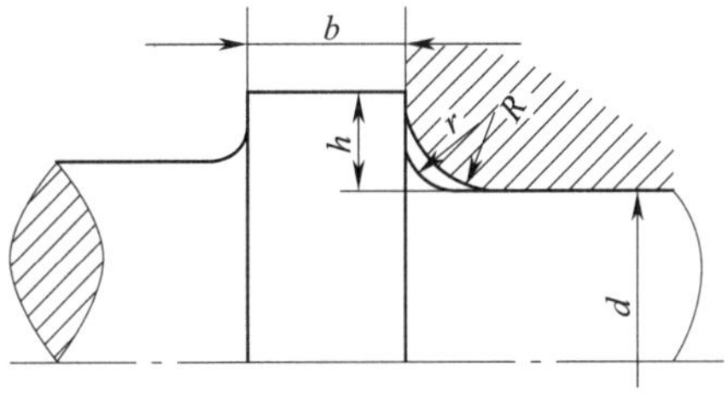 h　C　r　D　d　b　h　r　R　d	结构简单、定位可靠，能承受较大的轴向力。但会使轴的直径加大，因截面突变会引起应力集中。广泛应用于各种轴上零件的固定
套筒	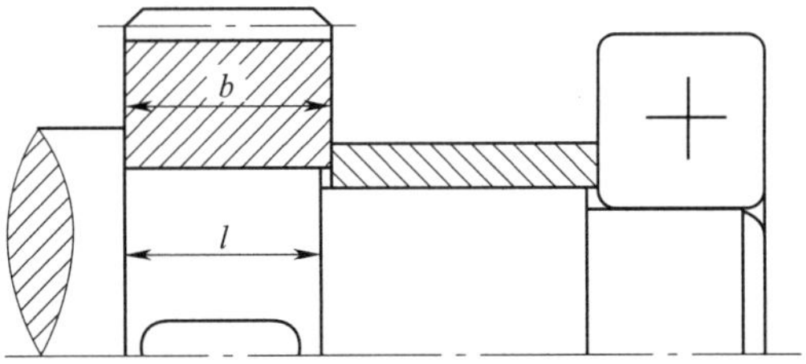 b　l	结构简单，定位可靠，轴上不需开槽、钻孔和切制螺纹，因而不影响轴的强度。一般用于轴上零件间距离较短的场合
轴端挡圈	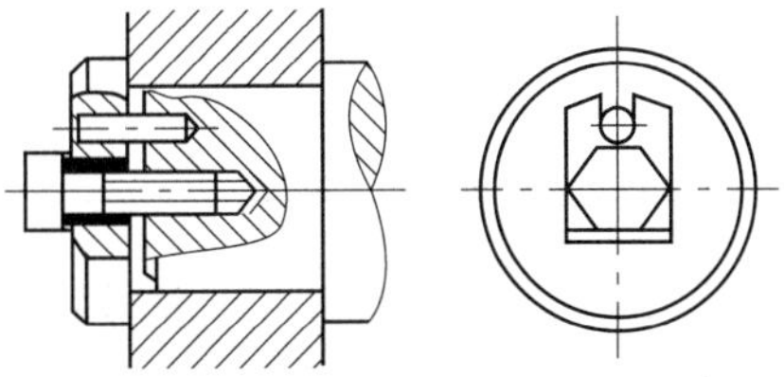	工作可靠、结构简单，可承受剧烈振动和冲击载荷。使用时应采取止动垫片、防转螺钉等防松措施。应用广泛，适用于固定轴端零件

续表

类型	固定方法及简图	结构特点及应用
弹性挡圈	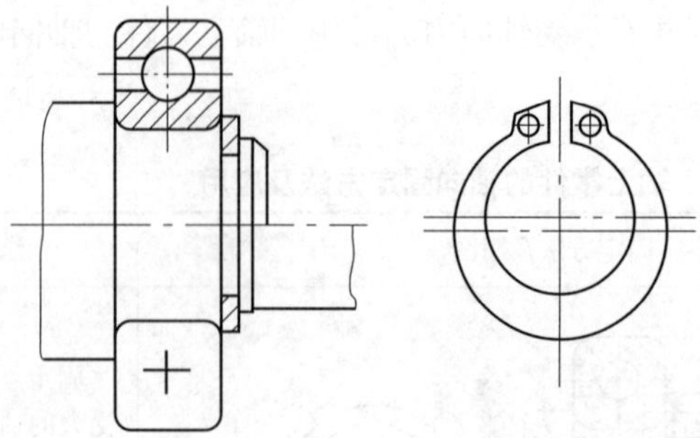	结构简单紧凑，装拆方便，但承受的轴向力较小。需在轴上切槽，将引起应力集中。常用于滚动轴承的轴向固定
轴端挡板	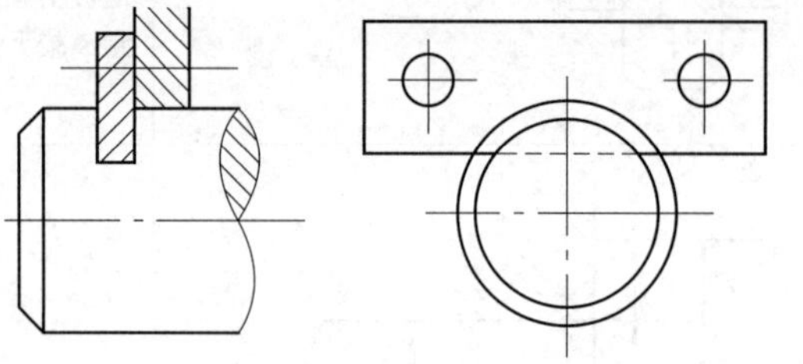	挡板用螺钉紧固在轴端并压紧被定位零件的端面。结构简单、装拆方便，但需在轴端加工螺纹孔。适用于心轴上零件的固定和轴端固定
紧定螺钉与挡圈	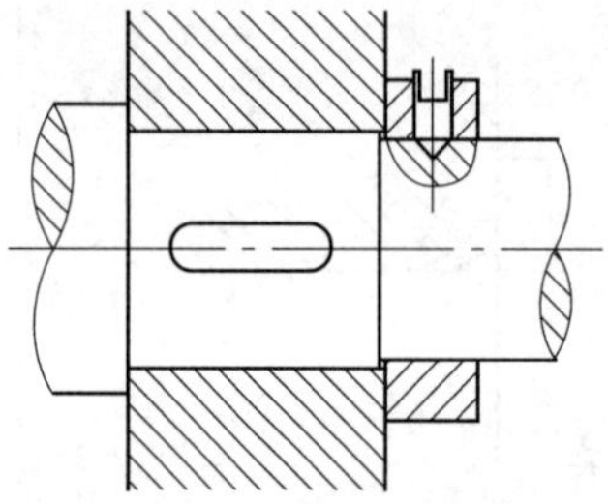	结构简单，同时起周向定位作用，但承载能力较差，且不适宜高速场合。适用于零件上轴向力不大之处。常用于光轴上零件的定位
圆锥面	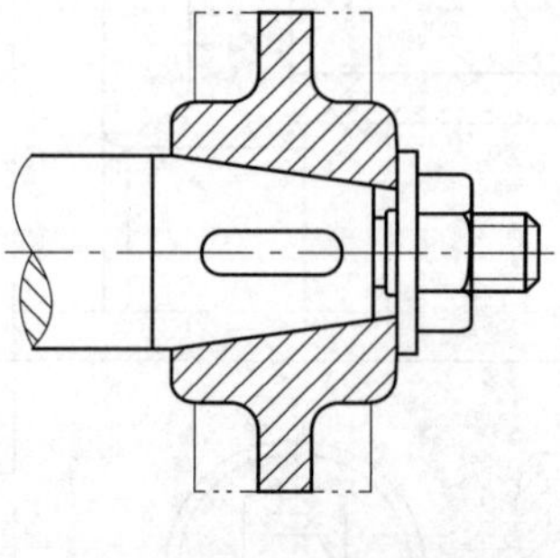	能消除轴与轮毂间的径向间隙，装拆方便，可兼作周向固定。适用于有冲击载荷和同心度要求较高的轴端零件

（2）轴上零件的周向固定。轴上零件周向固定的目的是保证轴能可靠地传递运动和转矩，防止轴上零件与轴产生相对转动。常用的轴上零件的周向固定方法及应用见表 2—4。

表 2—4　　轴上零件的周向固定方法及应用

类型	固定方法及简图	结构特点及应用
平键连接	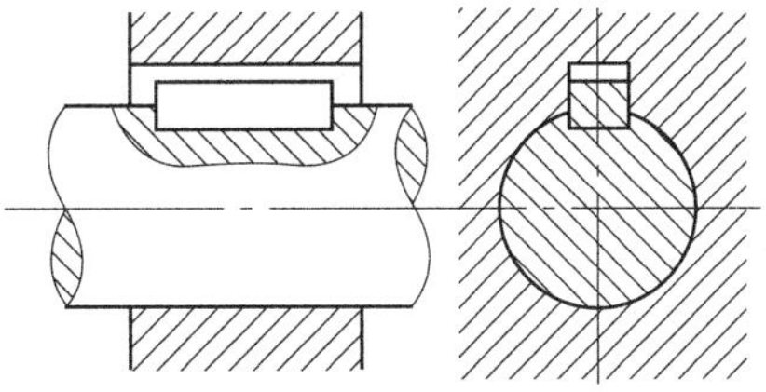	加工容易、装拆方便，但轴向不能固定，不能承受轴向力。是一种应用很广泛的可拆连接，主要用于轴与轴上零件的周向相对固定，以传递运动或转矩
花键连接	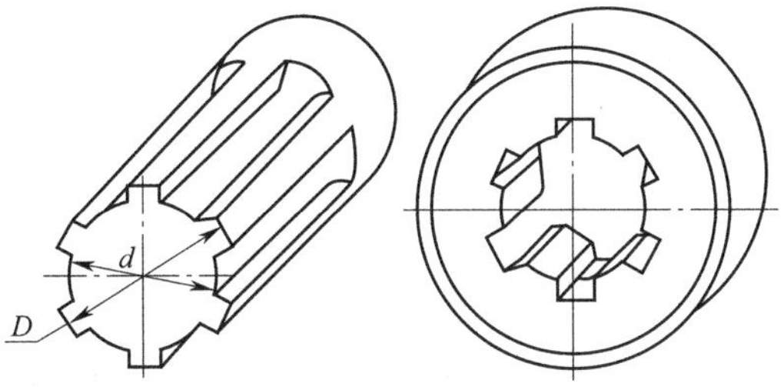 d D	接触面积大、承载能力强、定心性与导向性好，但加工工艺复杂，成本较高。适用于载荷大和定心精度要求高的静连接和动连接
销钉连接	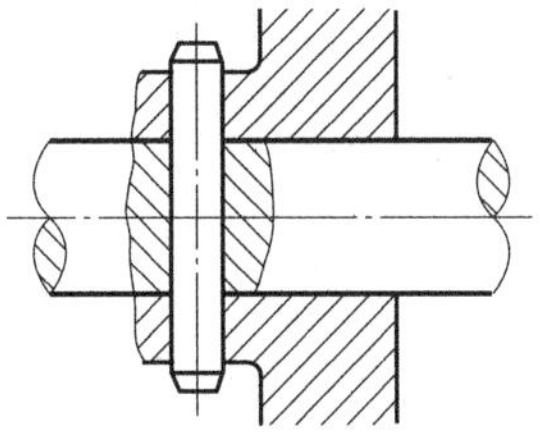	轴向、周向都可以固定，不能承受较大载荷，会削弱轴的强度。常用作安全装置的过载剪断元件，防止损坏其他零件
紧定螺钉	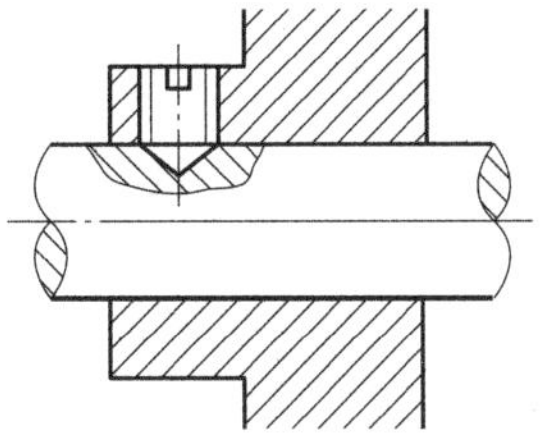	紧定螺钉端部拧入轴上凹坑实现固定，结构简单，但不能承受较大载荷。只适用于辅助连接
过盈配合	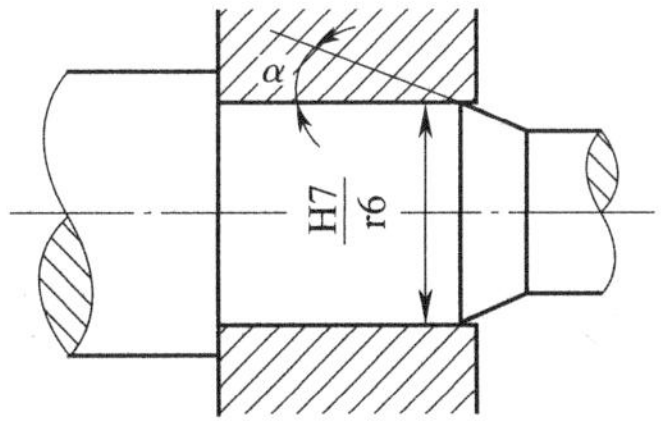 α $\frac{H7}{r6}$	同时有周向和轴向固定作用，对中精度高，选择不同的配合有不同的连接强度。不适用于重载和经常装拆的场合

第二节　键、销及其连接

一、键的用途和分类

键主要用来实现轴与轴上零件（如齿轮、带轮等）之间的周向固定，并传递运动和转矩。其分类如下：

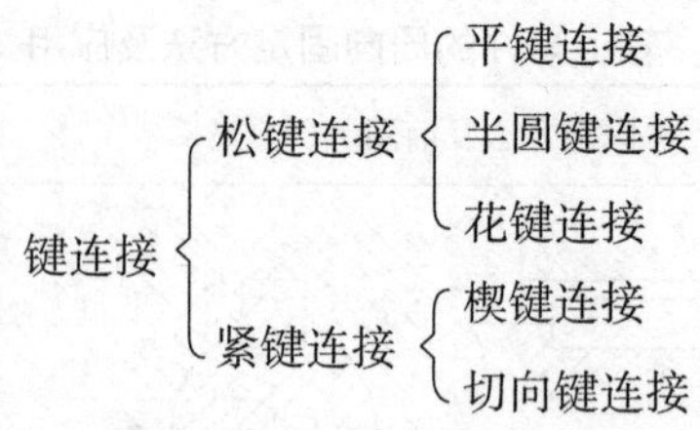

二、键的结构特点及应用

1. 平键连接

平键连接的特点是靠平键的两侧面传递转矩，键的两侧面是工作面，对中性好；键的上表面与轮毂键槽底面之间留有间隙，以便装配。平键分为普通平键、导向平键和滑键等。

（1）普通平键。其连接示意图如图 2—2 所示。

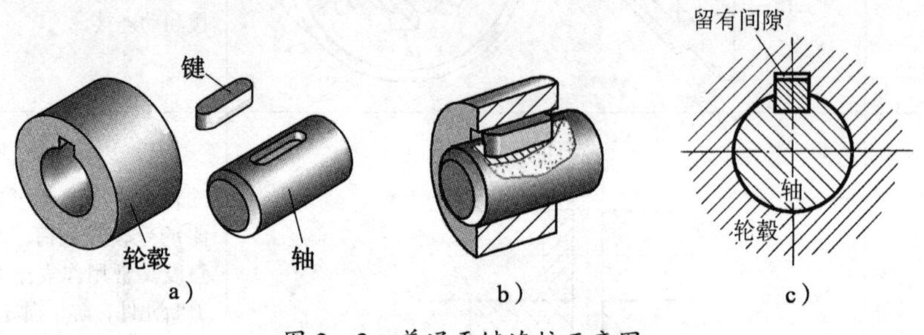

图 2—2　普通平键连接示意图

a）分解图　b）装配图　c）断面图

普通平键按键的端部形状不同，可分为圆头（A 型）、方头（B 型）和单圆头（C 型）三种形式，如图 2—3 所示。圆头普通平键（A 型）在键槽中不会发生轴向移动，因而应用最广；单圆头普通平键（C 型）则多应用于轴的端部。

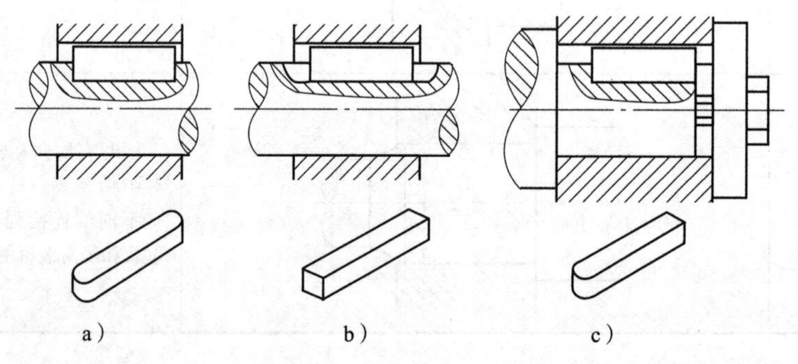

图 2—3　普通平键连接

a）A 型　b）B 型　c）C 型

平键是标准件，只需根据用途、轮毂长度等选取键的类型和尺寸。普通平键的主要尺寸是键宽 b、键高 h、键长 L，如图 2—4 所示。普通平键的尺寸应根据需要从 GB/T 1096—2003《普通型　平键》中选定。普通平键键槽的剖面尺寸与公差可查阅 GB/T 1095—2003《平键　键槽的剖面尺寸》。

普通平键的标记形式为：标准号　键型　键宽 × 键高 × 键长。

标记示例：GB/T 1096　键　16×10×100，表示键宽为 16 mm，键高为 10 mm，键长为 100 mm 的 A 型普通平键。

当轮毂需要在轴上沿轴向移动时，可采用导向平键和滑键连接。

（2）导向平键。导向平键（GB/T 1097—2003）比普通平键长；紧定螺钉固定在键槽中；键与轮毂槽采用间隙配合，轴上零件可在轴上做轴向滑动。键上设有起键螺孔，如图 2—5 所示。

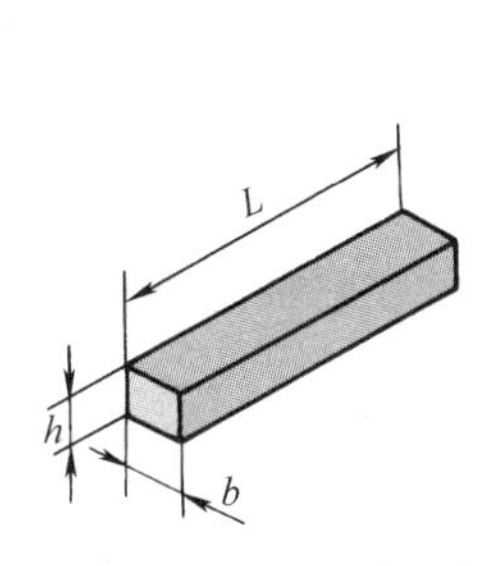

图 2—4　普通平键尺寸

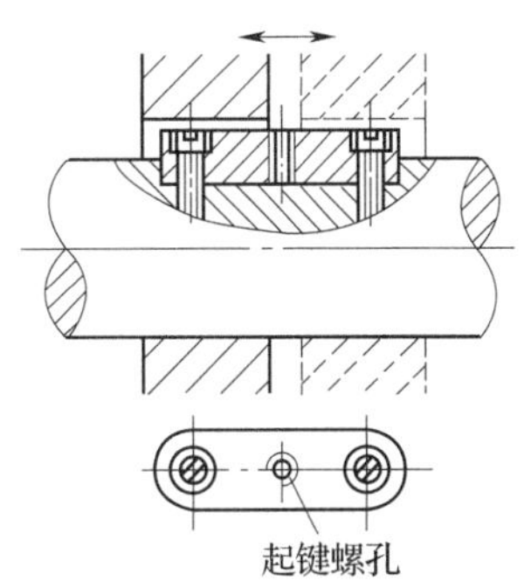

图 2—5　导向平键连接

（3）滑键。滑键固定在轮毂上，轮毂带动滑键在轴上的键槽中做轴向滑移。键长不受滑动距离的限制，只需在轴上铣出较长的键槽，而键可做得较短，如图 2—6 所示。

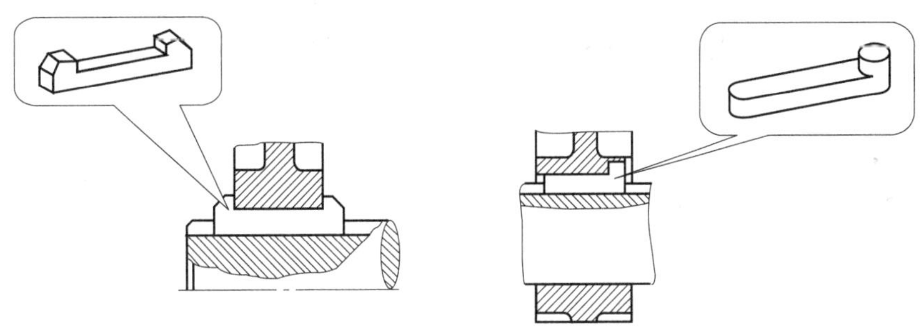

图 2—6　滑键连接

2. 半圆键连接

半圆键（GB/T 1099.1—2003）的工作面为键的两侧面，与平键一样，有较好的对中性，如图 2—7 所示。半圆键可在轴上的键槽中绕槽底圆弧摆动，适用于锥形轴与轮毂的连接。它的缺点是键槽对轴的强度削弱较大，只适用于轻载连接。

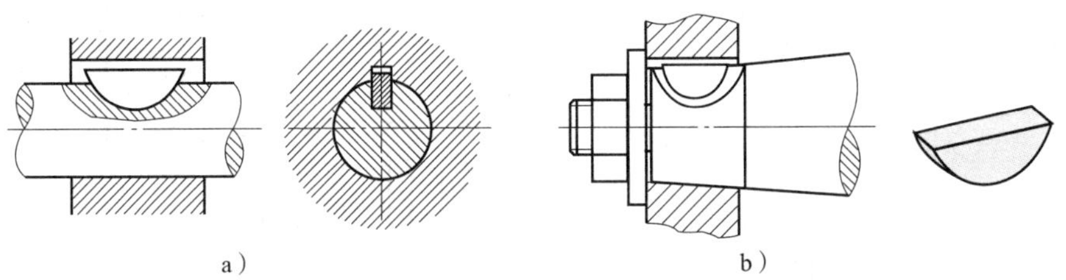

图 2—7　半圆键连接

3. 花键连接

由沿轴和轮毂孔周向均布的多个键齿相互啮合而成的连接，称为花键连接。花键分为外花键和内花键，如图 2—8 所示。

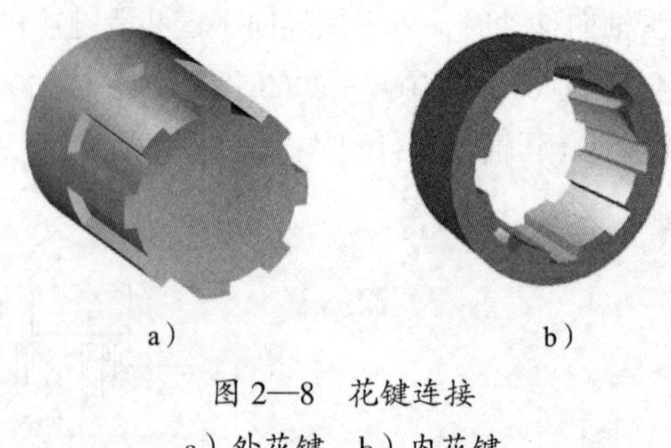

图 2—8　花键连接

a）外花键　b）内花键

花键连接的应用特点是：多齿承载，承载能力高；齿浅，对轴的强度削弱小；对中性及导向性能好；加工需专用设备，成本高。

花键连接多用于重载和要求对中性好的场合，尤其适用于经常滑动的连接。按齿形不同，花键连接分为矩形花键连接（见图 2—9）和渐开线花键连接（见图 2—10）。

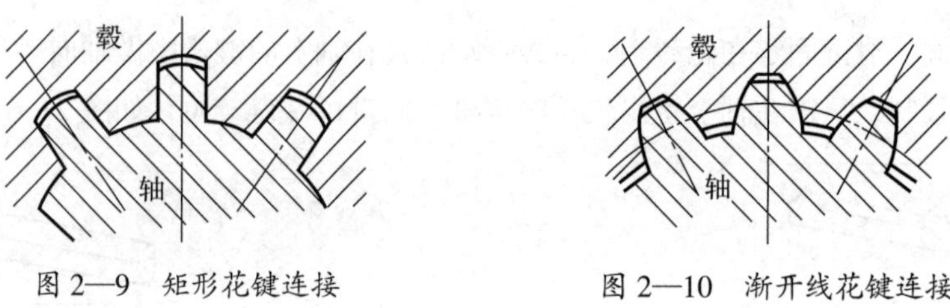

图 2—9　矩形花键连接　　图 2—10　渐开线花键连接

三、销的用途和分类

1. 销的用途

销连接主要用于定位，即固定零件间的相对位置，或作为组合加工和装配时的辅助零件（见图 2—11a 和 b）；用于轴与毂或其他零件的连接（见图 2—11c）；用作安全装置中的过载剪断零件（见图 2—11d）。

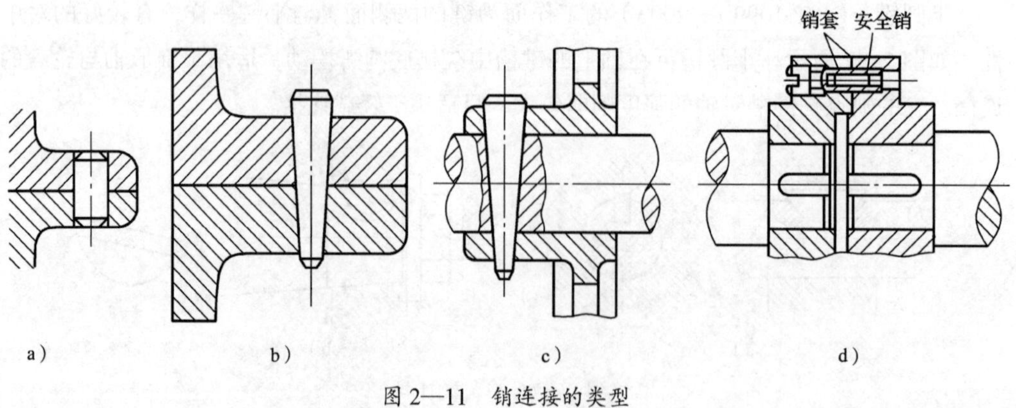

图 2—11　销连接的类型

2. 销的分类

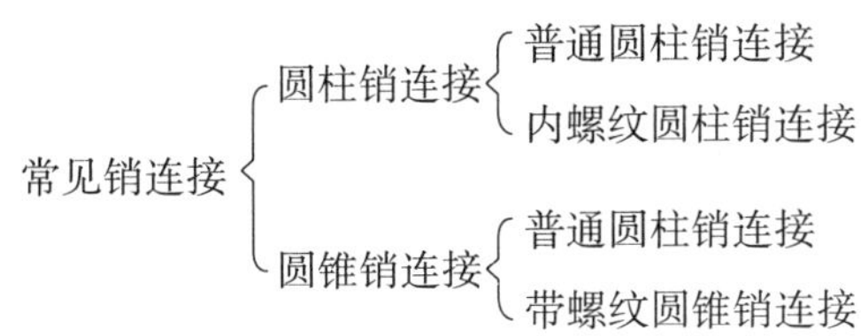

四、销的结构特点及应用

1. 圆柱销

（1）普通圆柱销。其公称直径为 0.6 ~ 50 mm，公差带有 m6 和 h8 两种，材料为不淬硬钢和奥氏体不锈钢，应用如图 2—12 所示。

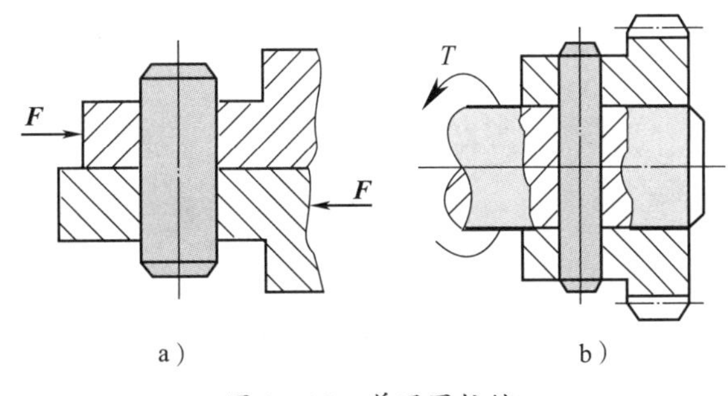

图 2—12　普通圆柱销

a）传递横向力　b）传递转矩

（2）内螺纹圆柱销。适用于不通孔的场合，螺纹供拆卸用，公称直径为 0.6 ~ 50 mm，公差带只有 m6 一种，材料为不淬硬钢和奥氏体不锈钢，应用如图 2—13 所示。

2. 圆锥销

（1）普通圆锥销。其公称直径为 0.6~50 mm。圆锥销有 1∶50 的锥度，装配方便，定位精度高。圆锥销按加工精度不同分为 A、B 两种类型，A 型精度较高。其应用如图 2—14 所示。

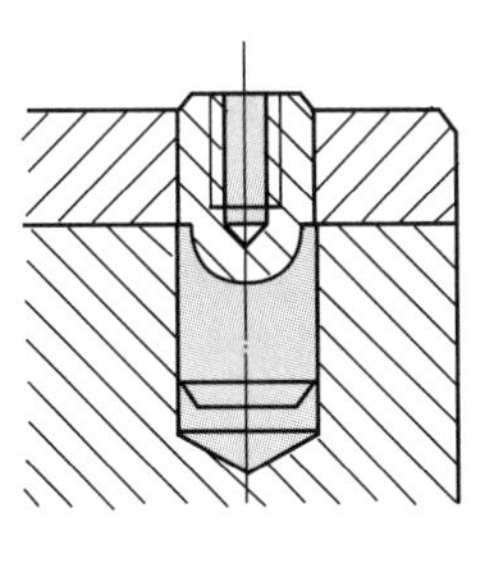

图 2—13　内螺纹圆柱销

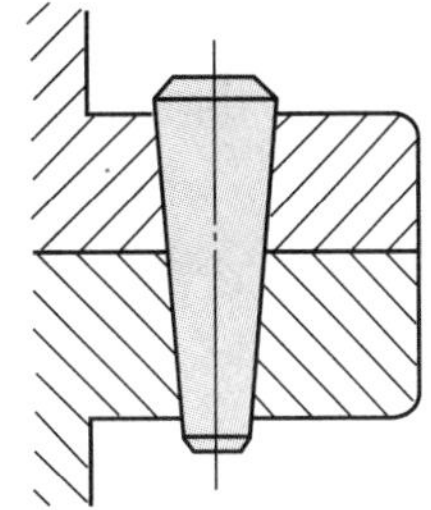

图 2—14　普通圆锥销

（2）带螺纹圆锥销。分为带内螺纹圆锥销、大端带螺纹圆锥销和小端带螺纹圆锥销三类，其中，带内螺纹和大端带螺纹的圆锥销适用于不通孔的场合，螺纹供拆卸用。小端带螺纹的圆锥销可用螺母锁紧，适用于有冲击、振动的场合。带螺纹圆锥销的应用如图 2—15 所示。

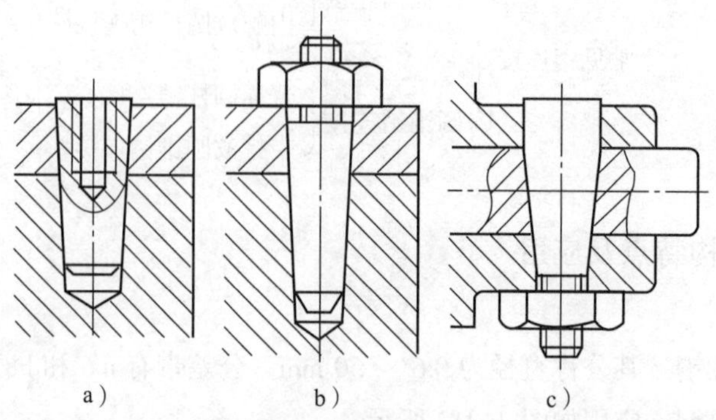

图 2—15　带螺纹圆锥销

a）带内螺纹　b）大端带螺纹　c）小端带螺纹

第三节　轴承

在机器中，轴承的功用是支承转动的轴及轴上零件，并保持轴的正常工作位置和旋转精度，轴承性能的好坏直接影响机器的使用性能。所以，轴承是机器的重要组成部分。根据摩擦性质不同，轴承分为滚动轴承和滑动轴承两大类。

一、滚动轴承

1. 滚动轴承的结构

滚动轴承一般由内圈、外圈、滚动体和保持架组成，如图 2—16 所示。一般情况下，内圈装在轴颈上，与轴一起转动；外圈装在机座的轴承孔内固定不动（惰轮、张紧轮、压紧轮装配的轴承是外圈转、内圈不转）。内、外圈上设置有滚道，当内、外圈相对旋转时，滚动体沿着滚道滚动。

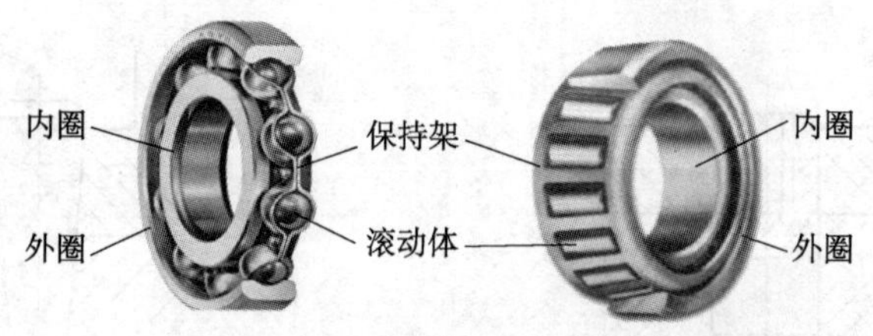

图 2—16　滚动轴承的结构

2. 滚动轴承的类型

为满足各种不同的工况条件要求，滚动轴承有多种不同的类型。常见滚动轴承的类型和特性见表 2—5。

表 2—5　常见滚动轴承的类型和特性

轴承名称	结构图及承载方向	类型代号	基本特性
调心球轴承（GB/T 281—2013）		1	主要承受径向载荷，同时可承受少量双向轴向载荷。外圈内滚道为球面，能自动调心，允许角偏差 <2°～3°。适用于弯曲刚度小的轴
调心滚子轴承（GB/T 288—2013）		2	主要承受径向载荷，同时能承受少量双向轴向载荷，其承载能力比调心球轴承大；具有自动调心性能，允许角偏差 <1°～2.5°。适用于重载和冲击载荷的场合
推力调心滚子轴承（GB/T 5859—2008）		2	可以承受很大的轴向载荷和不大的径向载荷，允许角偏差 <2°～3°。适用于重载和要求调心性能好的场合
圆锥滚子轴承（GB/T 297—2015）		3	能同时承受较大的径向载荷和轴向载荷。内、外圈可分离，通常成对使用，对称布置安装
双列深沟球轴承		4	主要承受径向载荷，也能承受一定的双向轴向载荷。它比深沟球轴承的承载能力大

续表

轴承名称	结构图及承载方向		类型代号	基本特性
推力球轴承（GB/T 301—2015）	单向	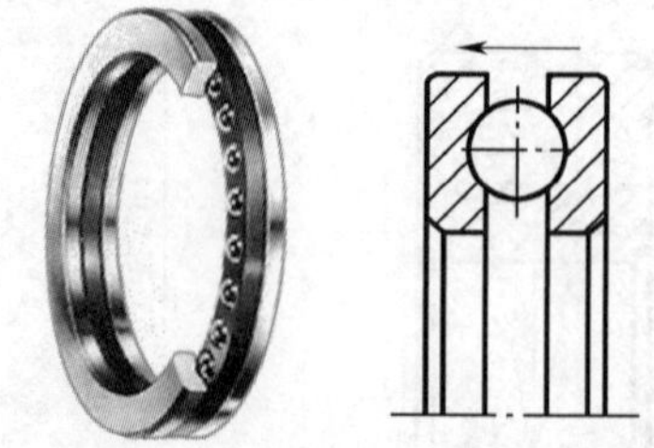	5	只能承受单向轴向载荷，适用于轴向载荷大、转速不高的场合
	双向	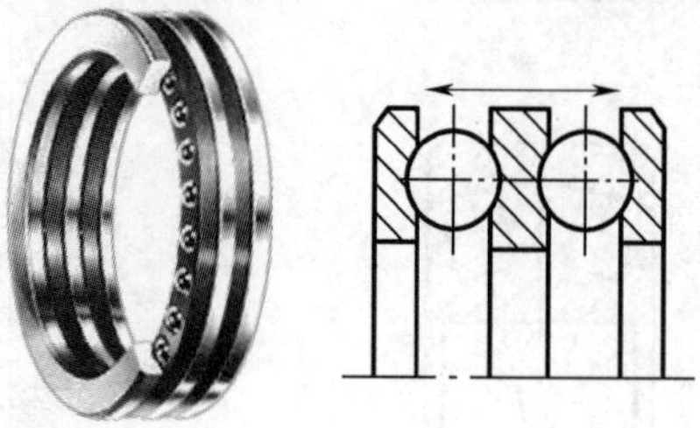	5	可承受双向轴向载荷，适用于轴向载荷大、转速不高的场合
深沟球轴承（GB/T 276—2013）	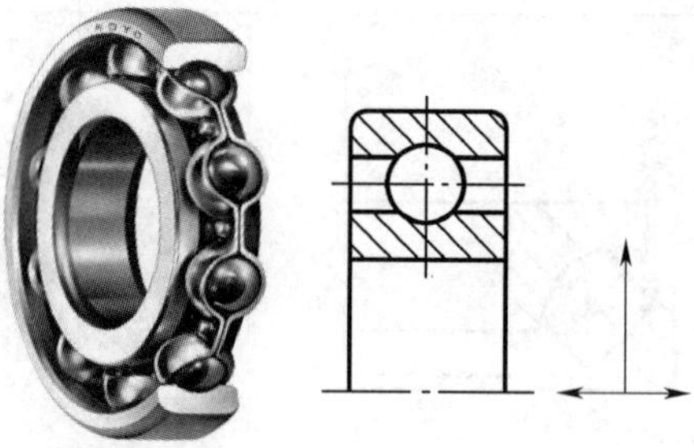		6	主要承受径向载荷，也可同时承受少量双向轴向载荷。摩擦阻力小，极限转速高，结构简单，价格便宜，应用广泛
角接触球轴承（GB/T 292—2007）	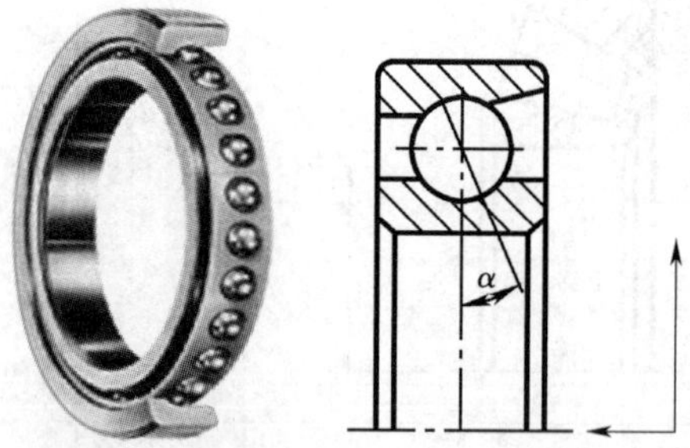		7	能同时承受径向载荷与轴向载荷，公称接触角 α 有 15°、25°、40° 三种，接触角越大，承受轴向载荷的能力也越大。适用于转速较高，同时承受径向载荷和轴向载荷的场合
推力圆柱滚子轴承（GB/T 4663—2017）	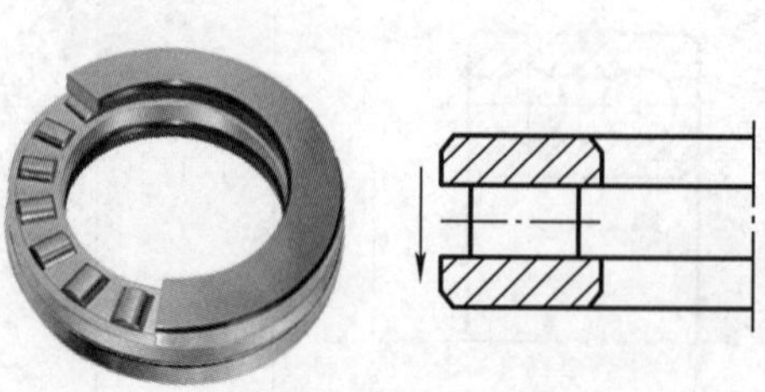		8	能承受很大的单向轴向载荷，承载能力比推力球轴承大得多，不允许有角偏差

续表

轴承名称	结构图及承载方向	类型代号	基本特性
圆柱滚子轴承（GB/T 283—2007）	 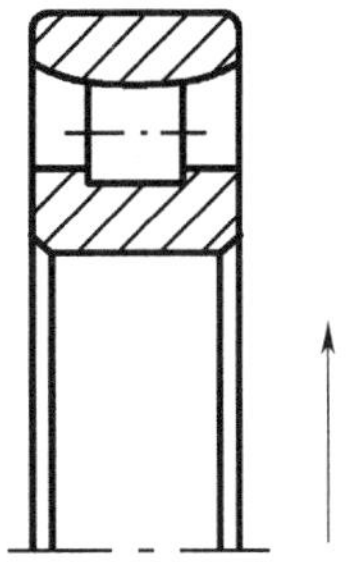	N	外圈无挡边，只能承受纯径向载荷。与球轴承相比，承受载荷的能力较大，（尤其是承受冲击载荷的能力）但极限转速较低

3. 滚动轴承的代号

滚动轴承的类型有很多，同一类型的轴承又有各种不同的结构、尺寸、公差等级和技术性能等。为了完整地反映滚动轴承的外形尺寸、结构及性能参数，国家标准在轴承代号中规定了各个相应的项目，其具体内容见表 2—6。

表 2—6　滚动轴承代号的构成

<table>
<tr><td rowspan="2">前置代号</td><td colspan="5">基本代号</td><td colspan="8">后置代号</td></tr>
<tr><td>五</td><td>四</td><td>三</td><td>二</td><td>一</td><td>1</td><td>2</td><td>3</td><td>4</td><td>5</td><td>6</td><td>7</td><td>8</td></tr>
<tr><td rowspan="3">成套轴承分部件代号</td><td rowspan="2">类型代号</td><td colspan="2">尺寸系列代号</td><td colspan="2" rowspan="3">内径代号</td><td rowspan="3">内部结构代号</td><td rowspan="3">密封、防尘与外部形状变化代号</td><td rowspan="3">保持架及其材料代号</td><td rowspan="3">轴承材料代号</td><td rowspan="3">公差等级代号</td><td rowspan="3">游隙代号</td><td rowspan="3">配置代号</td><td rowspan="3">其他代号</td></tr>
<tr><td>宽（高）度系列代号</td><td>直径系列代号</td></tr>
<tr><td colspan="3">组合代号</td></tr>
</table>

4. 滚动轴承的固定与密封

（1）滚动轴承的轴向固定。一般情况下，滚动轴承的内圈装在被支承轴的轴颈上，外圈装在轴承座（或机座）孔内。滚动轴承安装时，对其内、外圈都要进行必要的轴向固定，以防止运转中产生轴向窜动。常用的轴承内圈的轴向固定形式见表 2—7，常用的轴承外圈的轴向固定形式见表 2—8。

表 2—7　常用的轴承内圈的轴向固定形式

形式	利用轴肩的单向固定	利用轴肩和弹性挡圈的双向固定
图例	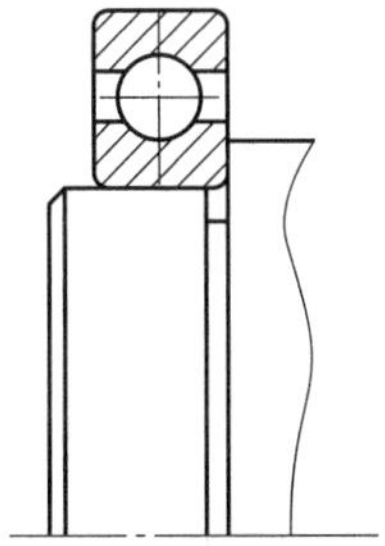	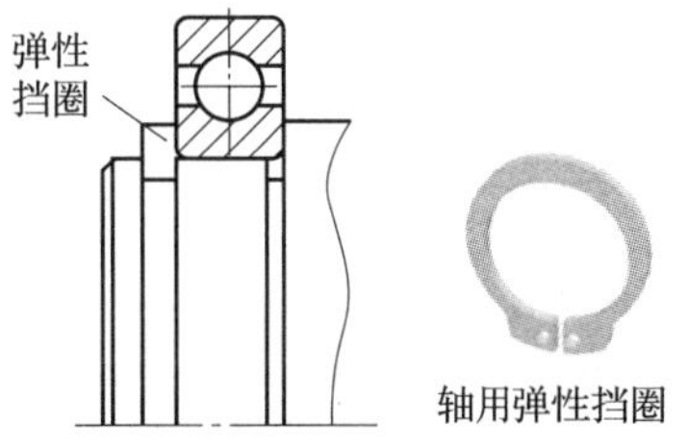 弹性挡圈 轴用弹性挡圈

续表

形式	利用轴肩和轴端挡圈的双向固定	利用轴肩和圆螺母的双向固定
图例	轴端挡圈 螺栓	止动垫片 圆螺母 圆螺母和止动垫片

表 2—8　　常用的轴承外圈的轴向固定形式

形式	利用轴承盖的单向固定	利用轴承盖和座孔台肩的双向固定	利用弹性挡圈和座孔台肩的双向固定
图例			

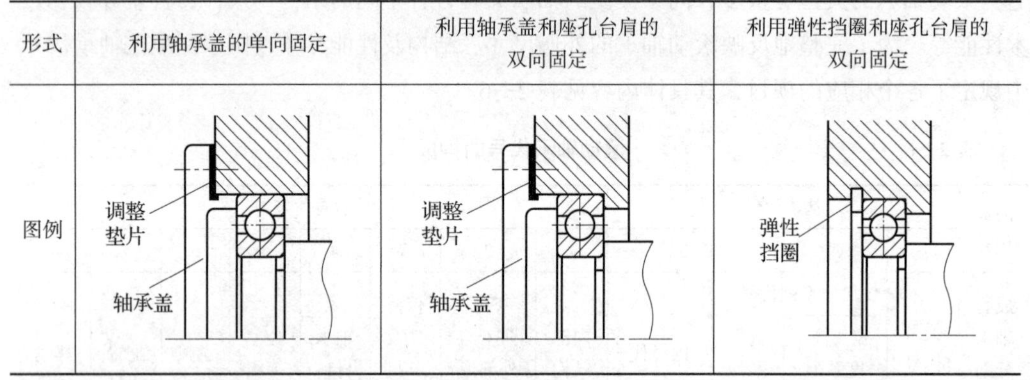

（2）滚动轴承的密封。密封的目的是为了防止灰尘、水分、杂质等侵入轴承内部并阻止润滑剂的流失。滚动轴承常用密封方式如下：

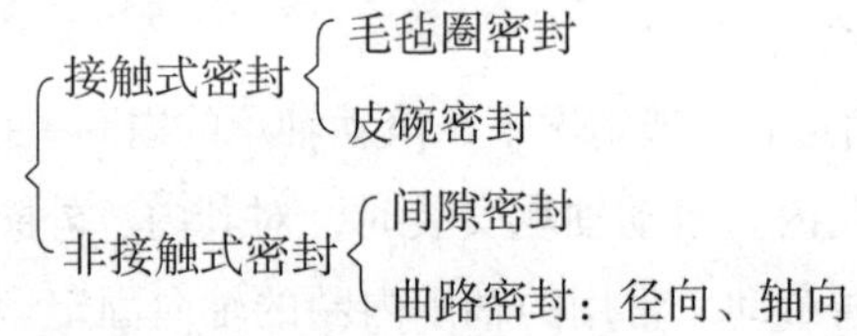

二、滑动轴承

滑动轴承适用于低速、重载或转速特别高、对轴的支承精度要求较高以及径向尺寸受限制等场合。滑动轴承主要由轴承座、轴瓦或轴套组成。装有轴瓦或轴套的壳体称为滑动轴承座。

滑动轴承按承载方向不同，分为径向滑动轴承（承受径向载荷）、止推滑动轴承（承受轴向载荷）和径向止推滑动轴承（同时承受径向载荷和轴向载荷）三种形式。

1. 径向滑动轴承的结构特点

（1）整体式。如图 2—17 所示，结构简单，价格低廉，但轴的拆装不方便，磨损后轴承的径向间隙无法调整。适用于轻载、低速或间歇工作的场合。

（2）剖分式。如图 2—18 所示，装拆方便，磨损后轴承的径向间隙可以调整，应用较广。

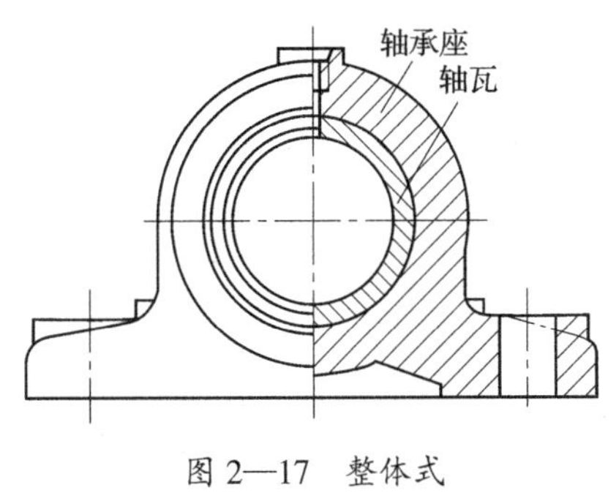

图 2—17　整体式

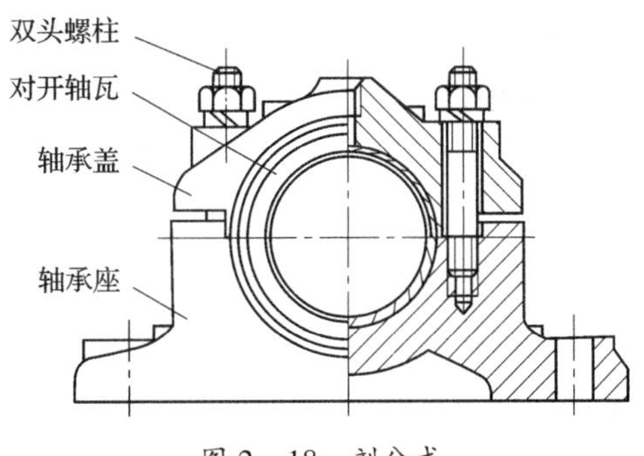

图 2—18　剖分式

（3）调心式。如图 2—19 所示，轴瓦与轴承盖、轴承座之间为球面接触，轴瓦可以自动调位，以适应轴受力弯曲时轴线产生的倾斜，避免轴与轴承两端局部接触而产生的磨损，但球面不易加工。主要用于轴承宽度与直径之比大于 1.5 ~ 1.75 的场合。

2. 止推滑动轴承的结构特点

如图 2—20 所示，用来承受轴向载荷的滑动轴承称为止推滑动轴承，它是靠轴的端面或轴肩、轴环的端面向推力支承面传递轴向载荷。

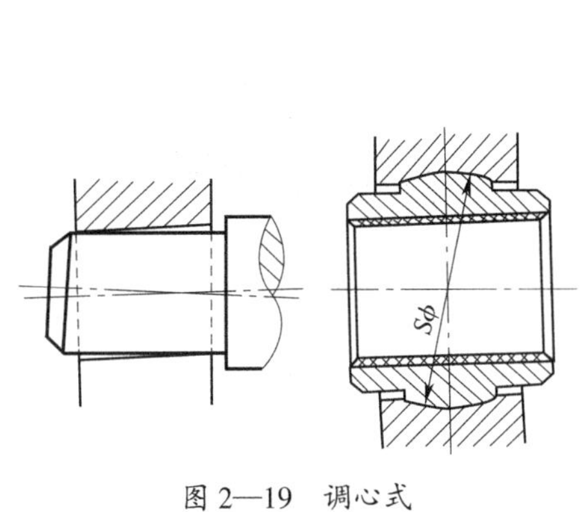

图 2—19　调心式

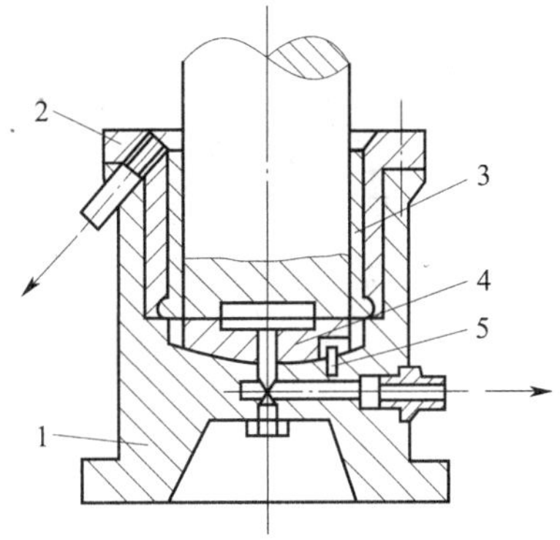

图 2—20　止推滑动轴承

1—轴承座　2—衬套　3—轴套

4—止推垫圈　5—销钉

第四节　轮系及其应用

由两个互相啮合的齿轮所组成的齿轮机构是齿轮传动中最简单的形式。在机械传动中，有时为了获得较大的传动比，或将主动轴的一种转速变换为从动轴的多种转速，或需要改变从动轴的旋转方向，往往采用一系列相互啮合的齿轮，将主动轴和从动轴连接起来组成传动机构。这种由一系列相互啮合的齿轮所组成的传动系统称为轮系。

一、轮系的分类

轮系的形式有很多，按照轮系传动时各齿轮的轴线位置是否固定，分为定轴轮系、周转轮系和混合轮系三大类。

1. 定轴轮系

当轮系运转时，所有齿轮的几何轴线位置相对于机架固定不变，也称普通轮系，如图 2—21 所示。

2. 周转轮系

轮系运转时，至少有一个齿轮的几何轴线相对于机架的位置是不固定的，而是绕另一个齿轮的几何轴线转动。

周转轮系由太阳轮、行星齿轮和行星架组成。太阳轮是位于中心位置且绕轴线回转的内齿轮或外齿轮。行星齿轮是同时与太阳轮和齿圈啮合，既做自转又做公转的齿轮。行星架是支承行星轮的构件。

行星齿轮系是指有一个太阳轮的转速为零的周转轮系，如图 2—22 所示。

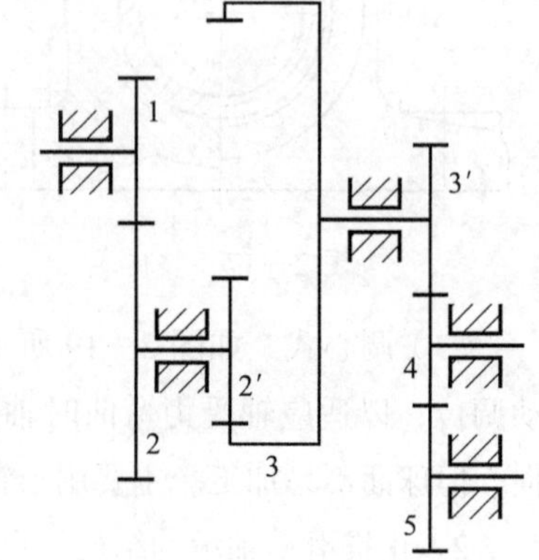

图 2—21　定轴轮系运动结构简图

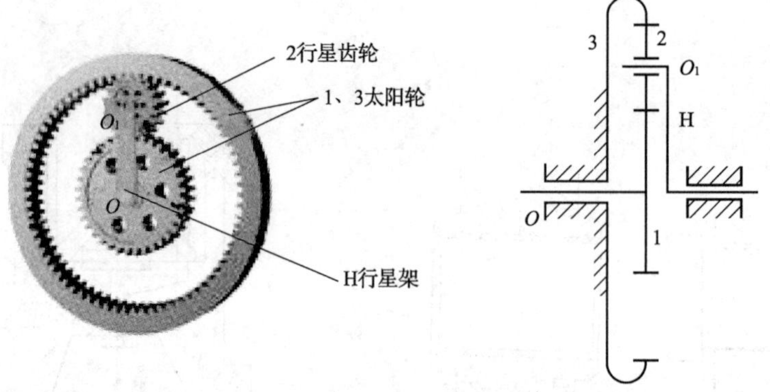

图 2—22　行星齿轮系运动结构简图

差动齿轮系是指太阳轮的转速都不为零的周转轮系，如图 2—23 所示。

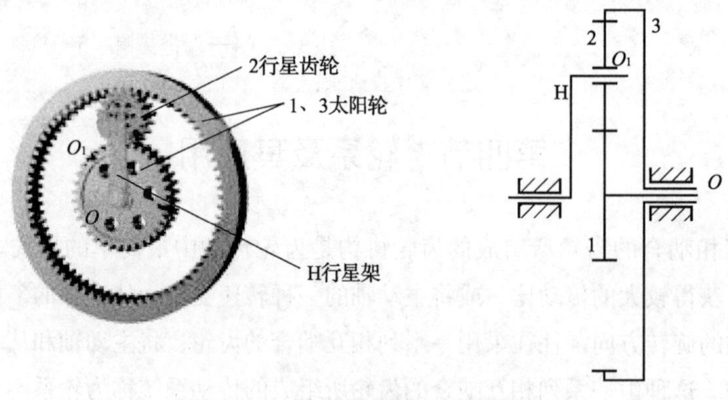

图 2—23　差动齿轮系运动结构简图

3. 混合轮系

在轮系中，既有定轴轮系又有周转轮系，如图 2—24 所示。

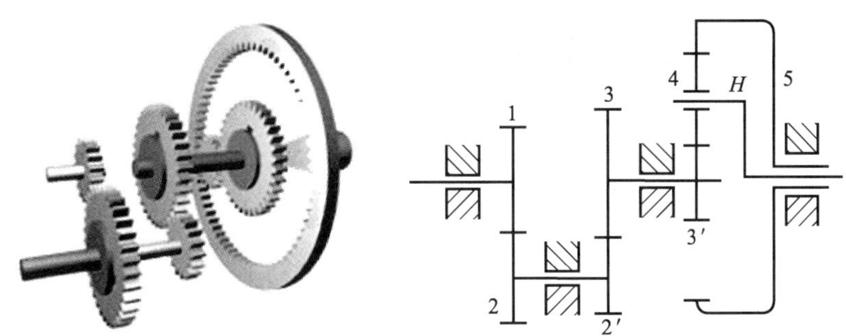

图 2—24　混合轮系运动结构简图

二、轮系的应用特点

1. 可获得很大的传动比

一对齿轮传动的传动比不能过大（一般 i_{12}=3 ~ 5，i_{max} ≤ 8），而采用轮系传动可以获得很大的传动比，以满足低速工作的要求。

2. 可做较远距离的传动

两轴中心距较大时，如用一对齿轮传动，则两齿轮的结构尺寸必然很大，导致传动机构庞大。而采用轮系传动，可使结构紧凑，缩小传动装置的空间，节约材料，如图 2—25 所示。

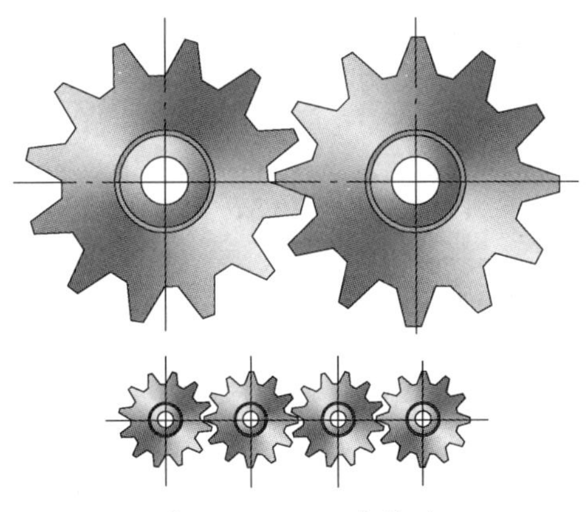

图 2—25　远距离传动

3. 可以方便地实现变速和变向要求

在金属切削机床、汽车等机械设备中，经过轮系传动，可使输出轴获得多级转速，以满足不同工作的要求。

如图 2—26 所示，齿轮 1、2 是双联滑移齿轮，可在轴Ⅰ上滑移。当齿轮 1 和齿轮 3 啮合时，轴Ⅱ获得一种转速；当滑移齿轮右移，使齿轮 2 和齿轮 4 啮合时，轴Ⅱ获得另一种转速（齿轮 1、3 和齿轮 2、4 传动比不同）。

图 2—26　滑移齿轮变速机构

当齿轮 1（主动齿轮）与齿轮 3（从动齿轮）直接啮合时，齿轮 3 和齿轮 1 的转向相反。若在两轮之间增加一个齿轮，则齿轮 3 和齿轮 1 的转向相同。因此，利用中间齿轮（也称惰轮或过桥轮）可以改变从动齿轮的转向。

4. 可以实现运动的合成与分解

采用行星轮系，可以将两个独立的运动合成为一个运动，或将一个运动分解为两个独立的运动。

三、定轴轮系中各轮转向的判断

一对齿轮传动，当首轮（或末轮）的转向为已知时，其末轮（或首轮）的转向也就确定了。齿轮转向可以用标注箭头的方法表示。

1. 圆柱齿轮啮合——外啮合

转向用画箭头的方法表示，主、从动齿轮转向相反时，两箭头指向相反，如图 2—27 所示。

2. 圆柱齿轮啮合——内啮合

主、从动齿轮转向相同时，两箭头指向相同，如图 2—28 所示。

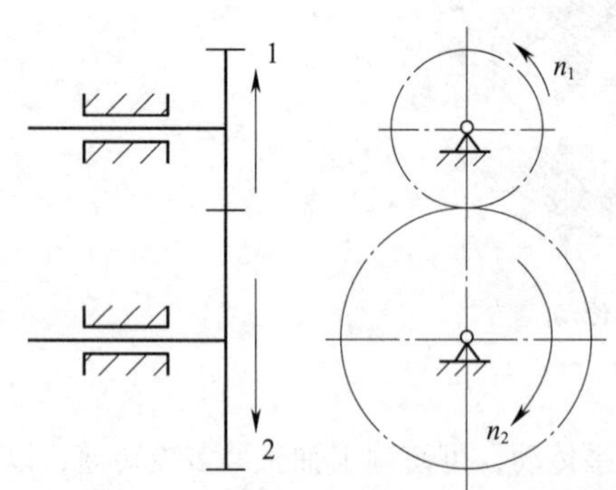

图 2—27　外啮合圆柱齿轮传动运动结构简图

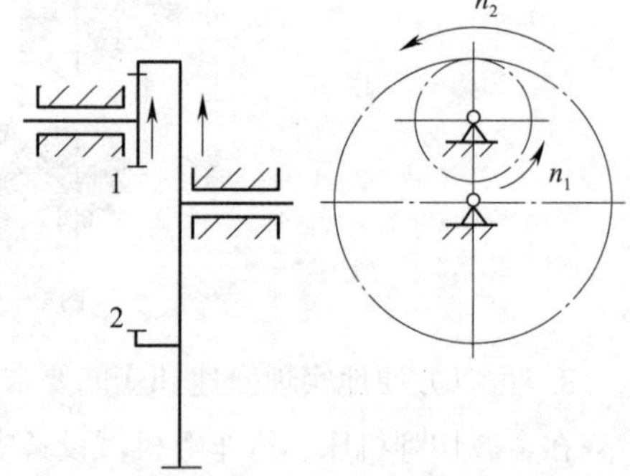

图 2—28　内啮合圆柱齿轮传动运动结构简图

3. 锥齿轮啮合传动

两箭头指向相背或相向啮合点，如图 2—29 所示。

4. 蜗轮蜗杆啮合传动

两箭头指向根据左（右）手定则标注，如图 2—30 所示。

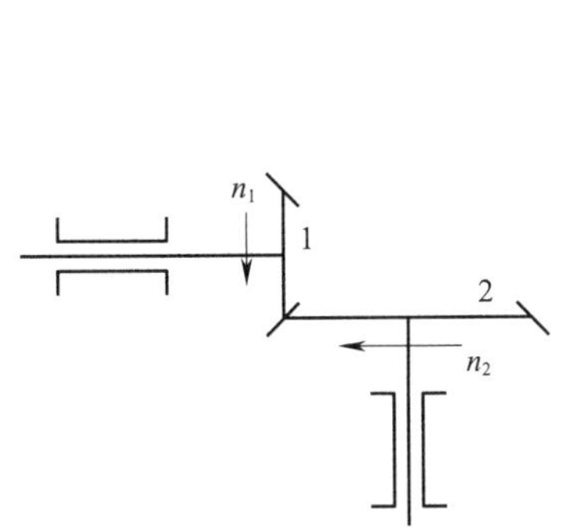

图 2—29 锥齿轮啮合传动运动结构简图

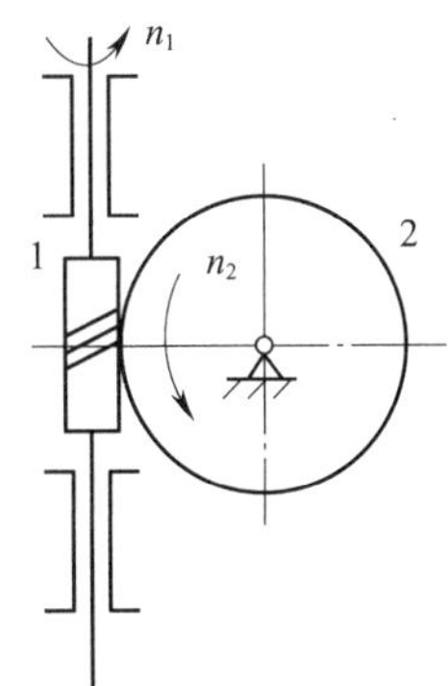

图 2—30 蜗轮蜗杆啮合传动运动结构简图

5. 轮系传动

轮系中各齿轮轴线相互平行时，其任意级从动齿轮的转向可以通过在图上依次标注箭头来确定，也可以通过数外啮合齿轮的对数来确定。若外啮合齿轮的对数是偶数，则首轮与末轮的转向相同；若为奇数，则转向相反。图 2—31 所示齿轮传动装置中共有两对外啮合齿轮（齿轮 1 与齿轮 2、齿轮 3 与齿轮 4），故齿轮 1 和齿轮 5 的转向相同。

若轮系中含有锥齿轮、蜗轮蜗杆或齿轮齿条时，只能用标注箭头的方法表示，如图 2—32 所示。

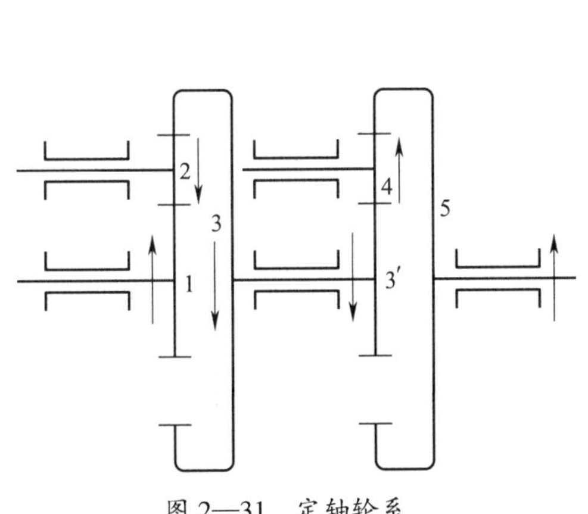

图 2—31 定轴轮系

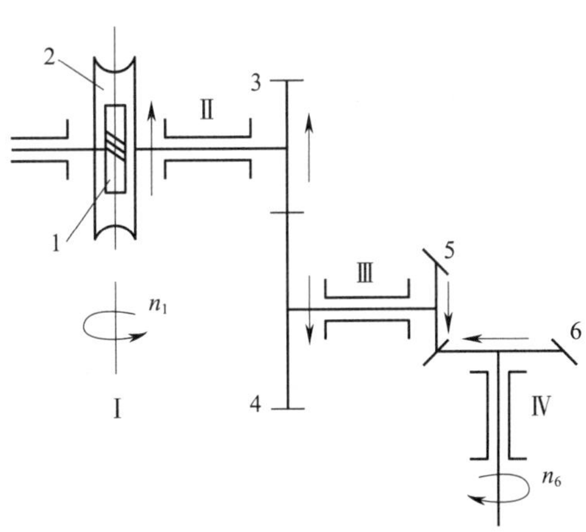

图 2—32 轮系中各齿轮的转向判定

四、传动比

1. 传动路线

不论轮系有多复杂，都应从输入轴（首轮转速 n_1）至输出轴（末轮转速 n_2）的传动路线入手进行分析。

图 2—33 所示为一个两级齿轮传动装置，运动和动力是由轴Ⅰ经轴Ⅱ传到轴Ⅲ的。

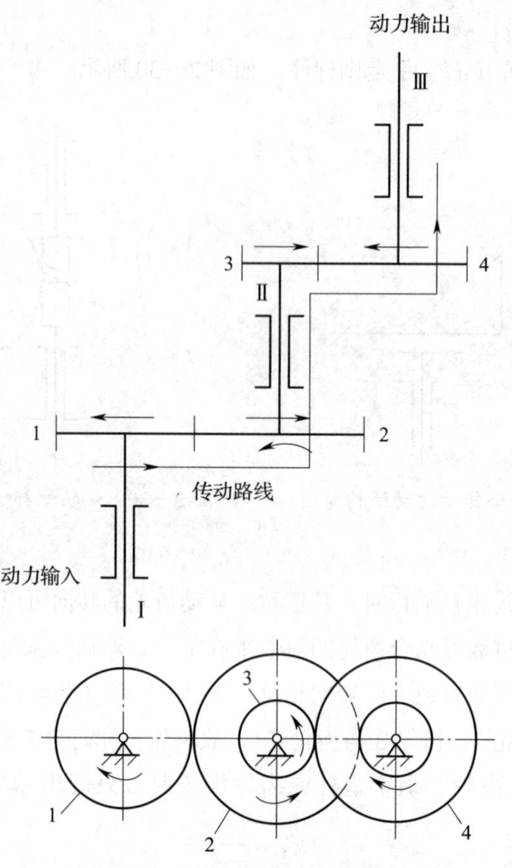

图 2—33　两级齿轮传动装置

【例 2—1】分析如图 2—34 所示轮系传动路线。

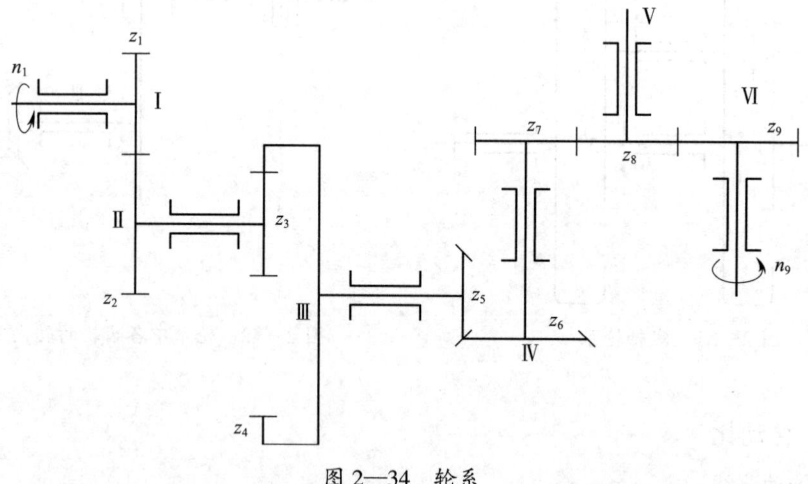

图 2—34　轮系

该轮系的传动路线为：

$$n_1 \rightarrow \mathrm{I} \rightarrow \frac{z_1}{z_2} \rightarrow \mathrm{II} \rightarrow \frac{z_3}{z_4} \rightarrow \mathrm{III} \rightarrow \frac{z_5}{z_6} \rightarrow \mathrm{IV} \rightarrow \frac{z_7}{z_8} \rightarrow \mathrm{V} \rightarrow \frac{z_8}{z_9} \rightarrow \mathrm{VI}\ (n_9)$$

2. 传动比计算

轮系的传动比等于首轮与末轮的转速之比，也等于轮系中所有从动齿轮齿数的连乘积与所有主动齿轮齿数的连乘积之比。

在平行定轴轮系中，若用 1 表示首轮，用 k 表示末轮，外啮合的次数为 m，则其总传动比为：

$$i_{总}=i_{1k}=(-1)^{m}\frac{\text{各级齿轮副中从动齿轮齿数的连乘积}}{\text{各级齿轮副中主动齿轮齿数的连乘积}}$$

在上式中，当 i_{1k} 为正值时，表示首轮与末轮转向相同；反之，表示转向相反。转向也可以通过在图上依次标注箭头来确定。

【例 2—2】如图 2—35 所示轮系，已知各齿轮齿数及 n_1 转向，求 i_{19} 并判定 n_9 转向。

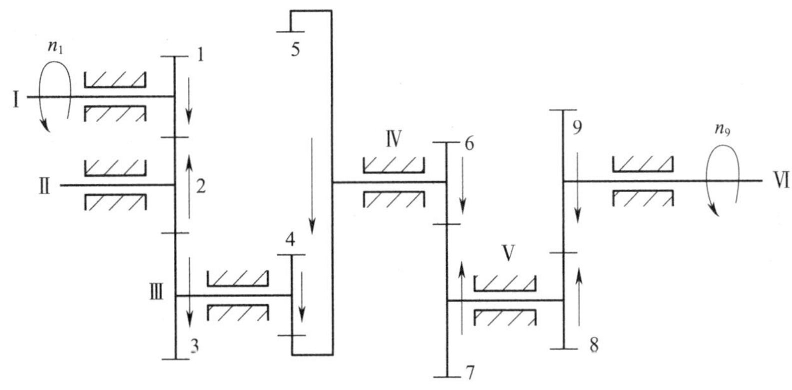

图 2—35　定轴轮系传动比计算

解：

$$i_{19}=i_{12}i_{23}i_{45}i_{67}i_{89}=\frac{n_1}{n_2}\cdot\frac{n_2}{n_3}\cdot\frac{n_4}{n_5}\cdot\frac{n_6}{n_7}\cdot\frac{n_8}{n_9}$$

$$=\left(-\frac{z_2}{z_1}\right)\left(-\frac{z_3}{z_2}\right)\left(+\frac{z_5}{z_4}\right)\left(-\frac{z_7}{z_6}\right)\left(-\frac{z_9}{z_8}\right)$$

即

$$i_{19}=(-1)^{4}\frac{z_2}{z_1}\cdot\frac{z_3}{z_2}\cdot\frac{z_5}{z_4}\cdot\frac{z_7}{z_6}\cdot\frac{z_9}{z_8}$$

$i_{总}$为正值，表示定轴轮系中主动齿轮（首轮）1 与定轴轮系中末端齿轮（输出轮）9 转向相同。

3. 惰轮的应用

在轮系中既是从动齿轮又是主动齿轮，对总传动比毫无影响，但却起到了改变齿轮副中从动齿轮回转方向的作用，这样的齿轮称为惰轮，如图 2—36 所示。惰轮常用于传动距离稍远和需要改变转向的场合。显然，两齿轮间若有奇数个惰轮时，首、末两轮的转向相同；若有偶数个惰轮时，首、末两轮的转向相反。

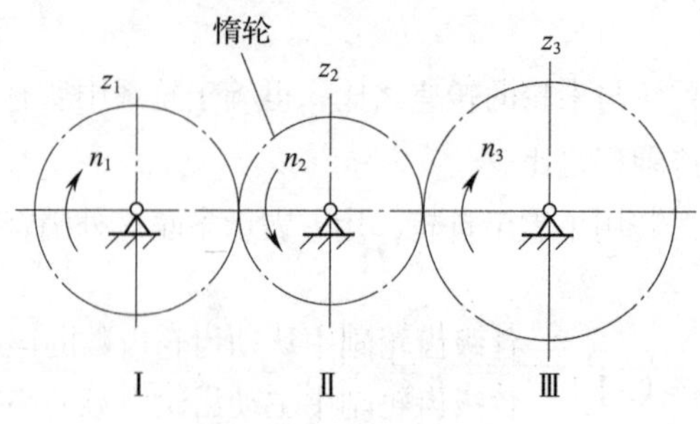

图 2—36 惰轮的应用

第五节 常用机构

一、四杆机构

由一些刚性构件用转动副或移动副相互连接而组成的，在同一平面或相互平行的平面内运动的机构，称为平面连杆机构。平面连杆机构的作用是实现某些较为复杂的平面运动，在生产和生活中广泛用于动力的传递或改变运动形式。最常用的平面连杆机构是具有四个构件（包括机架）的低副机构，称为四杆机构。构件间用四个转动副相连的平面四杆机构，称为平面铰链四杆机构，简称铰链四杆机构。

工程上最常用的四杆机构如图 2—37 所示。

如图 2—38 所示，杆件间的连接除了转动副以外，构件 3 与 4 使用移动副连接，称为滑块四杆机构。

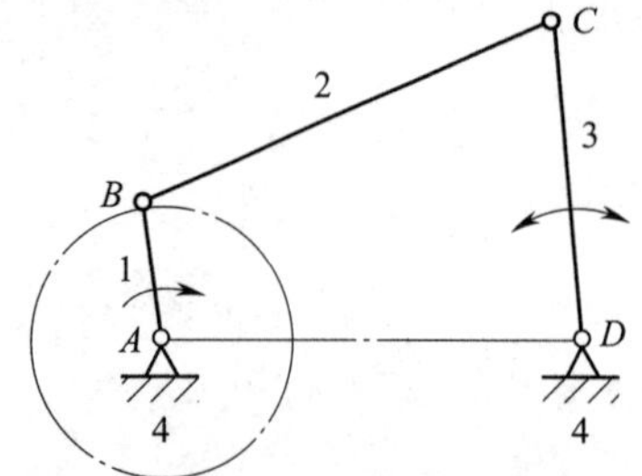

图 2—37 铰链四杆机构

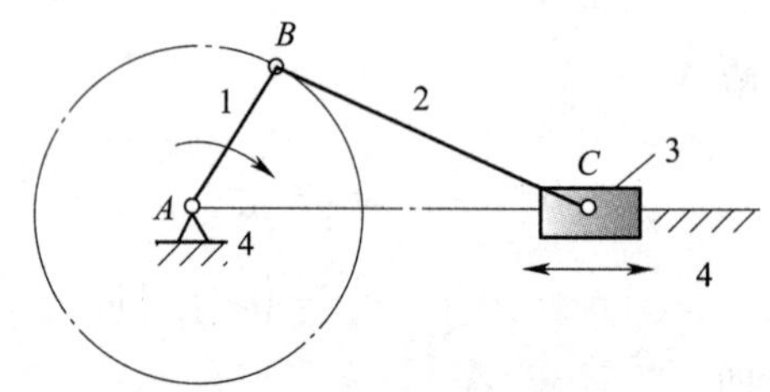

图 2—38 滑块四杆机构

1. 铰链四杆机构的组成与分类

如图 2—39 所示，铰链四杆机构中，固定不动的构件 4 称为机架，不与机架直接相连的构件 2 称为连杆，与机架相连的构件 1、3 称为连架杆。

铰链四杆机构按两连架杆的运动形式不同，分为曲柄摇杆机构、双曲柄机构和双摇杆机构三种基本类型。

与机架用转动副相连，且能绕该转动副轴线做整周旋转的构件称为曲柄。与机架用转动副相连，但只能绕该转动副轴线摆动的构件称为摇杆。

（1）曲柄摇杆机构 。铰链四杆机构的两个连架杆中，其中一个是曲柄，另一个是摇杆，称为曲柄摇杆机构，如图 2—40 所示。

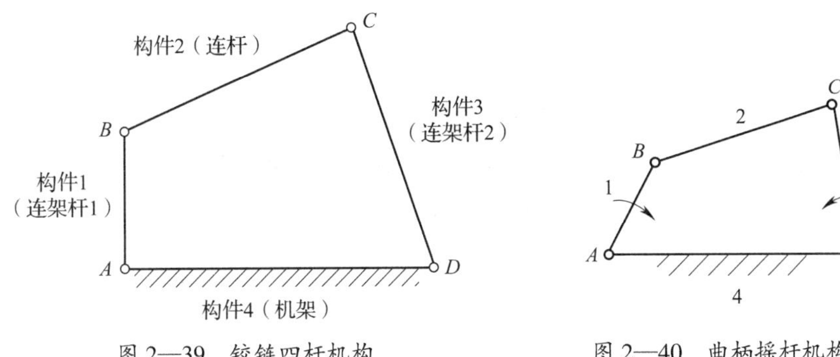

图 2—39 铰链四杆机构

图 2—40 曲柄摇杆机构

（2）双曲柄机构。铰链四杆机构中两连架杆均为曲柄，称为双曲柄机构。其主要类型有不等长双曲柄机构、平行双曲柄机构和反向双曲柄机构。

1）不等长双曲柄机构。两曲柄长度不相等的双曲柄机构，如图 2—41 所示。

2）平行双曲柄机构。连杆与机架的长度相等且两个曲柄长度相等，曲柄转向相同的双曲柄机构，如图 2—42 所示。

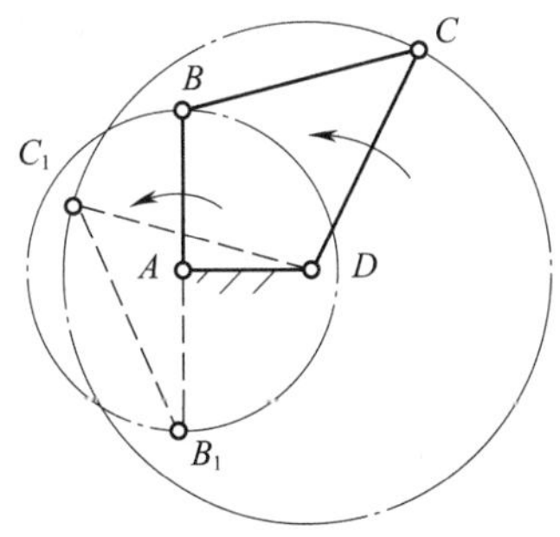

图 2—41 不等长双曲柄机构

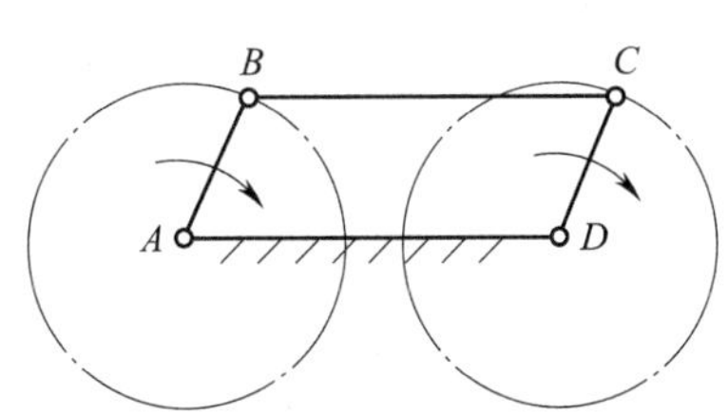

图 2—42 平行双曲柄机构

3）反向双曲柄机构。连杆与机架的长度相等且两个曲柄长度相等，曲柄转向相反的双曲柄机构，如图 2—43 所示。

（3）双摇杆机构。铰链四杆机构中两连架杆均为摇杆，称为双摇杆机构，如图 2—44 所示。

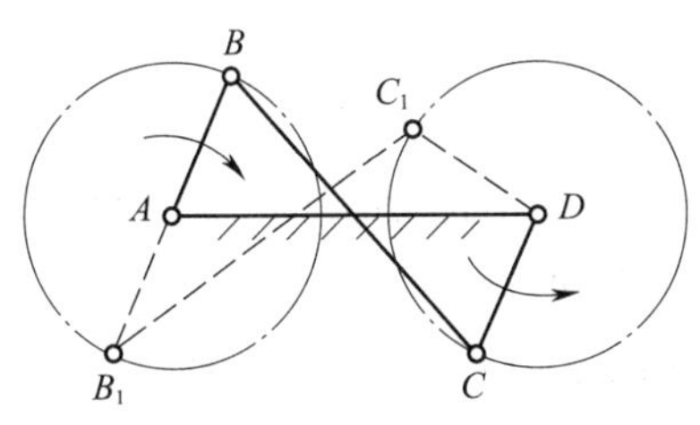

图 2—43 反向双曲柄机构

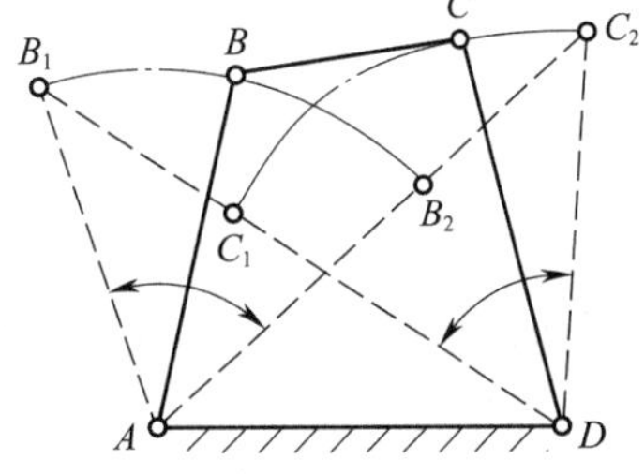

图 2—44 双摇杆机构

2. 铰链四杆机构的基本性质

（1）曲柄存在条件。最短杆与最长杆的长度之和小于或等于其他两杆长度之和；连架杆和机架中必有一杆是最短杆。

铰链四杆机构三种基本类型的判别方法（L_{AD} 为最长杆，L_{AB} 为最短杆）：

当 $L_{AD}+L_{AB} \leqslant L_{BC}+L_{CD}$ 时，曲柄摇杆机构连架杆之一为最短杆，如图 2—40 所示。

当 $L_{AD}+L_{AB} \leqslant L_{BC}+L_{CD}$ 时，双曲柄机构机架为最短杆，如图 2—45 所示。

当 $L_{AD}+L_{AB} \leqslant L_{BC}+L_{CD}$ 时，双摇杆机构连杆为最短杆，如图 2—46 所示。

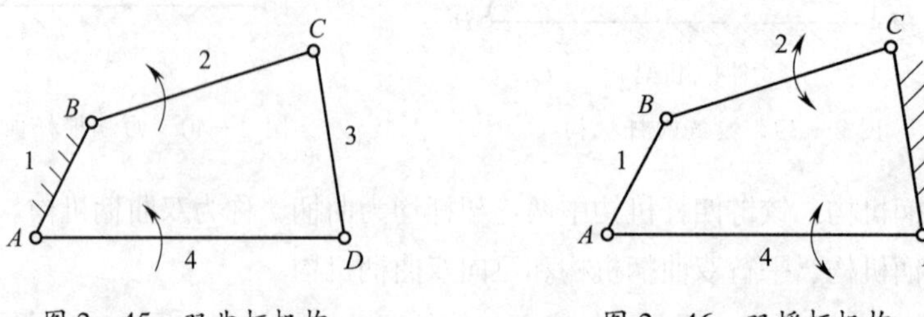

图 2—45　双曲柄机构　　图 2—46　双摇杆机构

当 $L_{AD}+L_{AB}>L_{BC}+L$CD 时，无论取哪一杆件为机架，都没有曲柄存在。

（2）急回特性。如图 2—47 所示曲柄摇杆机构，当曲柄 AB 整周回转时，摇杆在 C_1D 和 C_2D 两极限位置之间做往复摆动。当摇杆处于 C_1D 和 C_2D 两极限位置时，曲柄与连杆共线，曲柄的两个对应位置所夹的锐角称为极位夹角，用 θ 表示。

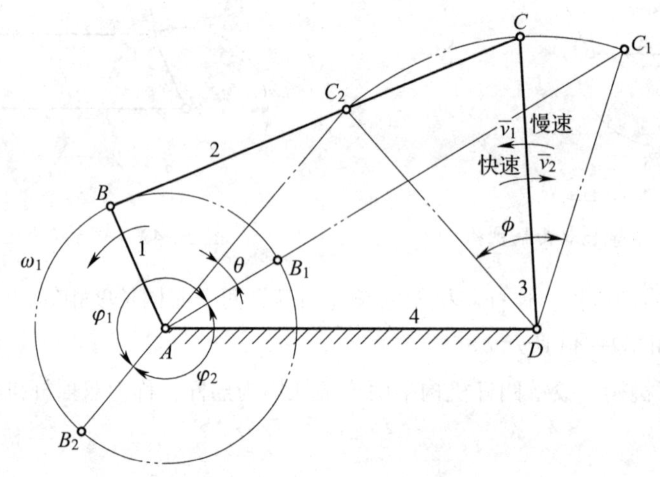

图 2—47　曲柄摇杆机构的急回特性

通常情况下，摇杆由 C_1D 摆到 C_2D 的过程被用作机构中从动件的工作行程，摇杆由 C_2D 摆到 C_1D 的过程被用作机构中从动件的空回行程。空回行程时的平均速度（v_2）大于工作行程时的平均速度（v_1），机构的这种性质称为急回特性。

（3）死点位置。如图 2—48 所示曲柄摇杆机构中，摇杆 CD 为主动件，曲柄 AB 为从动件。当摇杆摆动到极限位置 C_1D 或 C_2D 时，连杆 BC 与从动曲柄 AB 共线，则主动摇杆 CD 通过连杆 BC 加于从动曲柄 AB 上的力将经过从动件的铰链中心 A，从而使驱动力对从动曲柄 AB 的回转力矩为零，使得机构转不动或出现运动不确定的现象。机构的这种位置称为死点位置。

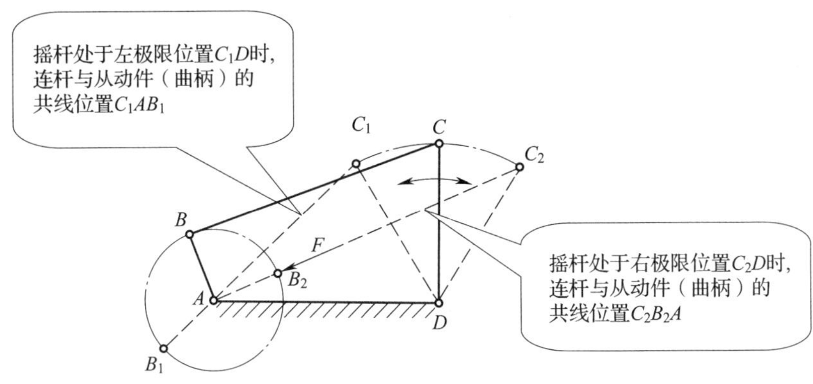

图 2—48　曲柄摇杆机构的死点位置

二、凸轮机构

1. 凸轮机构概述

如图 2—49 所示为内燃机的配气机构。当主动件凸轮回转时，使得气门杆按照一定的要求做上下往复运动，控制气门的开启与关闭，保证发动机在工作中定时将可燃混合气充入气缸，并及时将燃烧后的废气排出气缸。

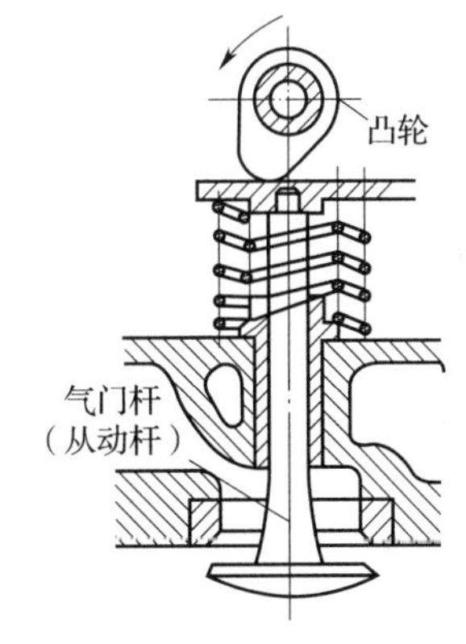

图 2—49　内燃机的配气机构

如图 2—50 所示为自动车床走刀机构。当具有曲线凹槽的凸轮回转时，其曲线凹槽的侧面与从动件末端的滚子接触并驱使从动件绕 O 点摆动，从动件另一端的扇形齿轮与刀架下的齿条相啮合，从而使刀架实现进刀运动和退刀运动。

凸轮机构是依靠凸轮轮廓直接与从动件接触，迫使从动件做有规律的直线往复运动（直动）或摆动。

凸轮机构是由凸轮、从动件和机架三个基本构件组成的高副机构，如图 2—51 所示。

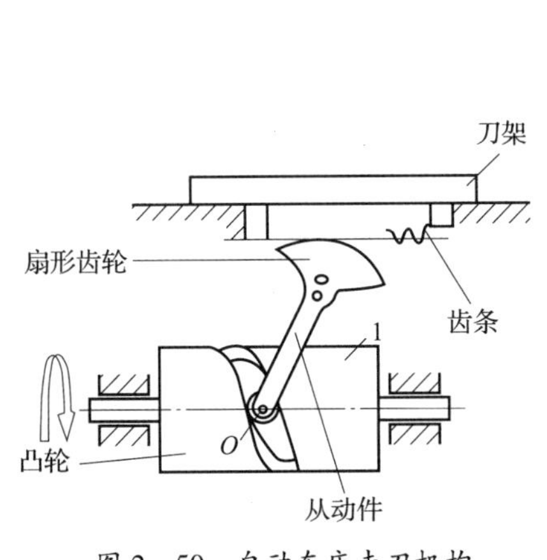

图 2—50　自动车床走刀机构

图 2—51　凸轮机构

1—凸轮　2—从动件　3—机架

其中，凸轮是一个具有曲线轮廓或凹槽的构件。主动件凸轮通常做等速转动或移动，通过高副接触使从动件得到所预期的运动规律。凸轮机构广泛应用于各种机械，特别是自动机械、自动控制装置和装配生产线中。

2. 凸轮机构的分类与特点

（1）凸轮机构的分类如下：

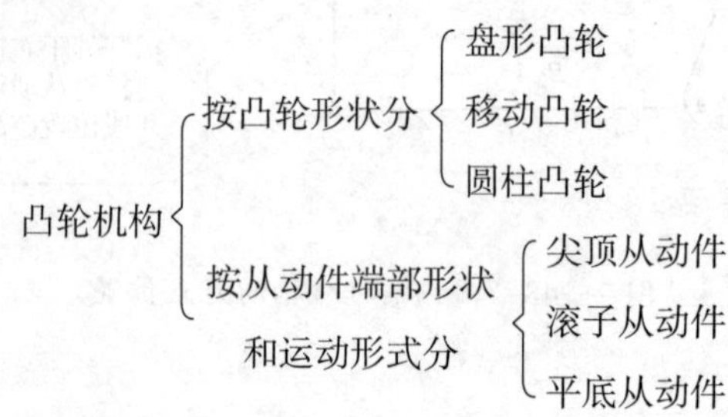

（2）各类型凸轮机构的特点

1）盘形凸轮。盘形凸轮是一个绕固定轴线转动并具有变化半径的盘形零件。从动件在垂直于凸轮旋转轴线的平面内运动。

2）移动凸轮。移动凸轮可看作是盘形凸轮的回转中心趋于无穷远，相对于机架做直线往复移动。

3）圆柱凸轮。圆柱凸轮是一个在圆柱面上开有曲线凹槽或在圆柱端面上制出曲线轮廓的构件，它可看作是将移动凸轮卷成圆柱体演化而成的。

4）尖顶从动件。构造最简单，但易磨损，只适用于作用力不大和速度较低的场合（如用于仪表等机构中）。

5）滚子从动件。滚子与凸轮轮廓之间为滚动摩擦，磨损较小，故可用来传递较大的动力，应用较广。

6）平底从动件。凸轮与平底的接触面间易形成油膜，润滑较好，常用于高速传动中。

（3）凸轮机构的常用结构见表2—9。

表2—9　　凸轮机构的常用结构

类型	说明	图示
凸轮轴	凸轮基圆较小时，凸轮和轴做成一体。这种凸轮结构紧凑，工作可靠	

续表

类型	说明	图示
整体式凸轮	用于凸轮尺寸小且无特殊要求或不经常拆装（或更换）的场合	
镶块式凸轮	用于经常更换凸轮的场合	
组合式凸轮	用螺栓将凸轮和轮毂连成一体，可以方便调整凸轮与从动件起始的相对位置，用于大型低速凸轮机构中	

（4）凸轮机构的应用特点

1）优点。结构简单紧凑，工作可靠，设计适当的凸轮轮廓曲线可使从动件获得任意预期的运动规律。

2）缺点。凸轮与从动件（杆或滚子）之间以点或线接触，不便于润滑，易磨损。

3）应用。多用于传力不大的场合，如自动机械、仪表、控制机构和调节机构中。

3. 凸轮机构工作过程及从动件运动规律

（1）凸轮机构工作过程。凸轮机构中最常用的运动形式为凸轮做等速回转运动，从动件做往复移动，见表 2—10。凸轮回转时，从动件做“升→停→降→停”的运动循环。

表 2—10　　凸轮“升—停—降—停”运动循环

运动	图示	描述
升	B　C　A　δ_1　D　O	从动件位于最低位置，它的尖端与凸轮轮廓上点 A（基圆与曲线 AB 的连接点）接触。当凸轮以等角速度 ω 逆时针转过 δ_1 时，从动件在凸轮轮廓曲线的推动下，将由 A 点位置被推到 B 点位置，即从动件由最低位置被推到最高位置，从动件运动的这一过程称为推程。凸轮转角 δ_1 称为推程运动角

续表

运动	图示	描述
停		因凸轮的 BC 段轮廓为圆弧，故凸轮转过 δ_2 时，从动件静止不动，且停在最高位置，这一过程称为远停程。凸轮转角 δ_2 称为远停程角
降		凸轮继续转过 δ_3，从动件由最高位置 C 点回到最低位置 D 点，这一过程称为回程。凸轮转角 δ_3 称为回程运动角
停		凸轮转过 δ_4 时，从动件与凸轮轮廓上最小矢径的圆弧 DA 接触，从动件将处于最低位置且静止不动，这一过程称为近停程。凸轮转角 δ_4 称为近停程角

（2）从动件常用的运动规律。以从动件的位移 s 为纵坐标，对应凸轮的转角 δ 或时间 t（凸轮匀速转动时，转角 δ 与时间 t 成正比）为横坐标，可以绘制出一个运动循环周期的从动件位移线图。如图 2—52 所示即为某凸轮机构从动件的位移线图，其中从动件最大位移 h 称为行程，δ_0 和 δ'_0 分别表示推程运动角和回程运动角，δ_s 和 δ'_s 分别表示远停程角和近停程角。

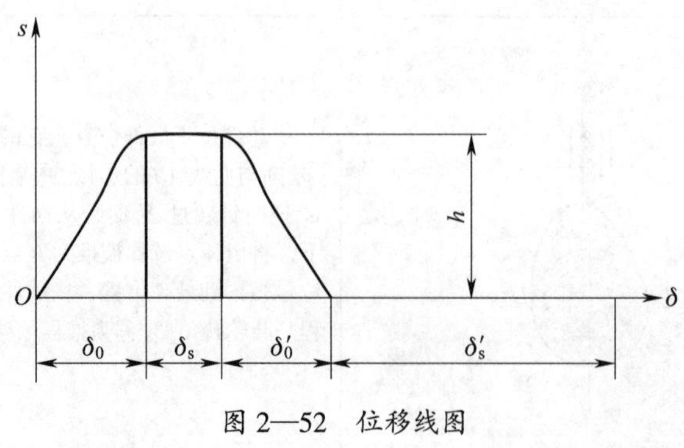

图 2—52　位移线图

图 2—52 所示位移线图反映了从动件的运动规律。通过对凸轮机构一个运动循环的分析可知，从动件的运动规律决定了凸轮的轮廓形状。因此，在设计凸轮轮廓时，必须首先确定从动件的运动规律。常用的从动件运动规律有等速运动规律和等加速等减速运动规律。

1）等速运动规律（以推程为例）。从动件上升（或下降）速度为一常数的运动规律称为等速运动规律（见图 2—53）。

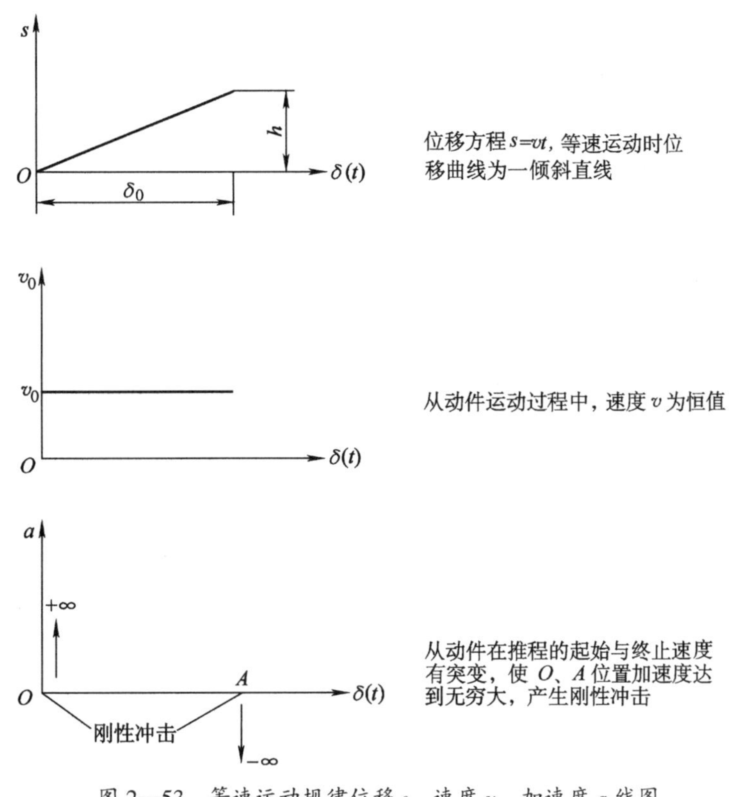

图 2—53　等速运动规律位移 s、速度 u、加速度 a 线图

由图 2—53 可知，从动件做等速运动时，会使凸轮机构产生强烈的刚性冲击，因此等速运动规律只适用于凸轮机构做低速回转及轻载的场合。

2）等加速等减速运动规律（以推程为例）。从动件在行程中先做等加速运动，后做等减速运动的运动规律称为等加速等减速运动规律（见图 2—54）。通常，加速段和减速段的时间相等、位移相等，加速度的绝对值也相等。

由图 2—54 可知，从动件做等加速等减速运动时，会使凸轮机构产生柔性冲击，这种柔性冲击虽然比刚性冲击要小得多，但也会对机器产生一定的破坏作用。因此，等加速等减速运动规律只适用于凸轮机构做中速回转及轻载的场合。

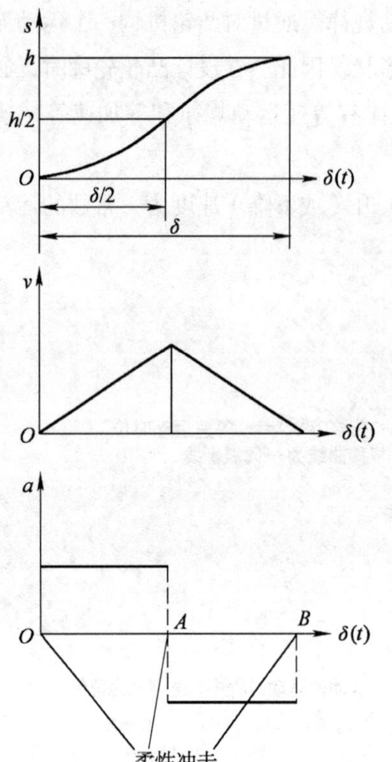

位移线图由两段抛物线组成。推程的前 $h/2$ 的位移方程 $s=at^2/2$，位移 s 是时间 t（或凸轮转角）的二次函数

初始速度 $v=0$，推程的前 $h/2$ 的速度方程 $v=at$

推程的前 $h/2$ 等加速，后 $h/2$ 等减速；推程的 O、A、B 点有加速度的突变，将产生柔性冲击

图 2—54　等加速等减速运动规律位移 s、速度 u、加速度 a 线图

第三章　液压传动基础知识

第一节　液压系统的工作原理简介

液压传动是应用比较广泛的一种传动形式，下面用一港口叉车液压起重系统的结构简图（见图 3—1）进行说明。

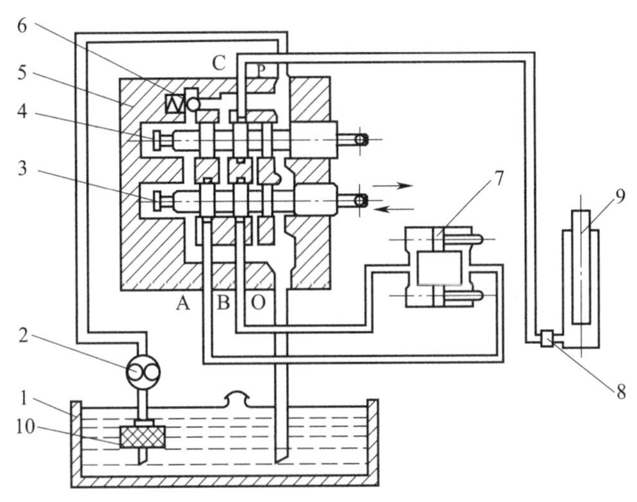

图 3—1　叉车液压起重系统结构图

1—油箱　2—液压泵　3—倾斜液压缸换向阀杆　4—起升液压缸换向阀杆

5—分配阀阀体　6—溢流阀　7—倾斜液压缸　8—单向节流阀

9—起升液压缸　10—滤油器

图 3—1 所示叉车液压起重系统中，发动机带动液压泵 2 从油箱 1 中吸油，液压泵压出的油液首先经油管进入分配阀 5 的进油口 P。分配阀上有两个换向阀操纵杆 3 和 4，分别用于操纵倾斜液压缸和起升液压缸，使倾斜液压缸和起升液压缸动作。油口 A、B、C 分别经油管与控制的液压缸相连。油口 O 经油管与油箱相连。每个操纵杆都有三个位置，对应三种工作状态。以倾斜液压缸为例，通过操纵杆的操作，倾斜液压缸可以实现前倾、静止和后倾三个动作。所以得出结论：液压传动就是指在密封容积内，以液体为工作介质，借助于运动着的液压油的容积变化来传递动力和进行控制的一种传动形式，这种传动称为容积式液压传动。

第二节　液压系统的组成及职能符号

一、液压系统的组成

由叉车液压起重系统结构图可以看出，一个能完成能量传递的液压系统除液压油以外由四部分组成，即动力元件——泵，执行元件——液压缸或液压马达，控制、调节元件——阀，辅助元件——油箱、油管、滤油器等。

液压系统组成及能量转换如图 3—2 所示。

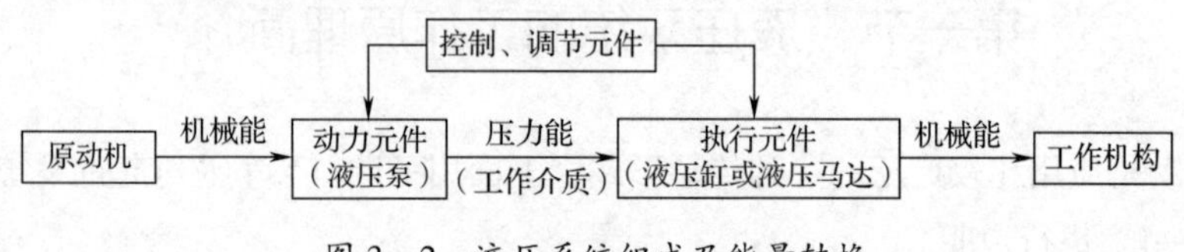

图 3—2　液压系统组成及能量转换

二、液压系统图及图形符号

液压系统图有结构式原理图和职能符号式原理图两种。

1. 结构式原理图

液压系统结构式原理图如图 3—1 所示。其直观性强，容易理解，当液压系统发生故障时，检查比较方便；但绘图比较麻烦，特别是当液压元件比较多时更是如此。

2. 职能符号式原理图

液压系统职能符号式原理图如图 3—3 所示，读图时应注意以下规定。

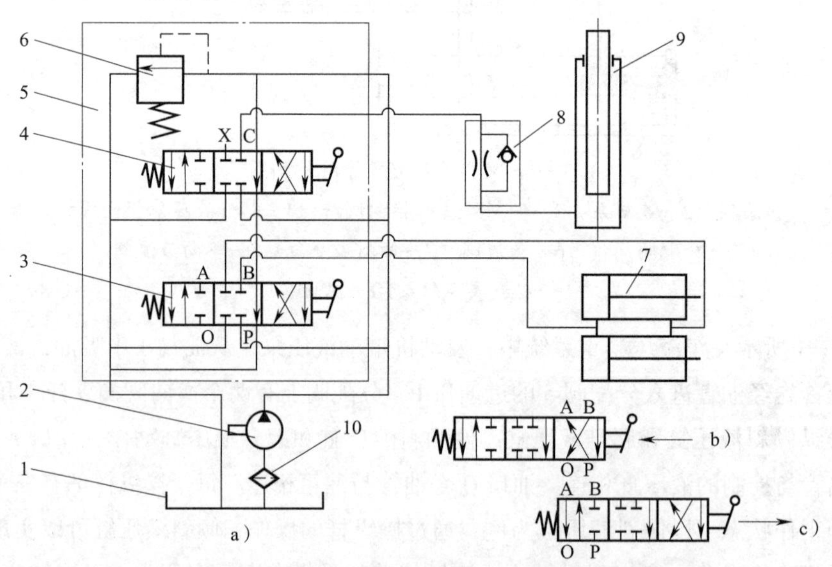

图 3—3　用职能符号表示的叉车液压起重系统图

a）原理图　b）阀芯左移后油路导通的示意图　c）阀芯右移后油路导通的示意图

1—油箱　2—液压泵　3—倾斜液压缸换向阀　4—起升液压缸换向阀　5—分配阀阀体

6—溢流阀　7—倾斜液压缸　8—单向节流阀　9—起升液压缸　10—滤油器

（1）符号只表示元件的职能、连接系统的通路，不表示元件的具体结构和参数，也不表示元件在机器中的实际安装位置。

（2）元件符号内的油液流动方向用箭头表示，线段两端都有箭头的表示流动方向可逆。

（3）符号均以元件的静止位置或中间零位置表示，当系统的动作另有说明时可以例外。

（4）液压系统职能图中特殊字母和图线的含义。在读职能图时，经常会遇到一些特定的字母和图线，它们具有特殊含义。例如，*P* 表示压力，T、O 表示回油、无压力，K 表示控制，等同于虚线。还有┴ ┬代表管路连接，⌒┼代表管路交叉。

第三节　液压传动的工作介质

液压油是液压传动的工作介质。液压油的物理化学性质包括密度、重度、压缩性和黏性，其中黏性对液压油品质影响最为突出。

一、液压油的选择和使用

1. 黏性和黏度

液体受外力作用而流动时，液体内部产生内摩擦力或切应力的性质，叫作液体的黏性。液体黏性的大小用黏度表示。其单位制有动力黏度、运动黏度和相对黏度。

2. 液压油牌号

液压油的黏度牌号由 GB/T 3141—1994 做出了规定，等效采用 ISO 的黏度分类法，以该液压油 40℃运动黏度的平均值来划分牌号。例如，20 号液压油就是在 40℃时运动黏度的平均值为 20 cSt。

3. 液压油的选择标准

黏度是液压油选择的一个重要因素。工作环境温度高时，为防止油液因高温变稀，宜选用黏度高的油液；系统工作压力高时，为防止漏油也宜采用黏度高的液压油；当工作装置运动速度较高时，油液流动阻力加大，应采用黏度较低的液压油。

4. 液压油的合理使用

液压系统 70% 以上的故障是由于液压油脏引起的，所以为保证液压系统正常工作，液压油的合理使用非常重要。

（1）油温适当。液压系统工作时，油泵入口处的温度最好保持在 55℃以下，局部区段不能超过 120℃。油箱内油温不能超过 60℃，超过 55℃必须设置冷却器。

（2）防止空气混入。液压系统中混入空气，会使油液弹性降低导致工作中产生振动和噪声，并使油液早期变质。所以采取液压泵吸油管严格密封；回油管切成斜面，浸泡在油箱液面以下；减小吸油高度措施。这些措施都是为了防止空气进入系统。

（3）防止油液污染。油液的污染主要通过外界侵入、内部生成以及维护保养中造成，所以换油时要彻底，同时要更换滤芯，加入新油时要先过滤。

二、静止和流动液压油的性质

1. 静止液压油的性质

液压油静压力就是液压传动中的系统压力，也是液压系统最重要的参数之一。

（1）液压系统压力的形成。液压系统的压力是由外载荷决定的。外负载越大，系统压力越大。我国法定压力单位为帕斯卡，简称帕，符号 Pa。工程上常用 MPa 来表示。

1 MPa=10^6 Pa

1 at（工程大气压）=9.8×10^4 Pa

1 bar（巴）=10^5 Pa

（2）压力等级的划分见表 3—1。

表 3—1 压力等级的划分 MPa

低压	中压	中高压	高压	超高压
2.5	2.5 ~ 8	8 ~ 16	16 ~ 32	>32

（3）液体流动中的压力损失。压力损失产生的内因是液体本身的黏性，外因是管道结构。外因产生的压力损失可分为两类：一类是液体沿等截面直管中流动时，因摩擦而产生的压力损失，称沿程压力损失；另一类是由于管子截面突然变化或液流方向迅速改变引起的压力损失，称局部压力损失。

2. 流动液压油的性质

流动液压油的性质主要指液压系统的流量和平均流速。

（1）流量。流量是指单位时间内通过流道横截面的液体体积，用“q”表示。对于液压缸来说，流量是指单位时间内流入液压缸的液体体积。它也是液压系统重要参数之一。

（2）平均流速。平均流速是指液体有效断面上各点速度的平均值。

$$v=\frac{q}{A}$$

式中 q——通过圆管的流量，m^3/s；

v——液体的平均流速，m/s；

A——液流通过的截面积，m^2。

由此可以看出：液压系统执行元件的运动速度取决于进入液压缸的流量。

（3）流量损失。泄漏是流量损失的最主要原因，泄漏包括内泄漏和外泄漏两种。

三、液压油常见现象

1. 液压冲击

液压冲击是指液压系统工作过程中，由于某种原因造成油液压力在某一瞬间突然急剧上升，产生一个很高的压力峰值，其值比正常压力高好几倍，这种现象称为液压冲击。为避免液压冲击，常采用以下措施：

（1）在容易产生液压冲击的地方考虑安装限制压力升高的溢流阀。

（2）在冲击源前加适当的蓄能器。

（3）加大油管直径或采用橡胶软管吸收液压冲击时的能量。

（4）关闭或启动阀门时，动作要缓慢。

（5）适当限制油液在管中的流速。

2. 空穴和气蚀

在液压系统中，如果某一点压力低于空气从油液中分离出来的压力，原来溶解于油液中的空气便迅速分离出来，形成气泡，这种现象称为空穴，也称为气穴。气穴除产生振动和噪声，还会破坏油液的连续性。当气泡在压力较高的区域破裂，气泡中的氧会腐蚀管壁和零件的表面，这种现象就是气蚀。为了防止空穴现象的产生，要特别注意以下几点：

（1）吸油管应有足够的管径，吸油面不宜过低。

（2）尽量避免管路中狭窄段和急转弯处出现过低压力。

为防止气蚀现象，可以提高零件的机械强度和表面质量，或采用耐腐蚀的材料。

第四节　液压泵

液压泵作为液压系统中的动力元件，由原动机直接驱动或通过中间传动装置来驱动。它的最终目的是将原动机的转矩 M 和转速 n 转换成液体的压力 p 和流量 q，即向系统提供一定流量的液压油。

pq

Mn

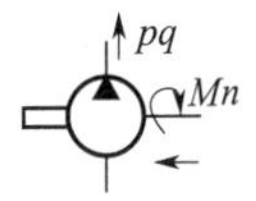

图 3—4　液压泵的能量转换

图 3—4 所示为能量转换形式图。尽管液压泵结构形式很多，但它们都是靠密封的工作空间的容积变化进行工作的，所以液压传动中的液压泵类型是容积式。

一、液压泵的分类

港口装卸机械中常用的液压泵有齿轮式、叶片式、柱塞式三类。按其所排出或需要的油液的流量是否变化，可以分为定量泵和变量泵。按其正反方向是否都能工作，分为单向泵和双向泵。它们对应的职能符号见表 3—2。

表 3—2　液压泵的职能符号

名称	单向定量泵	双向定量泵	单向变量泵	双向变量泵
符号	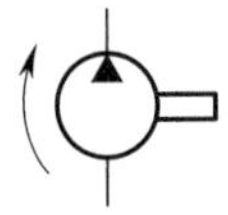	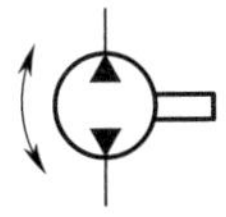	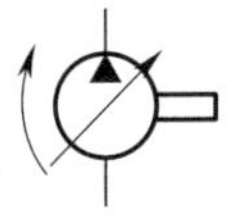	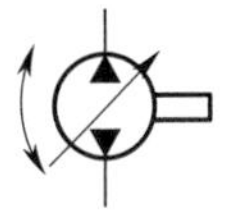

二、齿轮泵

齿轮泵是以齿轮副作为能量转化的元件。它具有结构简单，体积小，质量轻，工作可靠，维修方便，成本低，对油液中的杂质不敏感，能在高温下工作的优点，因而在港口中小型流动装卸机械中广泛应用。

齿轮泵从啮合方式上分外啮合齿轮泵和内啮合齿轮泵两种。

1. 外啮合齿轮泵

（1）外啮合齿轮泵的组成。图 3—5 所示为港口最常用的外啮合渐开线齿轮泵。外啮合齿轮泵由泵体、端盖、齿轮、轴等零件组成。

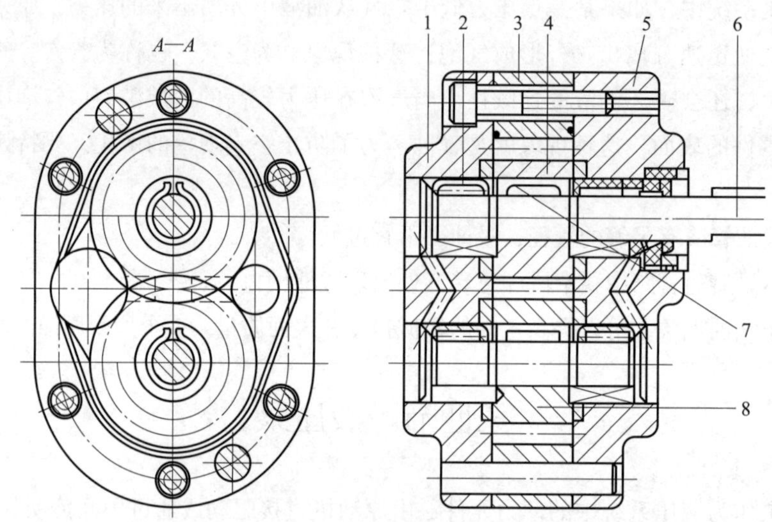

图 3—5　外啮合齿轮泵结构图

1—前泵盖　2—轴套　3—中间泵体　4—主动齿轮　5—后泵盖

6—泵轴　7—键　8—从动齿轮

（2）外啮合齿轮泵工作原理。如图 3—6 所示，外啮合齿轮泵是利用一对相互外啮合的渐开线齿轮轮齿啮合时的容积变化进行工作的。在吸油腔，由于轮齿退出啮合则密封空间变大，压力变小形成吸油；在压油腔，由于轮齿进入啮合则密封空间变小，压力变大形成压油。

2. 内啮合齿轮泵

内啮合齿轮泵是由一对相互内啮合的小齿轮和大齿轮、月牙板、泵体、端盖等组成，如图 3—7 所示。其特点是无困油现象，流量脉动小，噪声低。

3. 影响外啮合齿轮泵寿命的三大问题及补偿措施

（1）泄漏与间隙补偿措施。齿轮泵存在端面泄漏、径向泄漏和轮齿啮合处泄漏。端面泄漏占 80% ~ 85%。

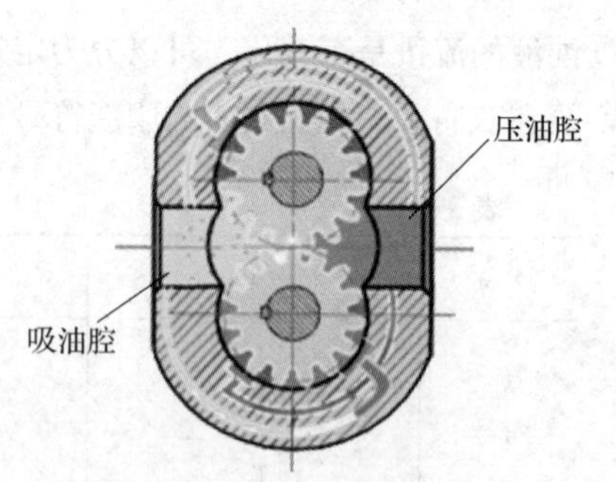

图 3—6　外啮合齿轮泵工作原理

端面间隙补偿采用静压平衡措施，如图 3—8 所示，在齿轮和端盖之间增加一个补偿零件，如浮动轴套。

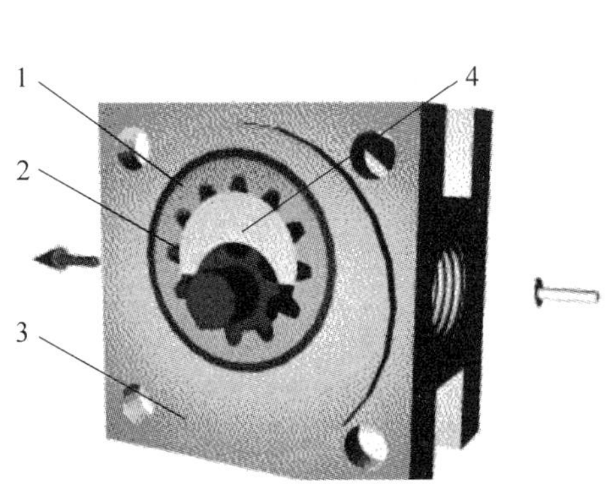

图 3—7　内啮合齿轮泵结构图

1—大齿轮　2—小齿轮　3—泵体　4—月牙板

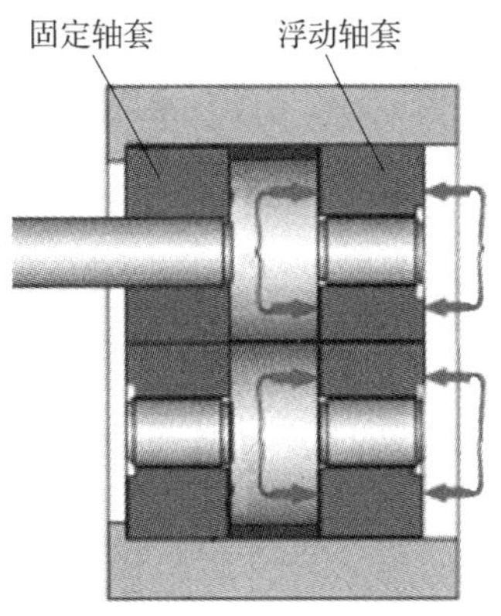

图 3—8　添加浮动轴套

（2）液压径向力及平衡措施。在齿轮泵中，由于在压油腔和吸油腔之间存在着压差，液体压力的合力作用在齿轮和轴上，是一种径向不平衡力。

径向不平衡力很大时，能使轴弯曲，齿顶与壳体接触，同时加速轴承的磨损，降低轴承的寿命。

为了减小齿轮泵径向不平衡力的影响，通常采取缩小压油口的办法，即减小高压油在齿轮上的作用面从而减小径向不平衡力。

（3）困油现象与卸荷措施。困油现象产生的原因如图 3—9 所示，齿轮重合度 $\varepsilon > 1$，在两对轮齿同时啮合时，它们之间将形成一个与吸油腔、压油腔均不相通的封闭容积，此封闭容积随齿轮转动其大小发生变化，先由大变小，后由小变大。封闭容积由大变小时油液受挤压，导致压力冲击和油液发热；封闭容积由小变大时，会引起气蚀和噪声。

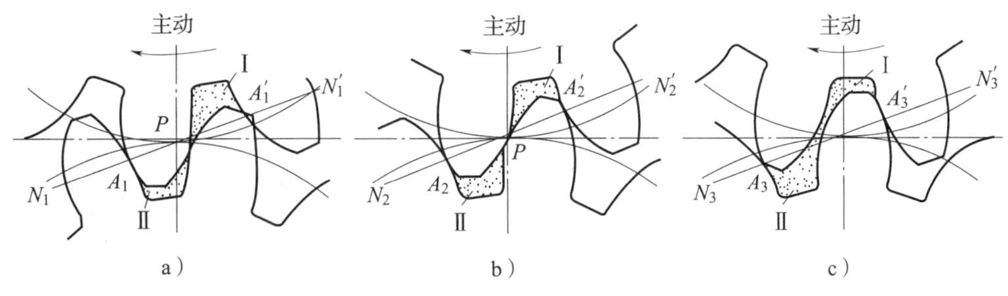

图 3—9　齿轮泵的困油现象

为了避免产生困油现象，在前、后端盖或浮动轴套上开卸荷槽。开设卸荷槽的原则：两槽间距为最小封闭容积，而使封闭容积由大变小时与压油腔相通，封闭容积由小变大时与吸油腔相通。

4. 齿轮泵常见故障（见表 3—3）

表 3—3　　齿轮泵常见故障

故障现象	故障分析	故障解决
齿轮泵吸不上油，无油输出	吸油管破损	补焊或更换
	油面过低	补油到液面计标准线
	泵转速过高或过低	按泵允许的转速运行
	泵安装位置距油面过高	改泵的安装位置
泵输出流量不够，系统压力上不去	油温太高	查明原因，采取对策
	有污物进入，导致磨损	清洗、修复
噪声大，出现振动	泵内零件损坏或磨损	更换零件
	吸油口过滤器堵塞，导致空气进入	清洗过滤器
	油箱通气孔堵塞	清洗通气孔
发热严重	液压油黏度不合适	重新选择合适黏度的液压油
	零件磨损，内泄漏过大	修复、更换零件
	配合间隙太小	重新调整、装配

三、叶片泵

叶片泵又称叶片式液压泵。它是利用叶片、转子、定子之间构成的密封工作空间容积变化而实现吸油、压油的一类液压泵。

和其他液压泵相比，叶片泵具有工作压力较高、结构紧凑、流量均匀、工作平稳、噪声较小等优点，但也存在结构复杂、自吸性能差、对油液污染较敏感等缺点。

最常见的叶片泵分为单作用叶片泵和双作用叶片泵。

1. 单作用叶片泵

单作用叶片泵常用于低压变量的场合，所以在港口装卸机械中一般不采用。

如图 3—10 所示，定子、转子、叶片和端盖间形成若干个密封的工作空间。定子和转子偏心。这种泵工作时，转子每转一转，每个工作空间有一次变大、一次变小的机会，从而完成一次吸油和一次压油，所以称为单作用叶片泵。

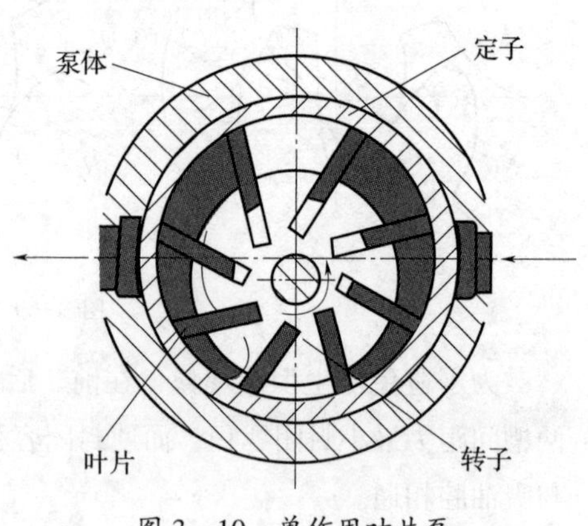

图 3—10　单作用叶片泵

单作用叶片泵的特点如下：

（1）可以通过改变定子和转子之间的偏心距来调节泵的排量和流量。

（2）叶片槽根部分别通油，叶片厚度对排

量无影响。

（3）因叶片矢径是转角的函数，瞬时理论流量是脉动的。叶片数取为奇数，以减小流量的脉动。

2. 双作用叶片泵

双作用叶片泵的流量不可自行调节，常用于中、高压液压系统中。

如图 3—11 所示，双作用叶片泵转子和定子中心重合，且定子的内表面近似椭圆柱形，有两个吸油区和两个压油区对称布置。这种泵工作时，转子每转一转，每个工作空间两次变大、两次变小，从而完成两次吸油和两次压油，所以称为双作用叶片泵。

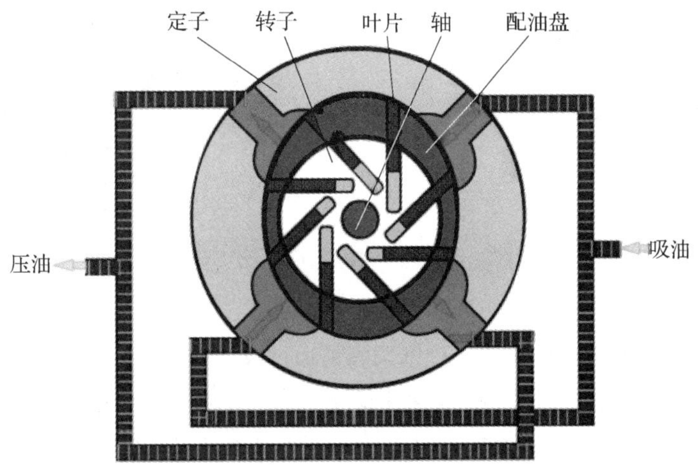

图 3—11 双作用叶片泵

双作用叶片泵的特点如下：

（1）径向力平衡。

（2）为保证叶片自由滑动且始终紧贴定子内表面，叶片槽根部全部通压力油。

（3）合理设计过渡曲线形状和叶片数（$z \geqslant 8$），可使理论流量均匀，噪声小。

（4）为减小两叶片间的密闭容积在吸、压油腔转换时因压力突变而引起的压力冲击，在配油盘的配油窗口前端开有减振槽。

四、柱塞泵

柱塞泵因其容积效率高，所以属于高压泵。

1. 柱塞泵的分类

柱塞泵按柱塞的排列情况可分为轴向柱塞泵和径向柱塞泵两大类。

（1）轴向柱塞泵。柱塞按轴向布置，即柱塞中心线与柱塞缸体中心线平行，称轴向柱塞泵。轴向柱塞泵根据把主动轴的旋转运动转换成柱塞往复运动的方式不同，又分为斜盘式和斜轴式两大类。

如图 3—12 所示为港口装卸机械上常用的斜盘式轴向柱塞泵。缸体均布有七个柱塞孔（柱塞的数量一般为奇数），柱塞底部空间为密闭工作腔。柱塞头部滑履与定子内圆接触。

当电动机或内燃机带着缸筒转动时，柱塞一方面随着缸筒转动，另外一方面沿着柱塞孔做轴向移动。因为和柱塞相连的斜盘具有一定倾角，所以柱塞底部空间周期变大、变小，在配油盘协助下，形成吸油和压油。

（2）径向柱塞泵。柱塞按径向布置，即柱塞中心线与柱塞缸体的直径方向一致，叫径向柱塞泵，如图 3—13 所示。

图 3—12 轴向柱塞泵

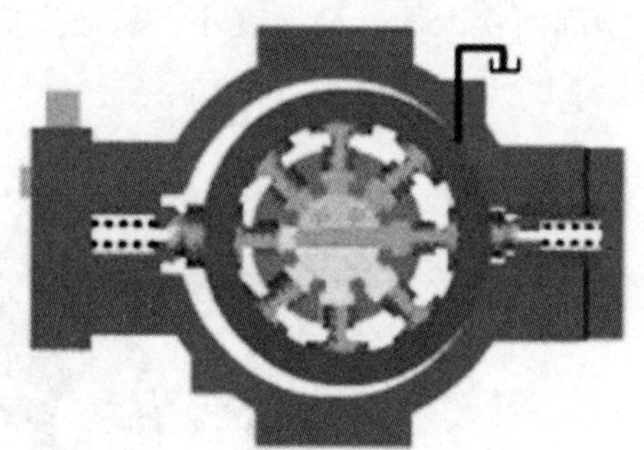

图 3—13 径向柱塞泵

2. 柱塞泵的应用及特点

由上面的变量原理可以看出，柱塞泵容易通过改变柱塞的工作行程以调节泵的流量。这类泵具有额定压力高、转速高，泵的驱动功率大、效率高，以及变量方便、结构紧凑的优点。因此，柱塞泵往往用于高压、大流量、需要调节流量的场合。所以，它在港口装卸机械上得到广泛的应用。轴向柱塞泵与径向柱塞泵相比，具有转速高、体积小、结构紧凑、配油部分密封性能易于保证和容积效率高等优点。近年来径向柱塞泵已逐渐被轴向柱塞泵所替代。但柱塞泵同时存在结构复杂、自吸能力差以及工艺要求高、对油液污染敏感度高的缺点。

第五节 液压缸和液压马达

从能量转换的角度来看，液压缸和液压马达都是将油液的压力能转换成机械能的一种装置，同属于液压系统的执行元件。液压缸应用于直线移动或者摆动；液压马达用于实现旋转运动。

一、液压缸

液压缸具有结构简单、制造容易、维修方便、工作可靠等特点，而且传力大、运动惯性小、可作频繁换向，易于实现远程控制和自动控制。

1. 常见液压缸

（1）活塞式液压缸。活塞式液压缸有单作用活塞液压缸和双作用活塞液压缸之分。单作用活塞液压缸为单向液压驱动，回程需借助自重、弹簧和其他外力来实现，港口装卸机械中将其作为液压制动器和离合器的执行元件。双作用活塞液压缸如图 3—14 所示，两个方向的运动都靠液压力，又称差动缸。港口作业叉车货叉的倾斜机构就是采用了双作用活塞液压缸。

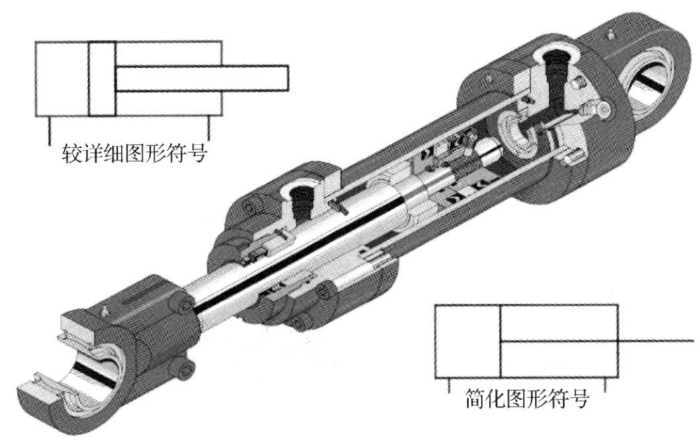

图 3—14　双作用活塞液压缸

（2）柱塞式液压缸。柱塞式液压缸如图 3—15 所示，结构简单，易于加工，承载能力强，属于单作用液压缸。回位常需借助于工作机构的重力，如叉车的起升液压缸。

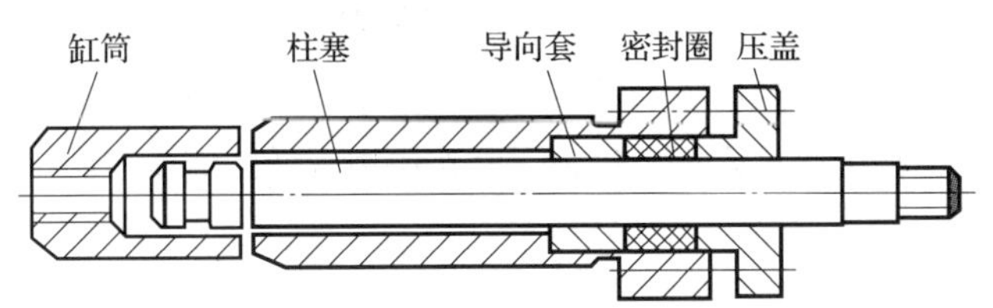

图 3—15　柱塞式液压缸

（3）双出杆活塞液压缸。双出杆活塞液压缸如图 3—16 所示，两端都带活塞杆，一般应用在转向系统中，用以保证左、右伸出和缩回速度相同，受力大小也相同。

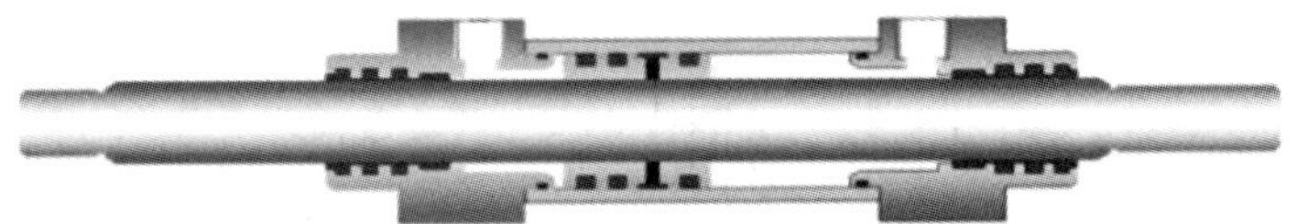

图 3—16　双出杆活塞液压缸

2. 液压缸的职能符号（见表 3—4）

表 3—4　　液压缸的职能符号

名称	单作用活塞液压缸	双作用活塞液压缸	柱塞液压缸	双出杆活塞液压缸
符号				

3. 液压缸的结构

液压缸按结构组成可以分为缸体组件、活塞组件、密封装置、缓冲装置和排气装置等。

如图 3—17 所示是双作用单活塞杆液压缸的一种典型结构，这种液压缸在港口机械上应用极为广泛。它由缸体、活塞、活塞杆、导向套、端盖、支承环及密封圈组成。缸筒由无缝钢管组成，它与端盖之间通过卡簧连接，并用螺钉与导向套固定。这种连接方式结构简单、紧凑，装卸和加工都较方便。缺点是当缸的工作压力很大时，或者是受到很大的冲击时，导向套上的环槽易被压溃而使卡簧脱出，因此这种连接方式只能用于工作压力不是很高的场合。

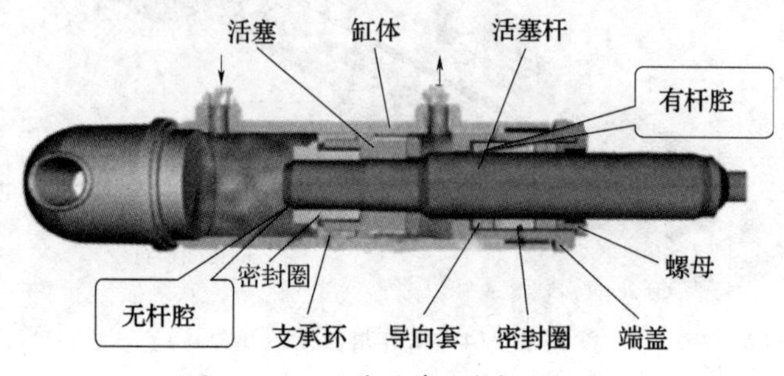

图 3—17 双作用单活塞杆液压缸

（1）密封装置

1）间隙密封。如图 3—18 所示，间隙密封的结构是在活塞上开出若干道深 0.3 ~ 0.5 mm 的环形槽，可以增大油液从高压腔向低压腔泄漏的阻力，从而减少泄漏。间隙密封是一种最简单的密封形式，常用在活塞直径较小、工作压力较低的液压缸中。

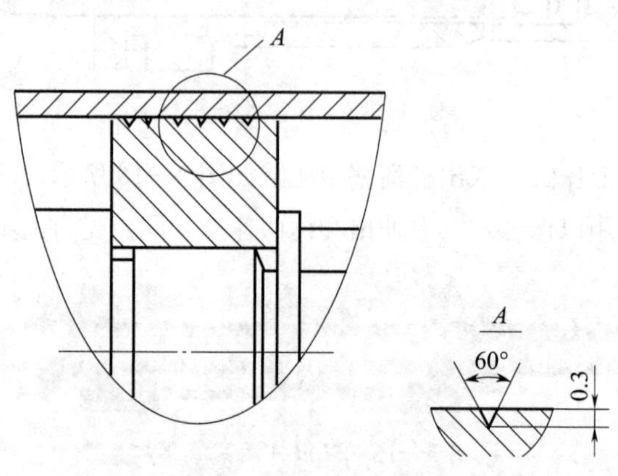

图 3—18 间隙密封

2）活塞环密封。如图 3—19 所示，活塞环密封的结构是通过在活塞外表面的环形槽中放置切了口的金属环来实现的。金属环依靠弹性变形紧贴在缸筒内表面上，在高温、高压和高速运动场合有很好的密封性能。缺点是制造工艺比较复杂。

3）橡胶圈密封。如图 3—20 所示，橡胶圈密封是在活塞杆与缸体之间的密封。其结构简单、磨损后能自动补偿，密封性能会随着压力的加大而提高，在工程中得到了非常广泛的应用。

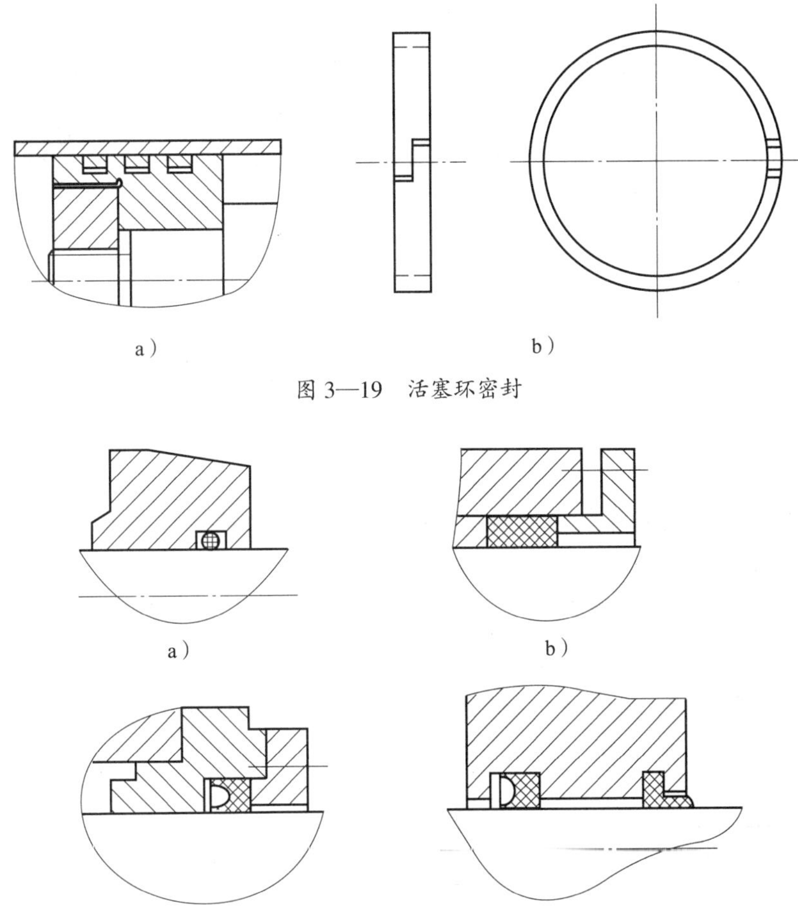

a） b）

图 3—19 活塞环密封

a） b）

c） d）

图 3—20 橡胶圈密封

a）O 形密封圈密封 b）V 形密封圈密封

c）Y 形密封圈密封 d）有防尘圈的 Y 形密封圈密封

常见的橡胶圈密封有 O 形、V 形、Y 形密封圈，如图 3—20a、b、c 所示。V 形和 Y 形密封圈在安装时都须将两唇面向油压。图 3—20d 增加了一个防尘圈，防止活塞杆外伸部分在进入液压缸时将脏物带入。

（2）缓冲装置。如图 3—21 所示，液压缸一般要设置缓冲装置。其目的是使活塞接近终端时，增大回油阻力，减缓运动件的运动速度，避免冲击。

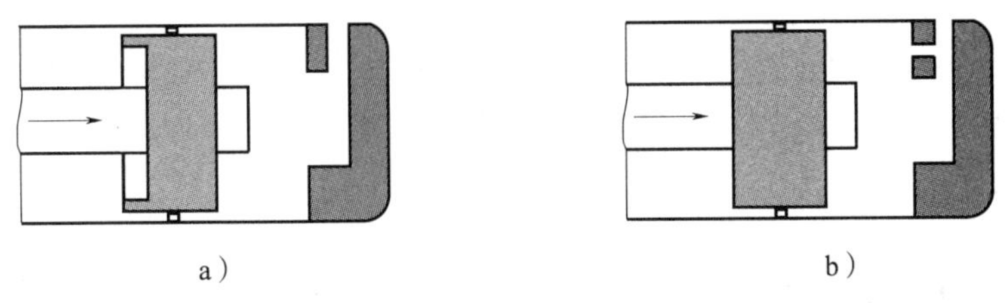

a） b）

图 3—21 液压缸的缓冲装置

a）缝隙节流缓冲装置 b）小孔节流缓冲装置

（3）排气装置。液压系统在安装过程中或长时间不工作后会渗入空气，油液中也会混有空气。由于气体有很大的可压缩性，使液压缸产生爬行、噪声和发热等一系列不良现象。因此，在设计液压缸时，要设置排气装置，保证能及时排除积留在缸内的气体，如图 3—22 所示。

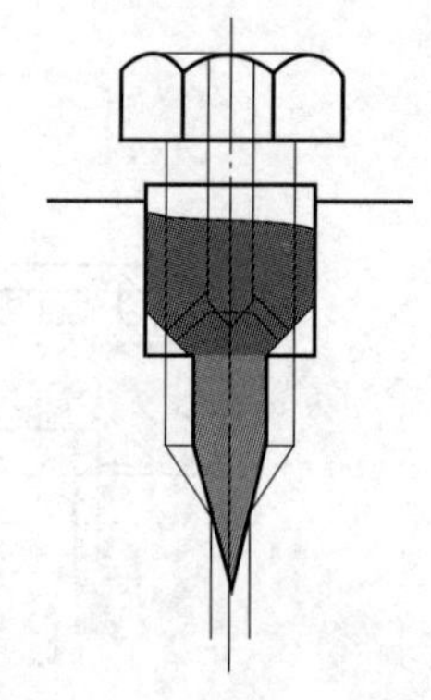

图 3—22　液压缸上的排气装置——放气阀

二、液压马达

作为液压系统的执行元件，液压马达输入压力和流量，输出转矩和转速。马达和泵在原理上有可逆性，但因用途不同，结构上有些差别：马达要求正反转，其结构具有对称性；而泵为了保证其自吸能力，结构上采取了某些措施。

常见的液压马达，按结构分有齿轮马达、叶片马达、轴向柱塞马达和径向柱塞马达；按排量分有定量马达和变量马达；按转动方向分有单向马达和双向马达。转速高于 500 r/min 为高速马达，包括齿轮马达、叶片马达和轴向柱塞马达；转速低于 500 r/min 为低速马达，径向柱塞马达属于此类。

低速大转矩值马达，适应港口上低速大转矩的要求，同时它也可以直接用来驱动工作装置，简化机械传动机构，减少设备的综合成本。液压马达的职能符号见表 3—5。

表 3—5　　液压马达的职能符号

名称	单向定量液压马达	双向定量液压马达	单向变量液压马达	双向变量液压马达
符号				

在港口液压马达用于起重机的起升、旋转、行走机构高速小转矩的场合，常用齿轮马达，但因其密封性能差、容积效率低、起动转矩小、低速稳定性差、转速和转矩随齿轮啮合而脉动，所以必须通过减速器。

第六节　液压控制阀

液压控制阀是液压传动系统中的控制调节元件，其作用是控制油液的流动方向、压力或流量，以满足执行元件（液压缸和液压马达）所需运动方向、力（或力矩）的大小和运动速度快慢的要求，保证执行元件和整个液压系统按所需的要求进行工作。

一、方向控制阀

方向控制阀包括普通单向阀、液控单向阀和换向阀。它们的职能符号见表 3—6。

表 3—6　　方向控制阀的职能符号

名称	普通单向阀	液控单向阀	梭阀	换向阀
符号	P_2 P_1	K P_1 P_2	A P_1 P_2	A B P O

1. 普通单向阀

普通单向阀是只允许油液朝一个方向流动，反向则被截止的方向阀，如图 3—23 所示。要求正向液流通过时压力损失小，反向截止时密封性能好。

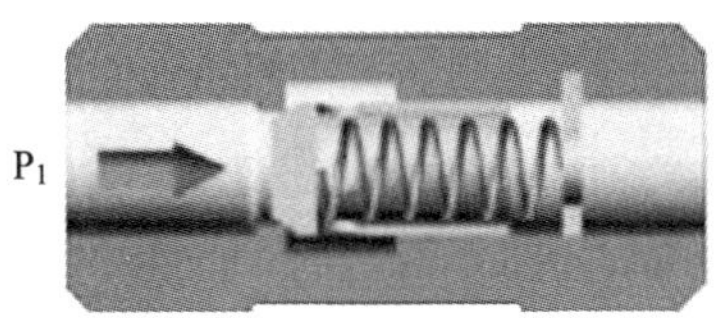

图 3—23　普通单向阀

普通单向阀应用在油路中，不同的安装位置和方向所起作用是不同的。如图 3—24 所示为单向阀安装在泵出口起保压作用，图 3—25 所示为单向阀起背压和补油的作用。

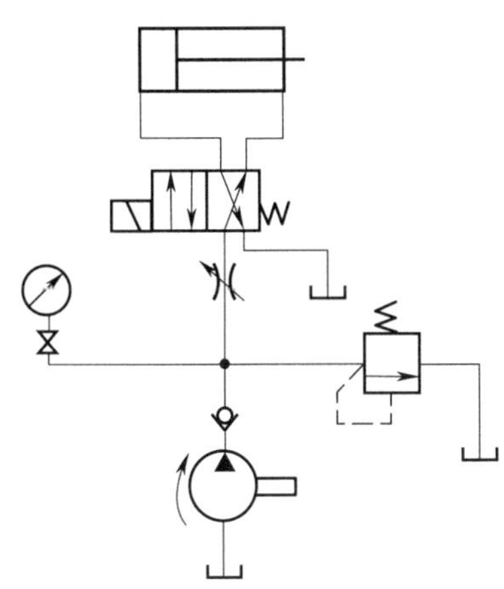
图 3—24　起保压作用的单向阀

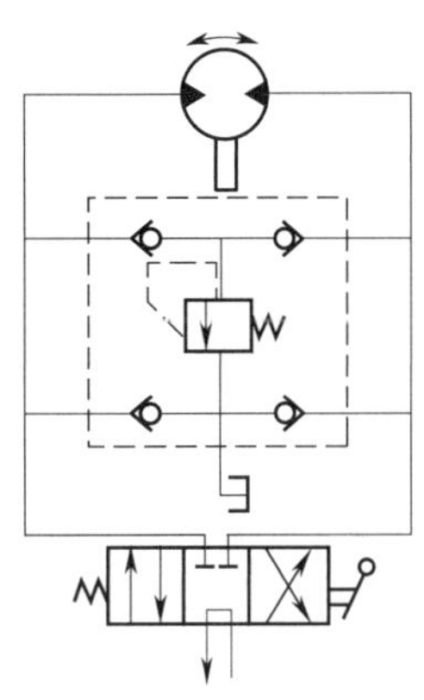
图 3—25　起背压和补油作用的单向阀

普通单向阀常见故障及处理见表 3—7。

表 3—7　　普通单向阀常见故障及处理

故障现象	故障分析	故障解决
单向阀不能反向截止	阀芯胶粘在打开位置	清洗
	阀芯安装错位	调整
单向阀不能正向导通	污物把阀芯卡住	拆开清洗

2. 液控单向阀

液控单向阀结构上比普通单向阀多了一个控制油口。在来自控制油口油液的作用下，可以使油液从 A 口反方向流到 B 口，如图 3—26 所示。

液控单向阀主要应用在轮胎起重机支腿部分，用来锁紧回路，如图 3—27 所示。

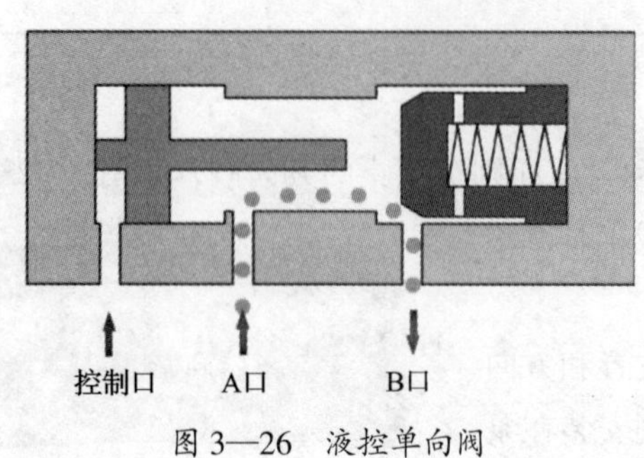

图 3—26　液控单向阀

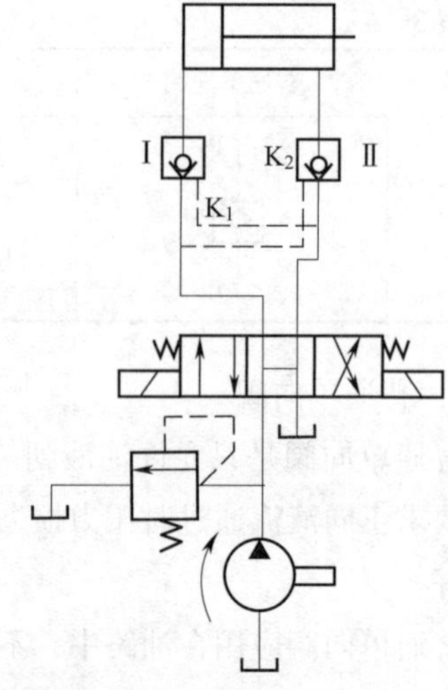

图 3—27　液压锁紧回路

3. 梭阀

梭阀是两个单向阀的组合阀，它由阀体（阀套）1 和钢球（或锥阀芯）2 等组成。工作时钢球或锥阀芯来回梭动，因而称为“梭阀”，如图 3—28 所示。

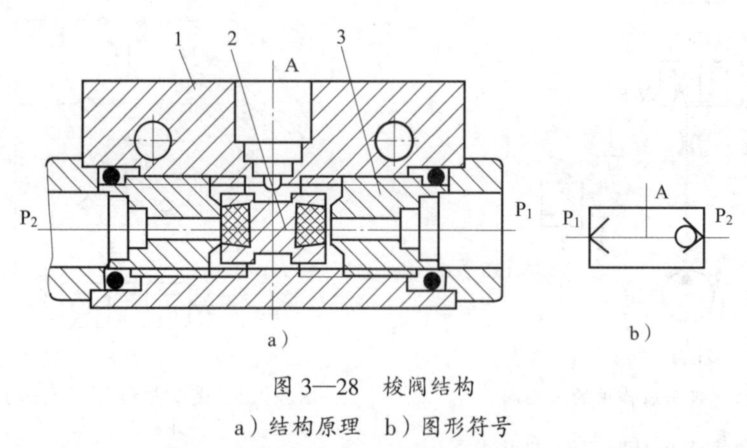

图 3—28　梭阀结构

a）结构原理　b）图形符号

1—阀体　2—阀芯　3—阀座

4. 换向阀

根据换向阀阀芯的运动形式、结构特点和控制方式等，换向阀的分类见表 3—8。

换向阀常见的操纵方式符号如图 3—29 所示。

表 3—8　　**换向阀的分类**

分类方式	形式
按阀芯运动方式	滑阀、转阀
按阀的位置数和通路数	二位二通、三位四通、三位五通
按阀的操纵方式	手动、机动、电磁、液动、电液动
按阀的安装方式	管式、板式、法兰式

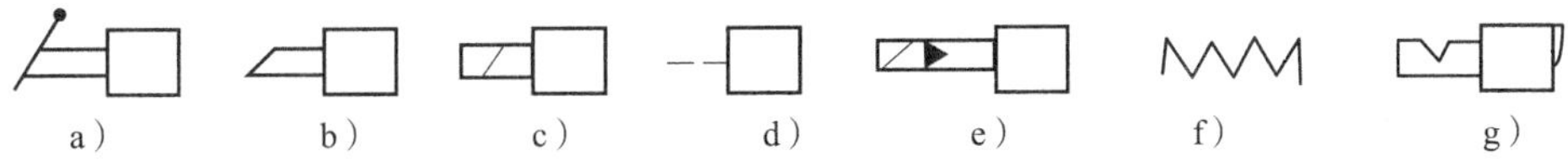

图 3—29　换向阀的常见的操纵方式符号

a）手动　b）机动　c）电磁　d）液动　e）电液动　f）弹簧　g）定位

阀芯在中间位置时，利用不同形状及尺寸的阀芯结构，可以得到多种的油口连接方式，除了使执行元件停止运动外，还可以具有其他一些不同的功能，称为滑阀机能，见表 3—9。

表 3—9　　滑阀机能

机能代号	结构原理图	中位图形符号	机能特点和作用
O	A B T P	A B P T	各油口全部封闭，液压缸两腔封闭，系统不卸荷。液压缸充满油，从静止到起动平稳；制动时运动惯性引起液压冲击较大，换向位置精度高
P	A B T P	A B P T	压力油口 P 与液压缸两腔连通，可形成差动回路，回油口封闭。从静止到起动较平稳；制动时液压缸两腔均通压力油，故制动平稳；应用广泛
H	A B T P	A B P T	各油口全部连通，系统卸荷，液压缸成浮动状态。液压缸两腔接油箱，从静止到起动有冲击，换向位置变动大
Y	A B T P	A B P T	油泵不卸荷，液压缸两腔通回油，液压缸成浮动状态。由于液压缸两腔接油箱，从静止到起动有冲击，制动性能介于 O 型与 H 型之间
K	A B T P	A B P T	油泵卸荷，液压缸一腔封闭，一腔接回油。两个方向换向时性能不同
M	A B T P	A B P T	油泵卸荷，液压缸两腔封闭。从静止到起动较平稳；制动性能与 O 型相同，可用于油泵卸荷而液压缸锁紧的液压回路中
X	A B T P	A B P T	各油口半开启接通，P 口保持一定的压力；换向性能介于 O 型和 H 型之间

如图 3—30 所示，卸荷回路中，换向阀处于中位时，液压泵卸荷；换向阀处于左位时，活塞右移；换向阀处于右位时，活塞左移。

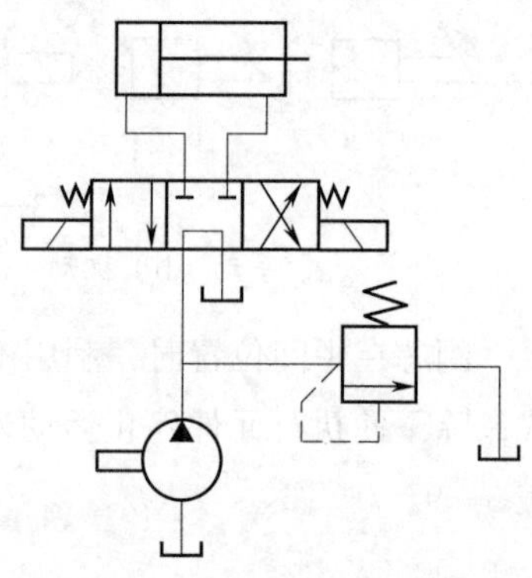

图 3—30　换向阀组成的卸荷回路

5. 多路换向阀

在港口装卸机械上，为使结构紧凑、布置方便，也为了减轻质量、减少泄漏，多采用把多个换向阀组成一体的多路换向阀。根据需要，各个换向阀的内部油路之间可以并联，也可以串联，还可以串并联。如图 3—31 所示，叉车采用的组合式多路换向阀即为油路并联。

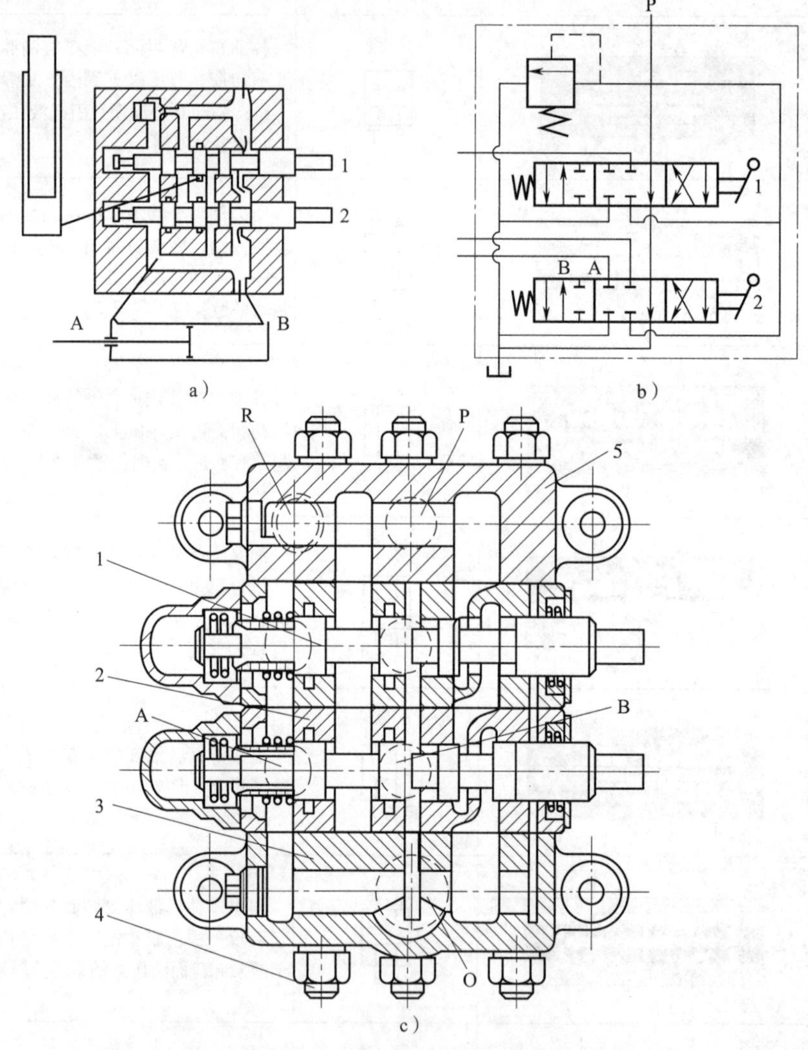

图 3—31　叉车用并联多路换向阀

A、B—出油口（工作口）　O、R—回油口　P—进油口

a）简图　b）原理图　c）结构图

1—升降换向阀　2—倾斜换向阀　3—回油阀体　4—连接螺栓　5—进油阀体

6. 液动换向阀常见故障及处理（见表 3—10）

表 3—10　　液动换向阀常见故障及处理

故障现象	故障分析	故障解决
不换向或换向不正常	阀芯两端无控制油	检查进油管路是否堵塞，进行清洗
	两端控制油压不够	检查油路，进行清洗
	阀芯卡死，不移位	正位
	油温过高	必要时换油
换向时发生冲击、振动	换向过快	减速
	单向节流阀不起阻尼作用	检修

二、压力控制阀

压力控制阀是通过液压作用力与弹簧力进行比较来实现对油液压力的控制。调节弹簧的预压缩量即调节了阀芯的动作压力。该弹簧是压力控制阀的重要调节零件，称为调压弹簧。压力控制阀常用的有溢流阀、减压阀、顺序阀和压力继电器。压力控制阀还可以分成直动式和先导式两种，直动式用于低压系统，先导式用于中、高压系统。压力控制阀的职能符号见表 3—11。

表 3—11　　压力控制阀的职能符号

名称		溢流阀	减压阀	顺序阀
符号	直动式	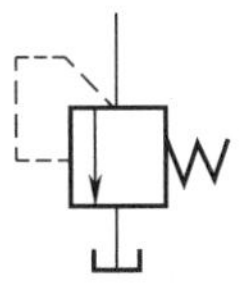	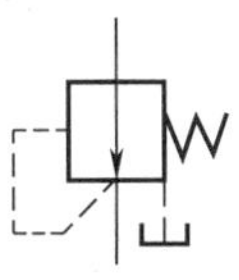	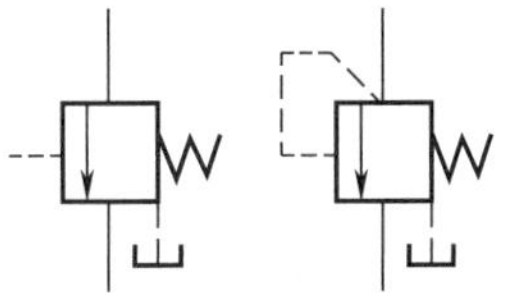
	先导式	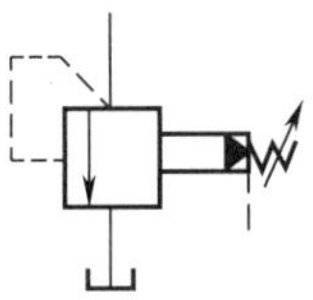	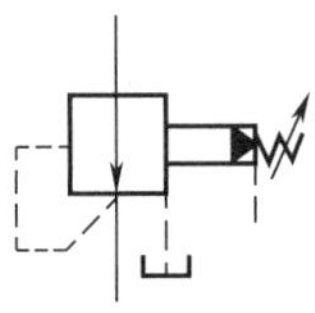	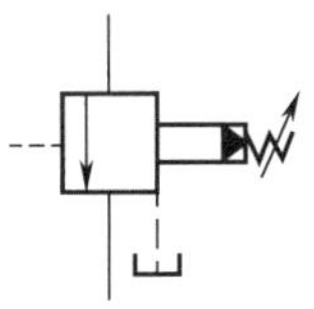

1. 溢流阀

溢流阀是用来使液压系统溢流从而稳定系统压力，同时起到限压保护作用的压力阀。

（1）溢流阀的特点

1）溢流阀是控制进口压力，起防过载作用。

2）溢流阀阀口常闭。

3）溢流阀弹簧腔的泄漏油经阀体内流道内泄至出口。

4）溢流阀有遥控口。

（2）溢流阀的应用

1）作调压阀。如图 3—32 所示，溢流阀接在泵的出口，主系统经节流阀节流后多余的油液通过溢流阀泄出，用来保证系统压力恒定，称为调压阀。

2）作安全阀。如图 3—33 所示，溢流阀旁接在泵的出口，用来限制系统压力的最大值，对系统起保护作用，称为安全阀。

3）作卸荷阀。如图 3—34 所示，电磁溢流阀还可以在执行机构不工作时使泵卸荷。

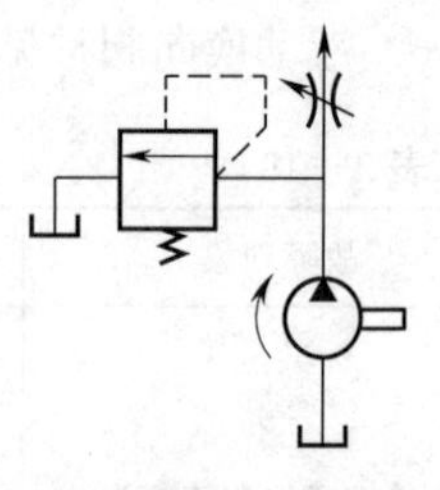

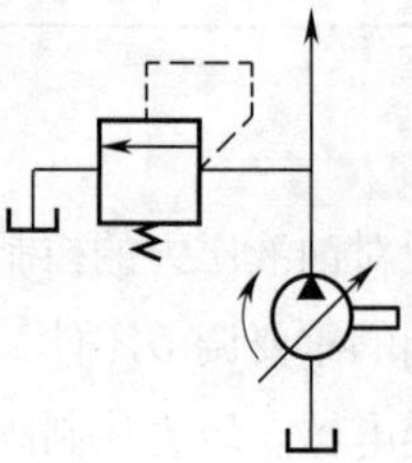

图 3—32　溢流阀的调压作用

图 3—33　溢流阀的限压作用

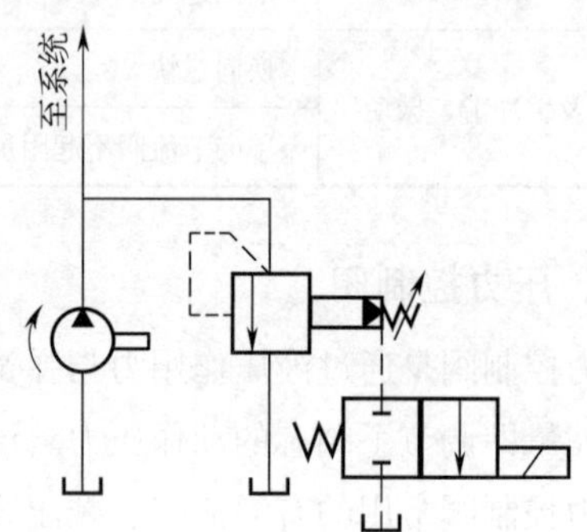

图 3—34　溢流阀的卸荷作用

（3）溢流阀常见故障及处理见表 3—12。

表 3—12　溢流阀常见故障及处理

故障现象	故障分析	故障解决
外漏或内漏	阀芯磨损	更换
	密封损坏	更换
压力升不到最高	阀芯卡死在微小开度，阀稍微开启	正位
	内部零件磨损	更换
	油温过高，内部泄漏量大	换油
	调压弹簧折断	更换
	零件磨损，内泄漏过大	修复、更换

2. 减压阀

减压阀是利用液流流过缝隙产生压力损失，使其出口压力低于进口压力的压力控制阀。按调节要求不同，减压阀分为定值减压阀、定差减压阀、定比减压阀。其中定值减压阀应用最广，又简称减压阀。

（1）减压阀的特点

1）减压阀是控制出口压力，保证出口压力为定值。

2）减压阀阀口常开。

3）减压阀有单独的泄油口。

4）减压阀与溢流阀一样有遥控口。

（2）减压阀的应用。如图 3—35 所示，减压阀用在液压系统中获得压力低于系统压力的二次油路上，如夹紧回路、润滑回路和控制回路。必须说明，减压阀出口压力还与出口负载有关，若负载压力低于调定压力时，出口压力由负载决定，此时减压阀不起减压作用。

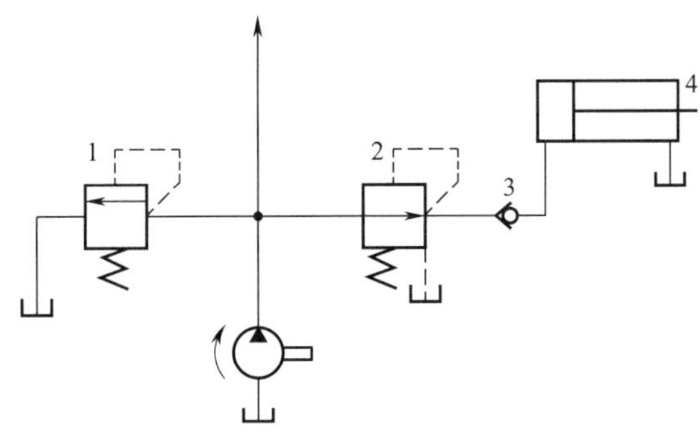

图 3—35　减压阀的应用

1—溢流阀　2—减压阀　3—单向阀　4—液压缸

（3）减压阀常见故障及处理见表 3—13。

表 3—13　　减压阀常见故障及处理

故障现象	故障分析	解决方法
不减压	主阀芯与阀体孔之间有污物	清理
	阻尼孔堵塞	清理
	泄油口不通畅	清理
出口压力升不上来	进油口压力低	检查溢流阀
	污物或毛刺卡在小开度	清洗去毛刺
	阻尼孔堵塞	清理
压力不稳，振动，噪声	导阀阀芯移动不畅（直动式溢流阀）	检修阀芯及阀孔；更换弹簧
	超载	降载
	阻尼孔堵塞	清理
	空气进入	排气

3. 顺序阀

顺序阀是一种利用压力控制阀口通断的压力阀。按控制油来源不同分内控和外控，按弹簧腔泄漏油引出方式不同分内泄和外泄。

（1）顺序阀的应用。如图 3—36 所示，内控外泄顺序阀与溢流阀非常相像，阀口常闭，进口压力控制，该阀出口油液为工作油，它有单独的泄油口。内控外泄顺序阀用于多个执行元件顺序动作。

如图 3—37 所示，外控顺序阀和单向阀组成平衡阀，应用在起重机的升降和变幅机构中，以确保升降和变幅的安全。

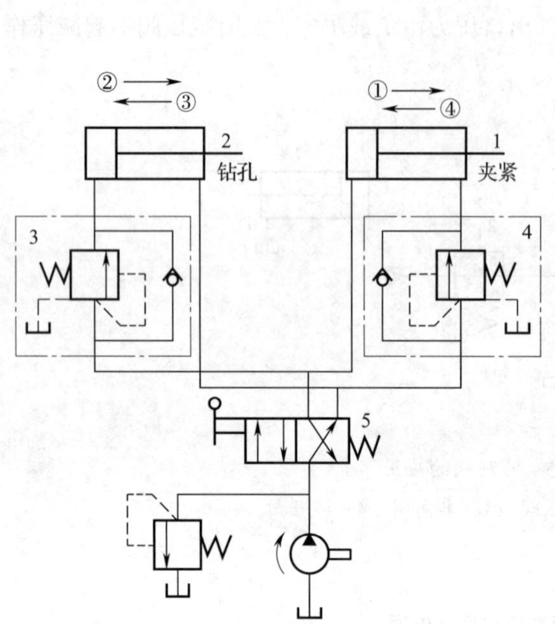

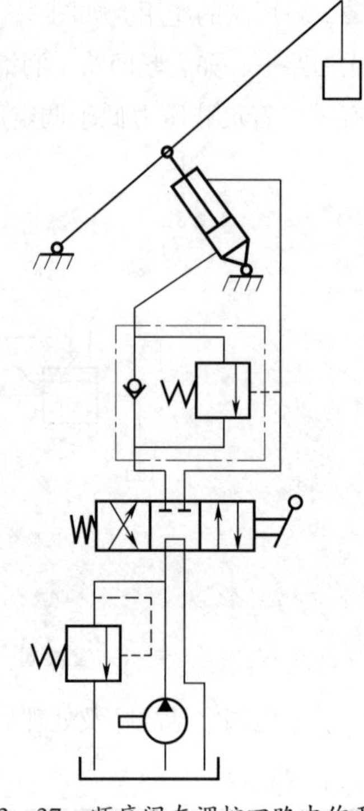

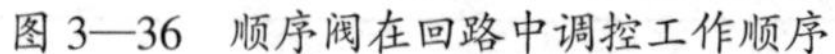

图 3—36　顺序阀在回路中调控工作顺序　　　图 3—37　顺序阀在调控回路中作平衡阀

（2）顺序阀常见故障及处理见表 3—14。

表 3—14　　　　顺序阀常见故障及处理

故障现象	故障分析	解决方法
始终出油，不起调控顺序作用	阀芯卡在开的位置	清洗
	磨损导致间隙过大	更换
	弹簧断裂	更换
始终不出油，不起调控顺序作用	阀芯卡在关闭的位置	清洗
	控制油口压力不够	检查控制油路
	弹簧太硬	更换
	泄油背压太大	单独接回油箱

4. 压力继电器

压力继电器是一种将液压系统的压力信号转换为电信号输出的小型电液控制元件，其作用是实现执行元件的顺序控制或安全保护。

（1）压力继电器的结构和原理。压力继电器按结构特点分为柱塞式、弹簧管式和膜片式。图 3—38 所示为柱塞式压力继电器，主要零件包括柱塞、调节螺母和电气微动开关。液压油作用在柱塞下端，液压力直接与弹簧力比较。当液压力大于或等于弹簧力时，柱塞向上移压微动开关触头，接通或断开电气线路；反之，微动开关触头复位。

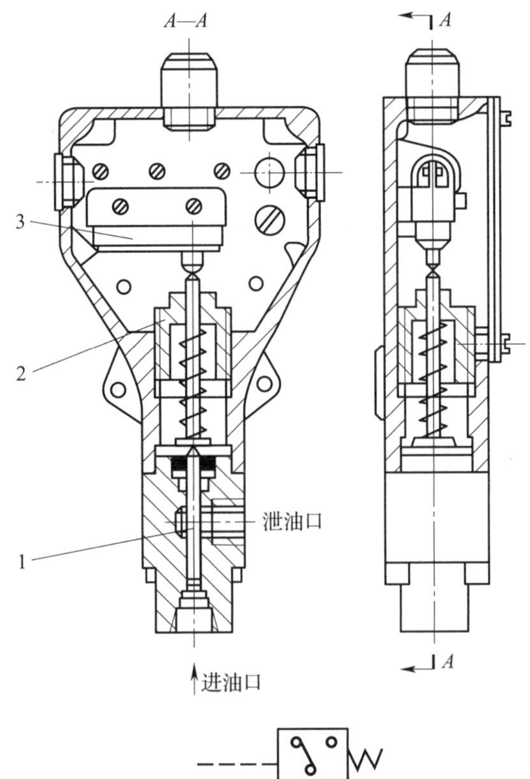

图 3—38　柱塞式压力继电器

1—柱塞　2—调节螺母　3—电气微动开关

（2）压力继电器的应用。如图 3—39 所示，压力继电器用在顺序动作回路中。当执行元件工作压力达到压力继电器调定压力时，压力继电器发出电信号，使电磁铁得电，换向阀换向，从而实现两液压缸的顺序动作。

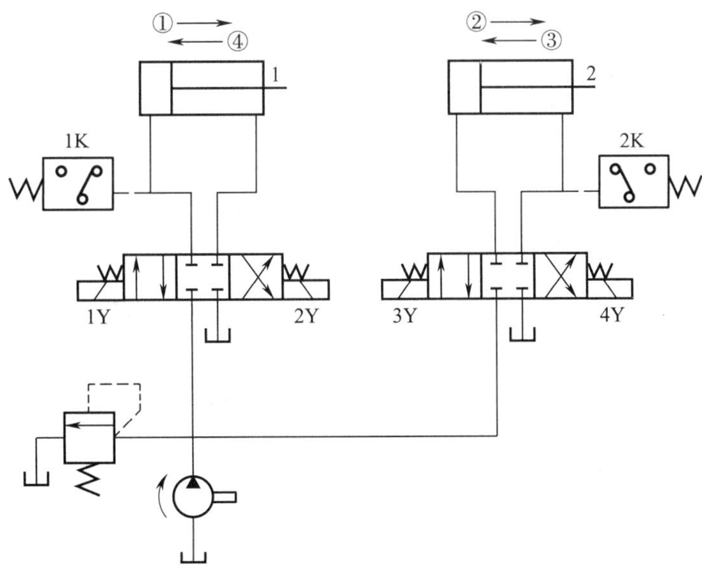

图 3—39　压力继电器的应用

三、流量控制阀

流量控制阀主要是调控执行元件的运动速度。它是通过改变阀口大小来改变液阻实现流量调节的。港口机械主要涉及普通节流阀、单向节流阀、调速阀和恒流阀，它们的职能符号见表 3—15。

表 3—15　　流量控制阀的职能符号

名称	普通节流阀	单向节流阀	调速阀	恒流阀
符号	详细符号 简化符号		p_1 p_2 p_3	Ⅲ Ⅰ Ⅱ

1. 普通节流阀

普通节流阀分为可调节流阀和不可调节流阀。不可调节流阀实际上就是阀体内部的薄壁小孔。可调节流阀由阀体、阀芯和弹簧组成。节流是通过节流口通流面积决定的。

如图 3—40 所示，对于阀 3，当节流阀前后 Δp 一定时，改变节流口流通面积可改变流经阀的流量——起节流调速作用；对于阀 1，当 q 一定时，改变节流口流通面积可改变阀前后压力差 Δp——起负载阻尼作用；对于阀 2，当 $q=0$ 时，安装节流元件可延缓压力突变的影响——起压力缓冲作用。

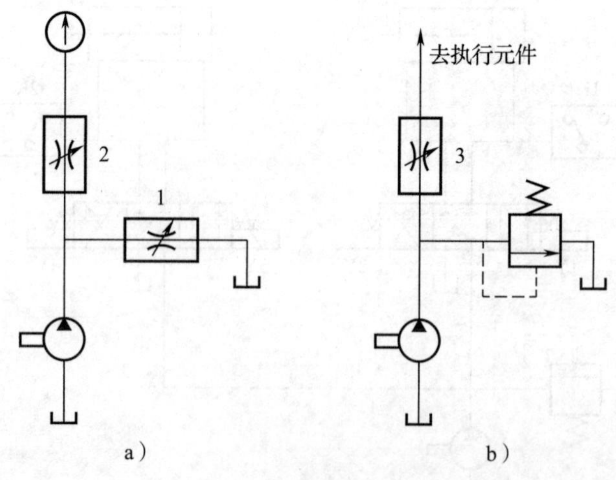

图 3—40　具有节流元件的回路

1、2、3—节流元件

2. 单向节流阀

单向节流阀是单向阀和可调节流阀并联而成的组合控制阀，一般应用在叉车的起升机构，用以保证机构工作的安全性，如图 3—41 所示。

3. 调速阀

调速阀是由定差减压阀与节流阀串联或压差式溢流阀和节流阀并联而成。它能保持节流阀前后压差基本不变，从而使通过节流阀的流量基本不受负载变化的影响。

4. 恒流阀

如图 3—42 所示，恒流阀由节流阀和溢流阀并联而成，用以优先保证转向系统的压力和流量。

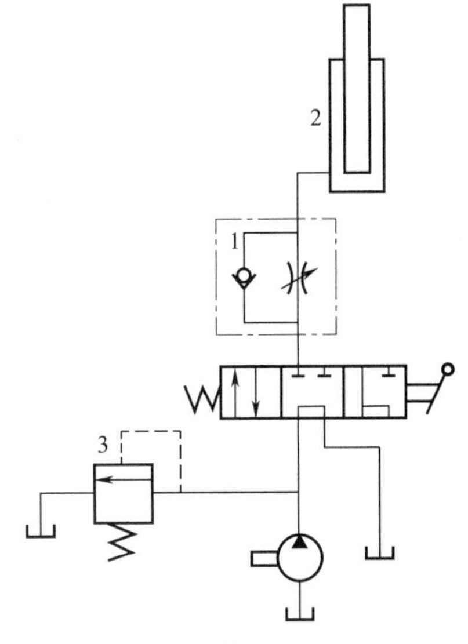

图 3—41　单向节流阀应用

1—单向节流阀　2—柱塞缸　3—溢流阀

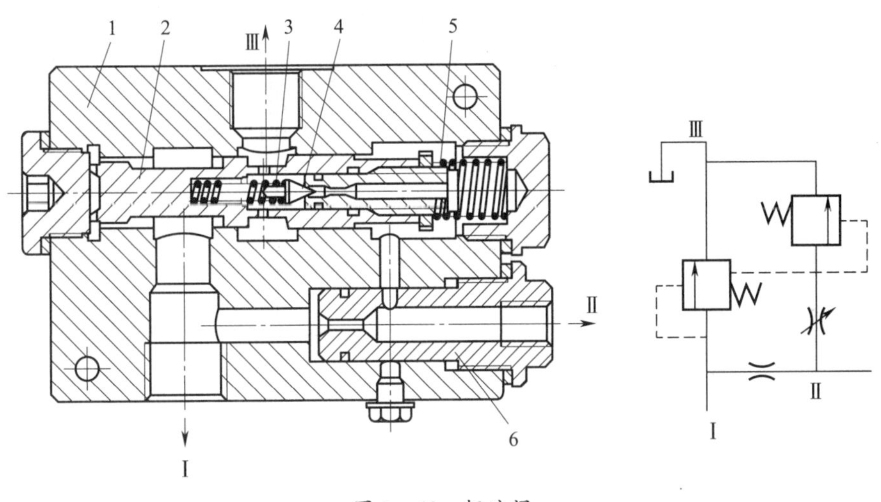

图 3—42　恒流阀

1—阀体　2—主阀芯　3—导阀弹簧　4—导阀　5—主阀弹簧　6—节流阀

轮胎起重机等可以流动作业的机械，其转向一般采用液压助力器，转向泵一般由发动机带动，发动机工作过程中转速变化较大，泵的流量变化范围也很大。机械转向时，为保证安全，一般关小发动机油门，急转弯时油门更小，而发动机转速低、泵的流量小，造成转向较慢；如按发动机最小稳定速度选择泵的排量，则发动机高速时泵的流量会过大。为解决这个矛盾，转向泵应按发动机额定转速的 65% ~ 75% 时达到的流量来选择，同时系统设置恒流阀。

四、辅助元件

辅助元件包括油箱、油管及管接头、滤油器、蓄能器、冷却器等。其职能符号见表 3—16。

表 3—16　　辅助元件职能符号

名称	油箱	中央回转接头	过滤器	囊式蓄能器
符号				
名称	油压计	截止阀	加热器	冷却器
符号				
名称	温度计	液位计		
符号				

1. 油箱

油箱的用途是储存油和散热，此外还能沉淀油中的杂质，分离油中的空气等。油箱结构如图 3—43 所示。

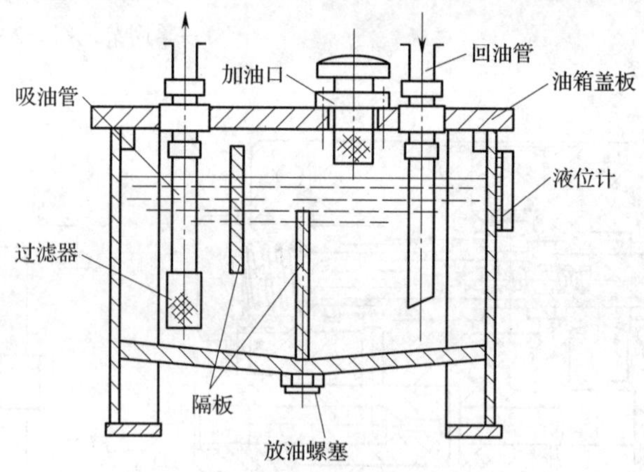

图 3—43　油箱结构

2. 滤油器

滤油器的作用是清除油液中的杂质，使油液保持清洁，确保液压系统能正常工作。常用的滤油器有网式、线隙式、烧结式、纸芯式、化纤织物和磁性过滤器等多种类型，如图 3—44 所示。

图 3—44　滤油器

a）网式过滤器　b）纸芯式过滤器　c）线隙式过滤器

滤油器一般安装在液压泵的吸油口、压油口及重要元件的前面。通常，液压泵吸油口安装粗过滤器，压油口与重要元件前安装精过滤器，而不是滤油器精度越高越好。滤油器安装如图 3—45 所示。

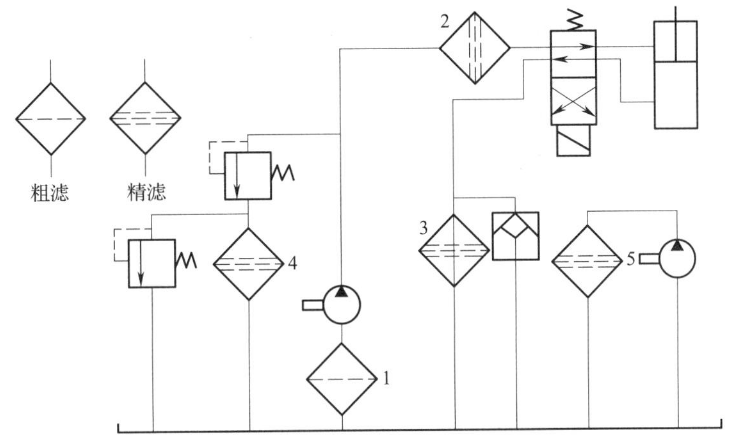

图 3—45 滤油器的安装

1—粗过滤器 2、3、4、5—精过滤器

3. 蓄能器

蓄能器是在液压系统中储存有压力液体的容器。其作用是在适当时候把系统中的部分能量储存起来，以便在需要时重新释放出去，使能量的利用更加合理，或达到保护系统安全的目的。蓄能器按产生液体压力的方式可分为重锤式、弹簧式、活塞充气式和气囊充气式。其中气囊充气式最为常用。

蓄能器的使用如图 3—46 所示。

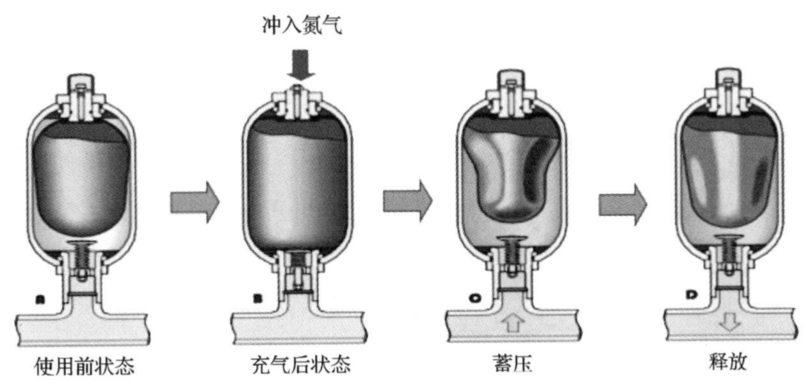

图 3—46 蓄能器的使用

4. 中央回转接头

在挖掘机和汽车起重机等机械中，需要把装在回转平台上的液压泵的液压油输往固定不动的（相对回转平台）下部行走机构，或者需要把装在底盘上的液压泵的液压油输往装于回转平台的工作机构。这时，就要采用中央回转接头，如图 3—47 所示，它实际是一种多通路的活动铰接管接头。

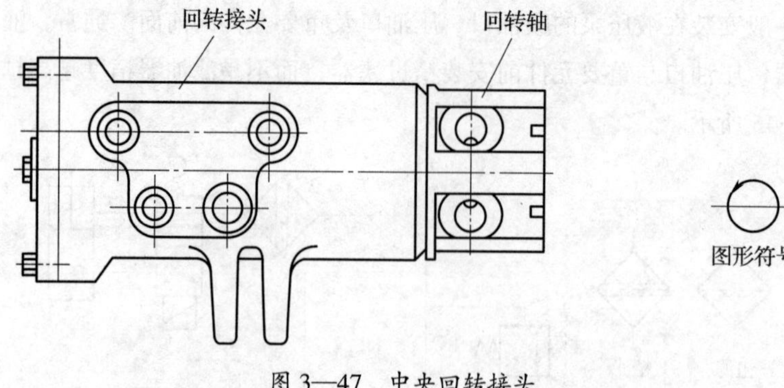

图 3—47　中央回转接头

第四章　常用维修设备及工具

第一节　常用工具

一、扳手的选用

扳手是内燃装卸机械维修中最常用的一种工具，主要用于拧转螺栓、螺母或带有螺纹的零件。如果扳手选用不当或使用不当，不但会造成工件和扳手损坏，还能引发人身安全方面的事故。因此，正确地选用和使用扳手显得尤为重要。

扳手种类繁多，常见的有梅花扳手、呆扳手、组合扳手、活扳手等。在拆卸螺栓时，应按照先套筒扳手、后梅花扳手、再呆扳手、最后活扳手的选用原则进行选取。在选用扳手时，要注意扳手的尺寸，尺寸是指它所能拧动的螺栓或螺母正对面间的距离。还要依据紧固件的力矩，以及扳手是否容易接近螺栓或螺母来选用合适的扳手。

1. 套筒扳手

套筒扳手（见图 4—1）一般称为套筒，它是由多个带六角孔或十二角孔的套筒并配有手柄、接杆等多种附件组成，特别适用于拧转部位十分狭小或凹陷很深处的螺栓或螺母。

图 4—1　套筒扳手

（1）配套工具。套筒扳手是拆卸螺栓最方便、灵活且安全的工具，在使用过程中不易损坏螺母的棱角。为了更舒适地完成装卸，经常要配合相应的工具使用，如扭力扳手、棘轮手柄、滑杆、快速摇杆、接杆、可弯式接头、万向接头等。

（2）注意事项。在选用套筒时，首先要确保工具完好没有损坏，其次一定要做出正确的选择，必须使用与螺栓、螺母的形状及尺寸完全适合的套筒，若选择不正确，则套筒在使用时有可能打滑，从而损坏螺栓、螺母。

2. 梅花扳手

梅花扳手（见图 4—2）两端呈花环状，其内孔是由两个正六边形相互同心错开 30°而成。很多梅花扳手都有弯头，常见的弯头角度在 10° ~ 45°之间，从侧面看旋转螺栓部分和手柄部分是错开的，这种结构方便拆卸装配在凹陷空间的螺栓、螺母，并可以为手指提供操作间隙，以防止擦伤。

注意事项：在选用梅花扳手时，首先要确保工具完好没有损坏；其次在扳转时，严禁将加长的管子套在扳手上以延伸扳手的长度进而增加力矩，严禁锤击扳手以增加力矩。

3. 呆扳手

呆扳手（见图 4—3）又称开口扳手，两头均为 U 形的钳口，可套住螺栓或螺母六角的两个对向面。

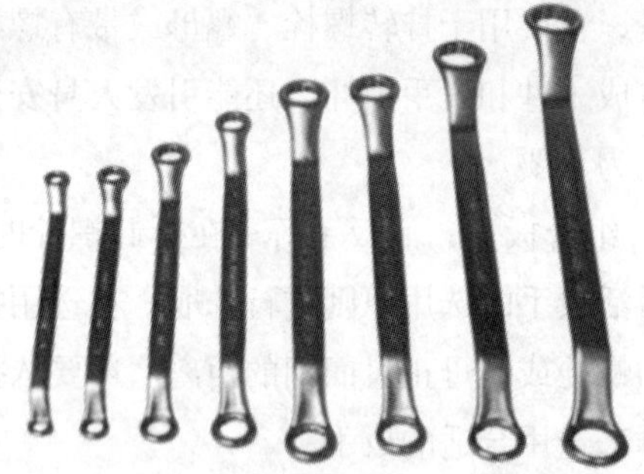

图 4—2 梅花扳手

图 4—3 呆扳手

注意事项：严禁将加长的管子套在扳手上以延伸扳手的长度进而增加力矩，严禁锤击扳手以增加力矩，严禁将呆扳手当撬棍使用。

4. 活扳手

活扳手（见图 4—4）也称可调扳手，适用于尺寸不规则的螺栓、螺母。其开口尺寸能在一定的范围内任意调整，使用场合与呆扳手相同，但活扳手操作起来不太灵活。

图 4—4 活扳手

注意事项：严禁将加长的管子套在扳手上以延伸扳手的长度进而增加力矩，严禁锤击扳手以增加力矩，严禁将活扳手当锤子使用，不宜用活扳手完成大力矩的紧固或拧松。

二、钳子的选用

钳子应根据维修中所达到的目的不同，并且考虑空间等因素来选用。

1. 钢丝钳

钢丝钳（见图 4—5）是最常见的一种钳子，用于切断金属丝或夹持零件。

2. 尖嘴钳

尖嘴钳（见图 4—6）头部细长，能在较小的空间工作，钳子的刃口能剪切细小零件。

图 4—5　钢丝钳

图 4—6　尖嘴钳

注意事项：不可用钳子代替扳手来拧紧或拧松螺母、螺栓，禁止使用锤子击打钳子来增加切削力。

3. 鲤鱼钳

鲤鱼钳（见图 4—7）钳头的前部是平口细齿，适用于夹捏一般小零件；中部凹口粗长，用于夹持圆柱形零件。

注意事项：在用钳子夹持零件前，必须用防护布或其他防护罩遮盖易损件，防止锯齿状钳口夹伤工件。

图 4—7　鲤鱼钳

三、旋具的选用

旋具俗称改锥或起子，主要用于拧紧小力矩、头部开有凹槽的螺栓和螺钉。

1. 一字旋具

一字旋具又称一字形螺钉旋具、平口改锥（见图 4—8），用于旋紧或松开头部开有一字槽的螺钉。

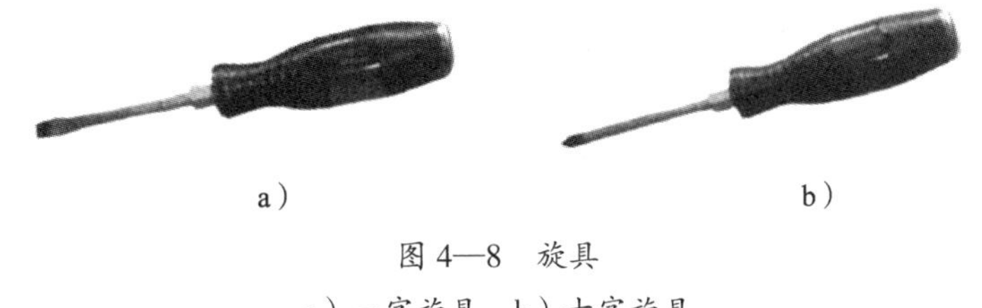

a）　　b）

图 4—8　旋具

a）一字旋具　b）十字旋具

2. 十字旋具

十字旋具又称十字槽螺钉旋具、十字改锥（见图 4—8），用于旋紧或松开头部带十字沟槽的螺钉，材料和规格与一字旋具相同。

注意事项：严禁用手握件操作，防止伤手；避免将螺钉旋具当撬棒；禁止将普通螺钉旋具当錾子使用（通心式螺钉旋具除外）。

第二节　常用检测量具和仪表

一、游标卡尺

游标卡尺，是一种测量长度、内外径、深度的量具，如图 4—9 所示。游标卡尺由尺身和附在尺身上能滑动的游标两部分构成。尺身和游标上有两副活动量爪，分别是内测量爪和外测量爪，内测量爪通常用来测量内径，外测量爪通常用来测量长度和外径。游标卡尺根据分度值不同可分为 0.05 mm、0.02 mm 两种。

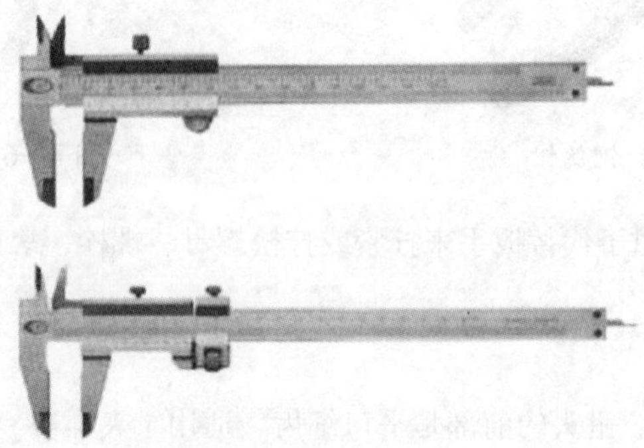

图 4—9 游标卡尺

1. 读数方法

（1）根据游标零线以左的尺身上的最近刻度读出整毫米数。

（2）再看游标上哪一条刻线与尺身上的刻线垂直重合，游标上的数即为小数部分。

（3）将整数和小数两部分读数加起来，即为总尺寸。

2. 注意事项

（1）使用前，应先擦干净两卡脚测量面，合拢两卡脚，检查游标零线与尺身零线是否对齐，若未对齐，应根据原始误差修正测量读数。

（2）测量工件时，卡脚测量面必须与工件的表面平行或垂直，不得歪斜；且用力不能过大，以免卡脚变形或磨损，影响测量精度。

（3）读数时，视线要垂直于尺面，否则测量值不准确。

（4）测量内径尺寸时，应轻轻摆动，以便找出最大值。

（5）游标卡尺用完后，应仔细擦净，抹上防护油，平放在盒内，以防生锈或弯曲。

二、千分尺

千分尺又称螺旋测微器、螺旋测微仪（见图 4—10），是比游标卡尺更精密的测量长度的工具，用它测长度可以准确到 0.01 mm，测量范围为几个厘米。

1. 读数方法

（1）先读整数——从固定套管中线上侧读出整数刻度。

（2）再读小数——从固定套管中线下侧读出 0.5 mm 小数，再从微分筒上读出与固定套管中线对齐的刻度。

（3）测量值 = 固定套管读数（整数）+ 微分筒读数（小数）。

图 4—10 千分尺

2. 注意事项

（1）清洁测量面。

（2）检查各部件的相互作用，如微分筒转动是否灵活，紧固螺钉能否起作用。

（3）校对零位。两砧座贴合后，检查微分筒前端面与固定套管零线、微分筒零线与固定套管基线是否对齐。若不能对齐，则说明有零误差（或叫系统误差）。

（4）测量时，旋转微分筒的用力不要过大。

（5）测量结束后要把千分尺平放在盒子里，注意不要锈蚀或弄脏。

三、百分表

百分表是利用精密齿轮齿条传动机构制成的表式通用长度测量工具，常用于形状和位置误差以及小位移的长度测量。百分表通常由测头、测量杆、套筒、表盘及指针等组成，如图 4—11 所示。

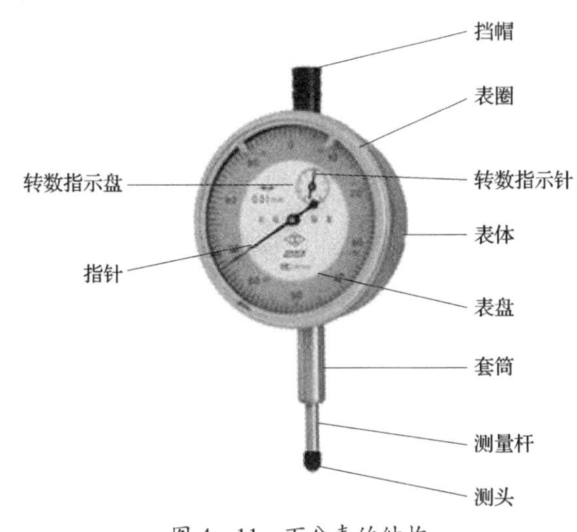

图 4—11　百分表的结构

百分表的圆表盘上印制有 100 个等分刻度，即每一分度值相当于测量杆移动 0.01 mm。若在圆表盘上印制有 1 000 个等分刻度，则每一分度值为 0.001 mm，这种测量工具即称为千分表（常配以相应的支架使用）。

1. 使用方法

（1）检查表盘和指针有无松动现象，以及检查指针的稳定性；将百分表装夹在表架或专用支架上时，夹紧力要适当，不宜过大或过小。

（2）将测量杆和被测量面擦干净。测头与被测表面接触时，测量杆应预先压缩 0.3 ~ 1 mm，以保持一定的初始测力，避免误差。

（3）测量时，轻轻提起测量杆，再把被测工件移到测头下面，并慢慢使测头与被测件相接触，不允许把工件强迫推入到测头的下面。

2. 读数方法

先读小指针转过的刻度线（即毫米整数）；再读大指针转过的刻度线并估读一位（即小数部分），将该数乘以 0.01 mm；然后将两者相加，即得到所测量的数值。

四、万能角度尺

万能角度尺又称角度规、游标角度尺、万能量角器，它是利用游标读数原理直接测量工件内、外角或进行划线的一种角度量具。万能角度尺由尺身、直角尺、游标、制动器、基尺、直尺、卡块等组成，如图 4—12 所示。

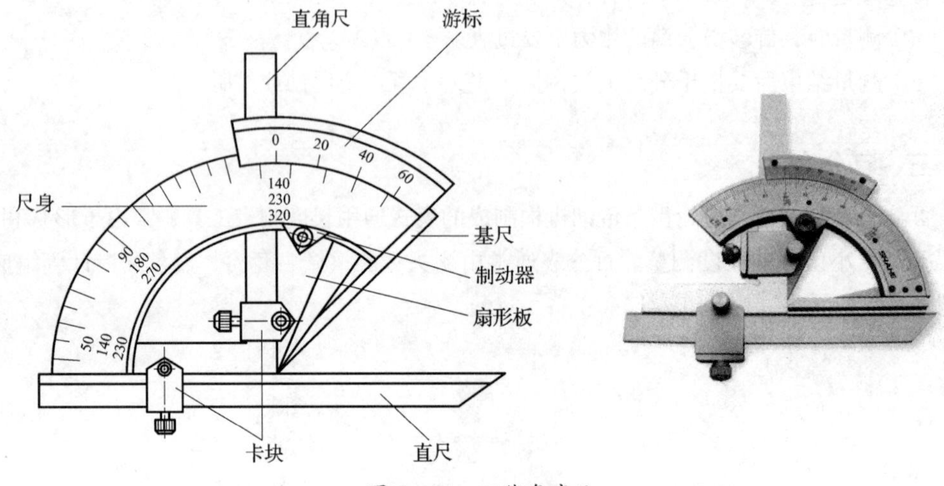

图 4—12　万能角度尺

使用万能角度尺测量工件时，要根据所测角度适当组合量尺。例如，直角尺和直尺全装上时，可测量 0° ~ 50° 之间的外角度；仅装上直尺时，可测量 50° ~ 140° 之间的角度；仅装上直角尺时，可测量 140° ~ 230° 之间的角度；只有扇形板和尺身（带基尺）时，可测量 230° ~ 320° 之间的角度。

1. 使用方法

（1）测量时应先校准零位。万能角度尺的零位是当直角尺与直尺均装上，而直角尺的底边及基尺与直尺无间隙接触，此时尺身与游标的零线对准。

（2）将测量尺和被测量工件擦干净，避免误差。

（3）通过改变基尺、直角尺、直尺的相互位置，可测量 0° ~ 320° 范围内的任意角度。

2. 读数方法

先读出游标零线前的角度是几度，再从游标上读出角度“分”的数值，两者相加就是被测零件的角度数值。

五、试灯

试灯就是在一段导线中连接一只 12 ~ 24 V 的灯泡，如图 4—13a 所示，当测试灯一端搭铁，另一端接触到带电的导体时，灯泡就会亮，如图 4—13b 所示。它不能像电压表一样显示出被检电路点的电压，只能显示是否有电压。

六、万用表

万用表有指针式和数字式两种。数字式万用表具有精确的电子电路，准确度远远超过指针式万用表，广泛用于内燃装卸机械和汽车电气诊断与检测。

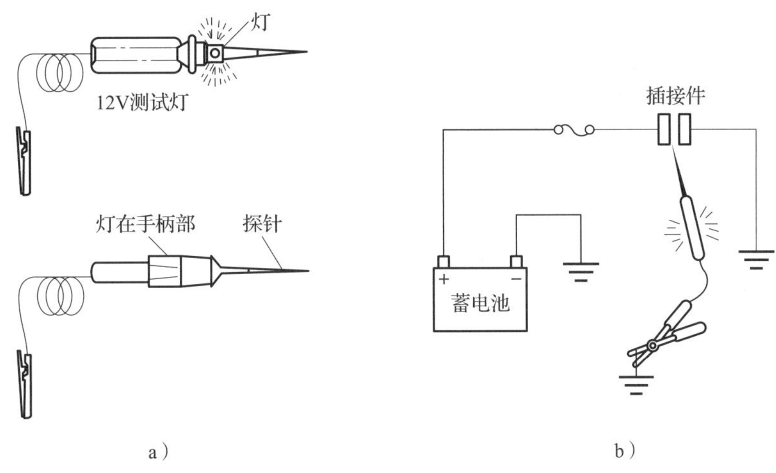

图 4—13　试灯

a）试灯结构图　b）试灯工作示意图

1. 指针式万用表

指针式万用表利用一个在所测数值相关刻度上摆动的弹簧指针来显示所测数据，测量数据实际上是与电表内的已知数据相对照，并反映在表盘上。使用者要按所设定的量程，判定并读出仪表上的示值。指针式万用表可用于测量电压、电阻和电流，如图 4—14a 所示。

2. 数字式万用表（见图 4—14b）

不同的数字式万用表功能及结构不尽相同，但基本都是由数字及模拟量显示屏、功能按钮、测试项目、选择开关、温度测量插孔、公用插孔（用于测量电压、电阻、频率、闭合角、频宽比和转速等）、搭铁插孔、电流测量插孔、测试探针（或大电流钳）等全部或部分构成。

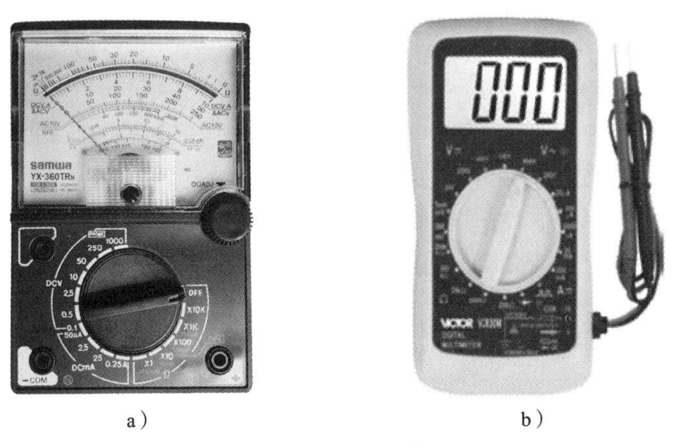

图 4—14　万用表

a）指针式万用表　b）数字式万用表

七、高率放电计

高率放电计是一种模拟接入起动机的负荷，测量蓄电池在大电流放电时的端电压，以比较准确地判断蓄电池的放电程度和起动能力的设备，如图 4—15 所示。

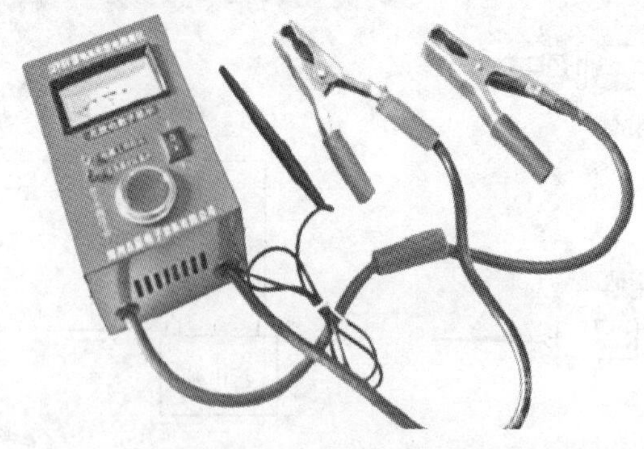

图 4—15　高率放电计

使用时将测试夹分别夹在蓄电池的正、负极柱上，此时读数显示蓄电池的空载电压值，在 11.8 ~ 13 V 范围内为正常。然后按下开关按钮，蓄电池开始瞬间大电流放电，要求在 5 s 内读出电压表的负载电压指示数值。若指针指示在 10 ~ 12 V，说明蓄电池电量充足；若指针指示在 9 ~ 10 V，说明蓄电池电量不足，需要充电；若指针指示在 9 V 以下，说明蓄电池严重亏电，要立即充电。此项检测不能连续进行，必须间隔 1 min 后才可以再次检测，以防止损坏蓄电池。

第三节　常用设备

一、砂轮机

砂轮机是用来刃磨各种刀具、工具的常用设备。砂轮机主要是由基座、砂轮、电动机或其他动力源、托架、防护罩和给水器等组成，如图 4—16 所示。

常见的砂轮机有台架式和手持式两种。另外，根据所采用的材料不同，砂轮可分为粗粒砂轮和细粒砂轮。

电动砂轮机的尺寸和转速各不相同。砂轮机的尺寸是指它能带动的最大砂轮的直径，并且标有最大安全转速。砂轮机工作时的转速绝对不能超过其最大转速，否则高速转动的砂轮会破损飞出，进而造成事故。使用砂轮机时，人不要与砂轮平面在同一条直线上，应有一定夹角，以防砂轮破裂飞出伤人。

磨削前，要先让砂轮以一定的工作速度空转一段时间，使其达到最高转速。打磨工件时不可用力太大，以防损坏砂轮或工件从手中滑脱。

磨削时，手要适当地靠近砂轮，并把工件放置成正确的角度。磨削小工件时，不能直接用手抓工件，而需要用手虎钳夹住，这样可以避免把手磨伤或是砂轮把工件卡住。

二、气动扳手

气动扳手是一种以最小的消耗提供高力矩输出的工具，如图 4—17 所示。它通过持续的动力源让一个具有一定质量的物体加速旋转，然后瞬间撞向出力轴，从而可以获得比较大的力矩输出。

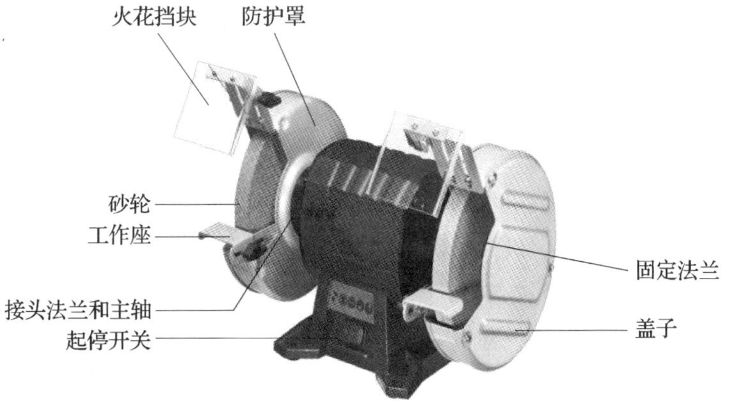

火花挡块
防护罩
砂轮
工作座
接头法兰和主轴
起停开关
固定法兰
盖子

a）

b）

c）

d）

图 4—16　砂轮机

a）砂轮机的结构　b）立式砂轮机　c）台式砂轮机　d）手持式砂轮机

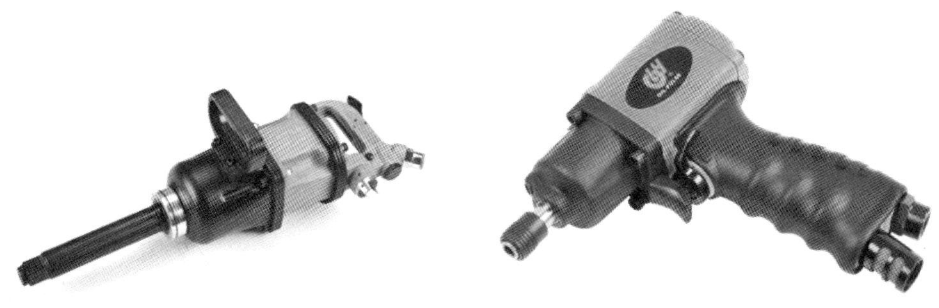

图 4—17　气动扳手

气动扳手一般分为两类，一类是普通的冲击扳手，另一类是脉冲气动扳手。两者的区别是，前者不能定力矩，而后者可以。气动扭矩扳手就属于后者。

气动扳手使用注意事项如下：

1. 在操作前注意换向开关的位置，以便在操作进气阀时了解旋转方向。

2. 必须保证进入扳手气动马达的压缩空气是最大气压为 6.0 bar 的洁净干燥空气，否则可能导致传动系统故障、超速、破裂、输出力矩错误等危险情形。

3. 确保所有的软管及其他连接装置尺寸正确、安装牢固；切勿使用已损坏的、磨损或老化的空气软管及其他连接装置；建议在供气线路上安装一个紧急关闭阀门，并要让大家都了解它的安装位置。

4. 在操作机器前，务必检查油杯里是否有足够的润滑油。在缺少或没有润滑油的情况下，会加快气动马达叶片的磨损速度，导致工具性能降低、维护工作量增加。

5. 在操作本工具时身体姿态必须保持平衡和稳定，动作幅度不要过大。在开启和操作工具的过程中，要预防和警惕运动中力矩和力量的突然变化。

6. 大多数气动扳手都设有高低挡，使用过程中一定要注意力矩的大小，力矩过大可能拧断螺栓。

7. 使用气动扳手紧固完螺栓后，要使用专用扭力扳手进行复查，以确保达到正常力矩。

8. 使用完毕，应及时关闭空气源，并分离气动工具和空气源，收起管路。

第五章　钳工基础

钳工是使用钳工工具，按照技术要求对工件进行加工、修理、装配的一个工种。其作业内容主要包括錾削、锉削、锯削、划线、钻孔、铰孔、攻螺纹和套螺纹、刮削、研磨、矫正、弯曲和铆接等。

日常生产中钳工的主要工作任务有：零件装配，按机械设备的装配技术要求进行组件、部件装配和总装配，并经过调整，检验和试车等，使之成为合格的机械设备；设备维修，当机械在使用过程中发生故障、出现损坏，或长期使用后精度降低、影响使用时，也要通过钳工进行维护和修理。

第一节　钳工常用设备

钳工常用设备有钳台、台虎钳、砂轮机、钻床等。

一、钳台

钳台又称钳工台，如图 5—1 所示。钳台用于安装台虎钳，摆放加工时的工、量具和工件，以使钳工加工时便于操作。

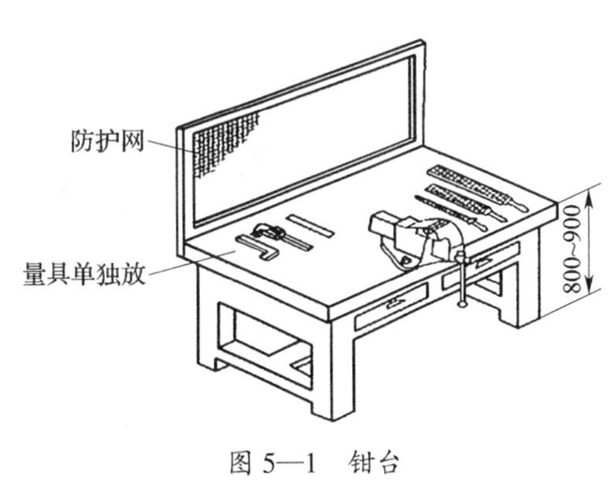

图 5—1　钳台

二、台虎钳

台虎钳又称虎钳，是用来夹持工件的通用夹具。台虎钳装置在工作台上，用以夹稳工件。其类型有固定式和回转式两种，两者的主要构造和原理基本相同。如图 5—2 所示为回转式台虎钳。

使用台虎钳时要注意以下几点：

（1）夹紧工件时松紧要适当，只能用手的力量拧紧手柄，而不能借助于工具加力，一是防止损坏丝杆、螺母及钳身，二是防止夹坏工件。

（2）强力作业时，力的方向应朝向固定钳身，以免增加活动钳身和丝杆、螺母的负载，影响其使用寿命。

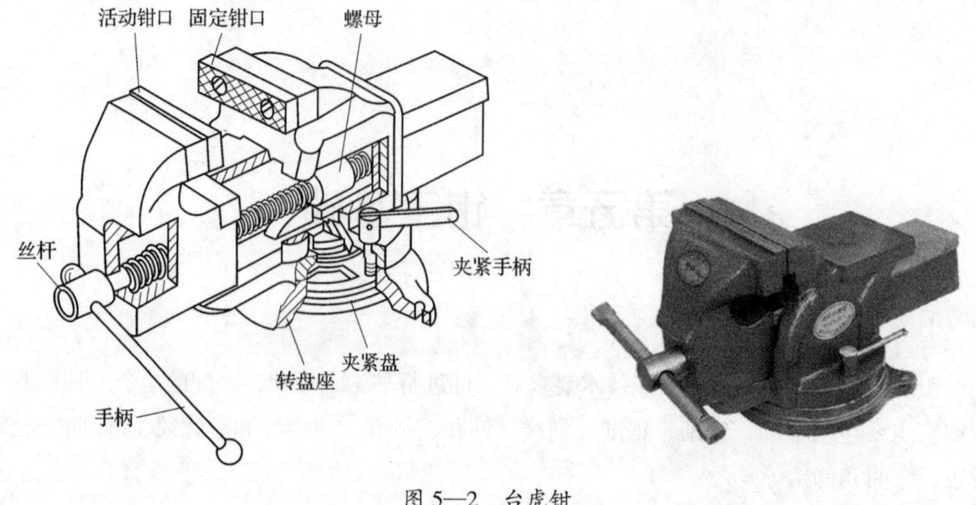

图 5—2　台虎钳

（3）绝对不能在活动钳身导轨的光滑平面上敲击工件，以防破坏它与固定钳身的配合性能。

（4）要对丝杆、螺母等活动表面经常清洁润滑，以防生锈。

三、钻床

钻床是具有广泛用途的通用性机床，可对零件进行钻孔、扩孔、铰孔、锪平面和攻螺纹等加工。钻床主要是通过钻头在工件上进行加工，通常钻头旋转为主运动，钻头轴向移动为进给运动。

钻床结构简单（见图 5—3），加工精度相对较低。其加工特点是工件固定不动，刀具做旋转运动，并沿主轴方向进给，操作可以是手动，也可以是机动。

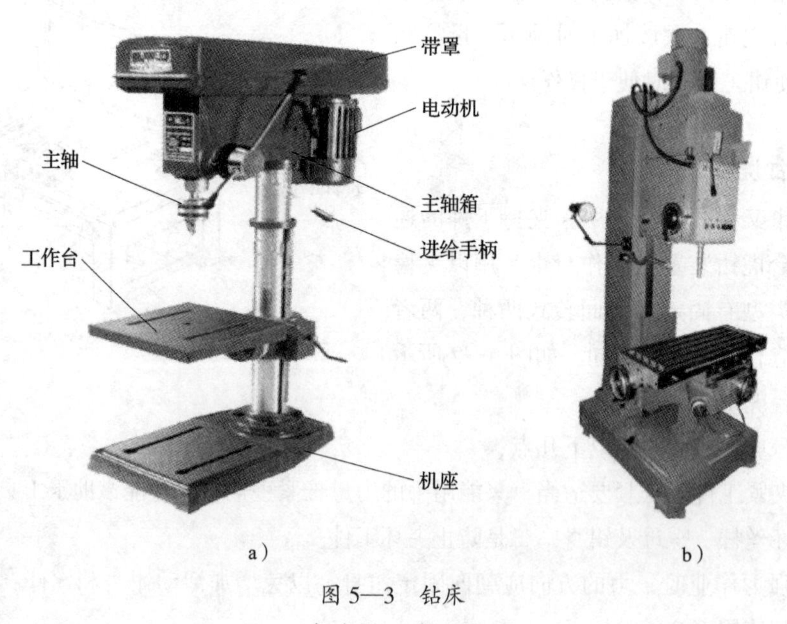

图 5—3　钻床

a）台钻　b）立钻

使用钻床时要注意以下几点：

1. 摇臂和主轴箱各部锁紧后，方能进行操作。

2. 摇臂回转范围内不得有障碍物。

3. 开动钻床前，钻床的工作台、工件、夹具、刃具必须找正，紧固。

4. 正确选用主轴转速、进给量，不得超载使用。

5. 钻床在运转及自动进刀时，不许变紧固、换速度，若变速只能等主轴完全停止才能进行。

6. 装卸刃具及测量工件必须在停机时进行；不允许直接用手拿工件钻削，不得戴手套操作。

第二节　钳工常用加工方法

一、划线

划线是根据图样的尺寸要求，用划线工具在毛坯或半成品上划出待加工部位的轮廓线（或称加工界线）或作为基准的点、线的一种操作方法。划线可以确定工件上各加工面的加工余量和位置，检查毛坯的形状和尺寸是否符合图样要求，合理分配各加工面的余量。

划线可以分为平面划线和立体划线。

1. 划线工具

常用的划线工具有划线平板、方箱、V 形铁、直角尺、划针、划规、划针盘和样冲等，如图 5—4 所示。

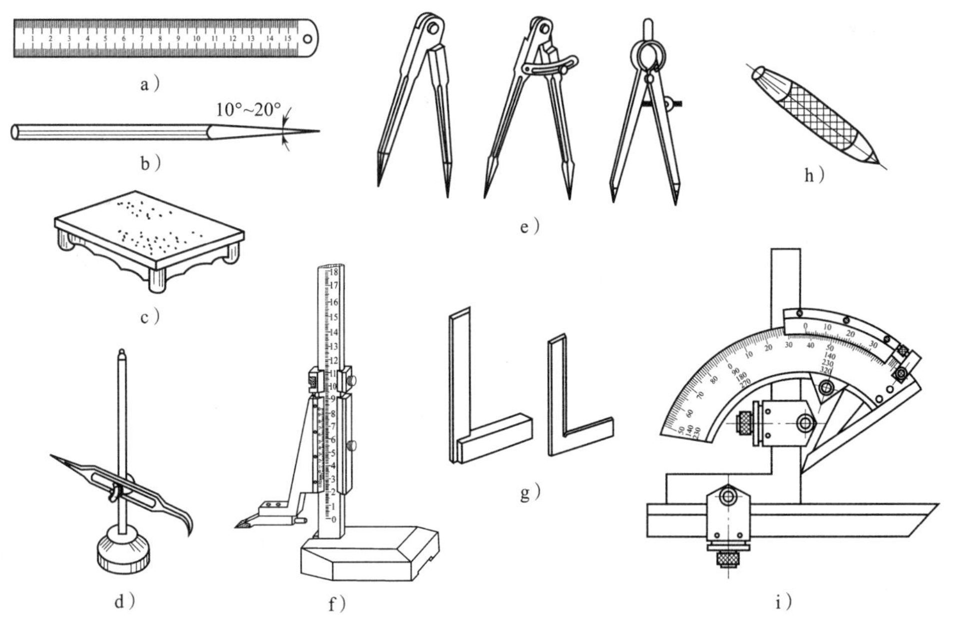

图 5—4　划线工具

a）直尺　b）划针　c）划线平板　d）划针盘　e）划规　f）高度游标尺　g）直角尺　h）样冲　i）万能角度尺

2. 划线基准

划线时，应以工件上某一条线或某一个面作为依据来划出其余的尺寸线，这样的线（或面）称为划线基准。基准就是确定其他点、线、面位置的依据，划线时都应从基准开始。

（1）划线基准的三种类型

1）以两个相互垂直的平面或直线为基准。

2）以一个平面和一个对称平面为基准。

3）以两个相互垂直的中心平面为基准。

（2）划线基准的选择。在零件图中用来确定其他点、线、面位置的基准称为设计基准。划线基准应尽量与设计基准一致。毛坯的基准一般选其轴线或安装平面。

3. 划线的步骤

（1）研究图样，确定划线基准，详细了解需要划线的部位，这些部位的作用和需求以及有关的加工工艺。

（2）初步检查毛坯的误差情况，去除不合格毛坯。

（3）工件表面涂色。

（4）正确安放工件和选用划线工具。

（5）划线。

（6）详细检查划线的精度以及线条有无漏划。

（7）在线条上打样冲眼。

二、锯削

用手锯锯断金属材料或在工件上锯出沟槽的操作称为锯削。钳工加工过程中，锯削主要用于分割各种材料或半成品，锯掉工件上的多余部分，或者在工件上锯槽。

1. 手锯

锯削过程中所用的工具是手锯，其由锯弓和锯条两部分组成，如图 5—5 所示。

图 5—5　手锯

（1）锯弓。锯弓是用来夹持和拉紧锯条的工具，有固定式和可调式两种。由于可调式锯弓的前段可套在后段内自由伸缩，因此，可安装不同长度规格的锯条，应用广泛。锯条安装在固定夹头和活动夹头的圆销上，旋紧活动夹头上的翼形螺母，就可以调整锯条的松紧。

（2）锯条及其选择。锯条由碳素工具钢（常用牌号为 T12A）制成，经热处理后其切削部分硬度达 62HRC 以上，锯条两端的装夹部分硬度可低些，使其韧性较好，装夹时不致卡裂；锯条也可用渗碳软钢冷轧而成。锯条规格以其两端安装孔间距表示，一般长 300 mm，宽 10 ~ 25 mm，厚 0.6 ~ 1.25 mm。常用的规格为长 300 mm，宽 12 mm，厚 0.8 mm。

2. 锯削基本操作步骤

（1）根据工件材料及厚度选择合适的锯条。

（2）将锯条安装在锯弓上，锯齿应向前（见图 5—6），用两个手指的力旋紧翼形螺母，使锯条的松紧合适。锯条安装好后，应检查是否有歪斜扭曲，如有则要纠正。

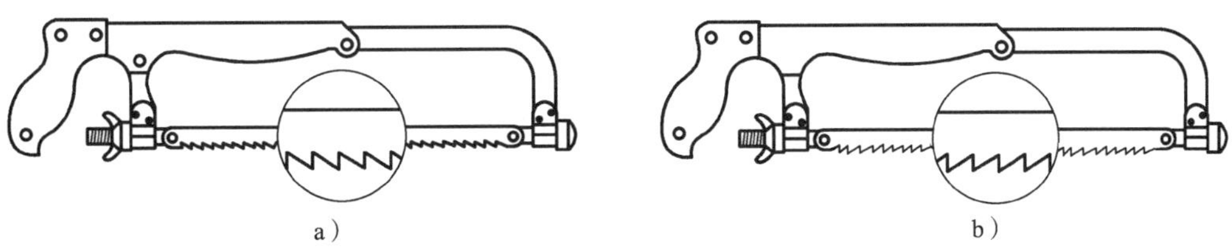

图 5—6 锯条的安装

a）锯齿向前 b）锯齿向后

（3）工件应尽可能夹在台虎钳左边，以免操作时碰伤左手。工件伸出要短，否则锯削时会颤动。工件必须夹牢靠，防止锯削时因工件移位使锯条折断。防止夹坏工件，特别是管料和软金属。夹持已加工的工件表面，应使用衬垫。

（4）起锯。起锯有近起锯和远起锯，为了平稳应以左手拇指靠住锯条，使锯条在所需的位置上起锯。刚起锯时，压力要小，往复行程要短，锯条要与工件表面垂直。当锯到槽深 2 ~ 3 mm 时，放开靠锯条的手，将锯弓改至水平方向正常锯削。

（5）锯削操作。锯削时，应使全身不易疲劳，以便于用力。要按图 5—7a 所示稳定地站在台虎钳的近旁，通常是左脚在前、右脚在后。左脚向前半步，约一锤柄长，两脚距离为锯弓之长。腿不要过分用力，膝盖稍微弯曲，保持自然。右脚稍微朝后，站稳伸直，作为主要支点。两脚站成“V”形。如图 5—7b 所示，锯削时头部不要探前或后仰，面向工件，目视锯条。握锯时，要舒展自然，右手握稳锯柄，左手轻扶在弓架前端的弯头处。锯弓的运动主要由右手掌握力的大小，左手协助扶正手锯。在推锯时，身体略向前倾，自然

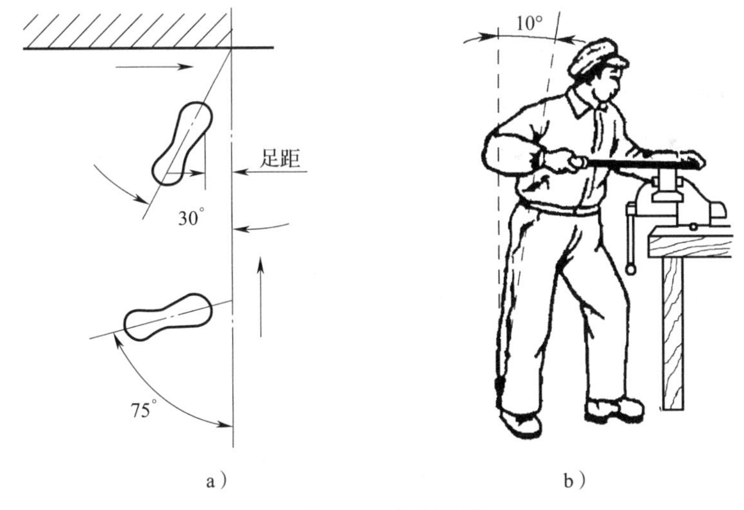

图 5—7 锯削姿势

地压向锯弓；当推进大半行程时，身体随手推锯弓准备回程。回程时，左手把锯弓略微抬起一些，让锯条在工件上轻轻滑过，待身体回到初始位置，再准备第二次往复。在整个锯削过程中，应保持锯缝平直，如有歪斜应及时纠正。

3. 锯削时的注意事项

（1）注意正确夹持工件，以免锯伤台虎钳。

（2）工件装夹要牢固。

（3）锯条要装得松紧适当，锯削时不要突然用力过猛，以免锯条折断后从锯弓上弹出伤人。

（4）工件即将锯断时，应减小推锯压力，避免压力过大使工件突然断开，造成身体前冲发生事故。且在工件即将被锯断时，要用左手扶住工件即将掉落下来的部分，防止断料掉下伤脚。

（5）锯削速度不可过快，以免产生较大切削热，降低锯条使用寿命。

三、锉削

用锉刀对工件表面进行切削加工，使工件达到所需的尺寸、规格和精度，这种加工方法叫作锉削。

维修装配作业中，对零件的修整，一些不宜用机械加工方法来完成的工件加工，都会用到锉削。它的优点是方法简便、经济，而且精度较高（能达到 0.01 mm）。

1. 锉刀

锉刀是一种表面上有许多细密刀齿、用于锉光工件的手工工具。锉刀由锉身和锉柄组成，如图 5—8 所示。

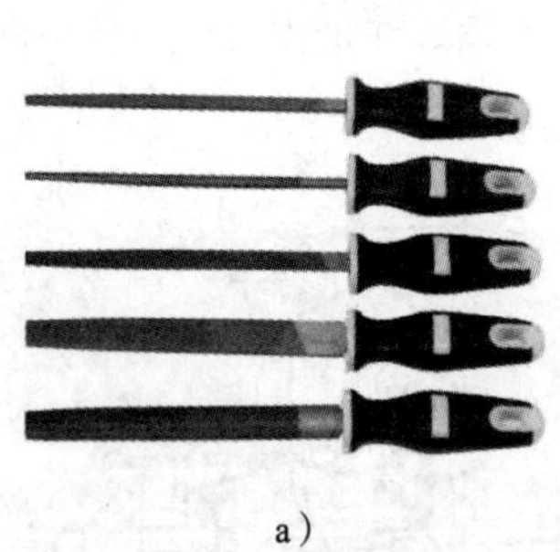
a）

b）

图 5—8 锉刀

根据锉刀的用途可分为钳工锉、木锉、整形锉、专用锉刀等；按锉刀的断面形状可分为扁锉、方锉、三角锉、圆锉等。

2. 平面锉削方法

平面锉削的基本方法有三种，即顺向锉、交叉锉和推锉，如图 5—9 所示。

（1）顺向锉。是最普通的锉削方法，锉刀运动方向与工件的夹持方向一致，适用于锉削面积不大的平面和最后的精锉。

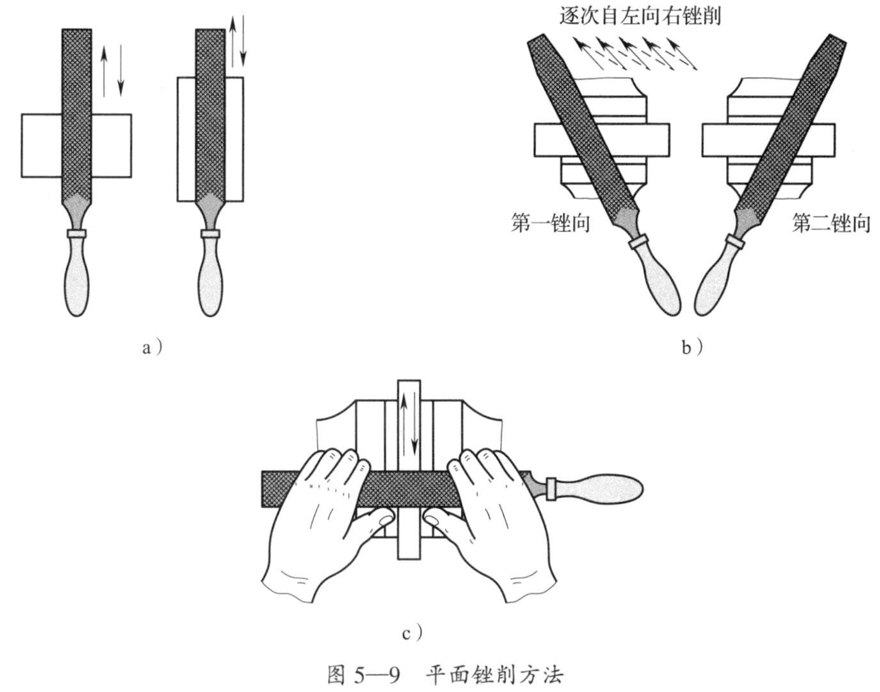

图 5—9 平面锉削方法

a）顺向锉 b）交叉锉 c）推锉

（2）交叉锉。锉刀运动方向与工件夹持方向成 50°，适用于大面积平面的粗加工，容易掌握平稳。

（3）推锉。用于锉削狭长平面或修光表面。因其效率低，故适用于加工余量较少或修正尺寸用。

3. 锉削操作步骤

（1）装夹工件。根据加工要求，将坯料加工表面朝上装夹在台虎钳中间，加工面离台虎钳上表面距离要适当，一般为 10 ～ 15 mm。

（2）选择锉刀。正确安装、拆卸锉刀手柄。

（3）锉削操作。如图 5—10 所示，锉削时，两脚分开与肩同宽，身体左转 45°，锉削时左臂弯曲，小臂与工件锉削面左右方向保持基本平行，右小臂与工件锉削面前后方向保持基本平行，但要自然、锉削行程中，身体应与锉刀一起向前，右腿伸直，重心放在左腿上；当锉刀锉至 3/4 行程时，身体停止前进，用两臂向前推锉到头，同时左腿伸直，并随着锉削时的反作用力将身体重心后移，使身体恢复原位，并顺势将锉刀收回，重复进行第二次锉削。

4. 锉削时的注意事项

（1）锉刀柄要装夹牢固，不要使用锉柄有裂纹的锉刀。

（2）锉削时，用毛刷清除加工表面的锉屑，不能用手擦除锉屑，也不能用嘴吹锉屑。

（3）锉削力度和速度要适当，以减少锉刀磨损。

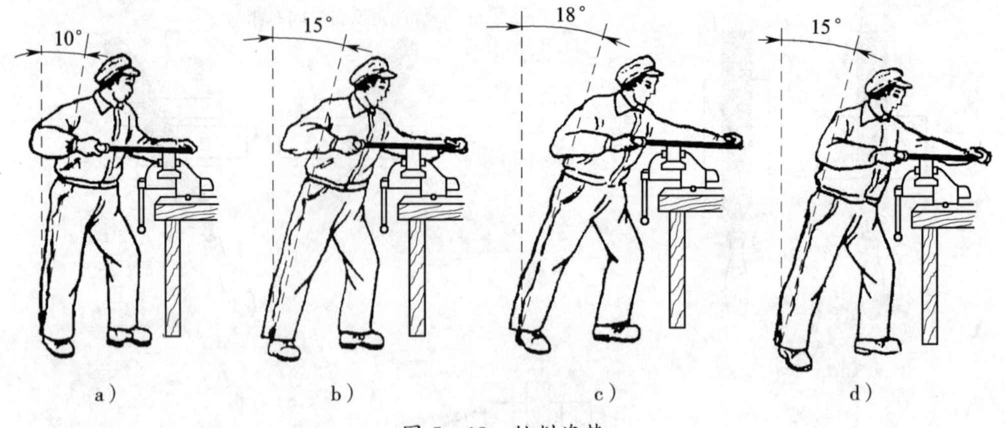

图 5—10 锉削姿势

a）开始锉削 b）锉刀推出 1/3 行程 c）锉刀推出 2/3 行程 d）锉刀行程推尽时

四、孔加工

1. 钻孔

用钻头在实体材料上加工孔的方法，称为钻孔。钻孔只能进行孔的粗加工。钻孔时，钻头的旋转运动是主运动，钻头沿轴线的直线移动是进给运动。钻孔设备主要是钻床，辅助设备有手虎钳、平口虎钳、压板等。

（1）钻头。钻头是钻孔用的切削工具，常用高速钢制造，工作部分经热处理淬硬至 62 ~ 65HRC。一般钻头由柄部、颈部及工作部分组成，如图 5—11 所示。

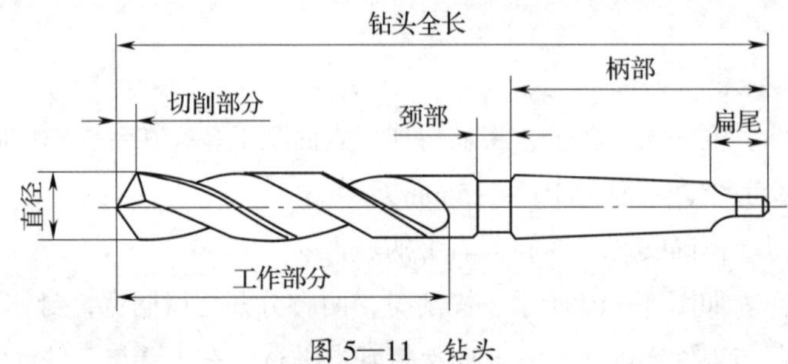

图 5—11 钻头

（2）钻孔方法

1）钻孔前一般先划线，确定孔的中心，在孔中心处先用样冲打出较大的中心样冲眼。

2）钻孔时应先钻一个浅坑，以判断是否对中。

3）在钻削过程中，特别是钻深孔时，要经常退出钻头以排出切屑和进行冷却，否则可能使切屑堵塞或钻头过热磨损甚至折断，并影响加工质量。

4）钻通孔时，当孔将被钻透时，进给量要减小，避免钻头在钻穿时的瞬间抖动，出现“啃刀”现象，影响加工质量，损伤钻头，甚至发生事故。

5）钻削大于 ϕ30 mm 的孔应分两次钻，第一次先钻一个直径较小的孔（为加工孔径的 0.5 ~ 0.7），第二次用钻头将孔扩大到所要求的直径。

6）钻削时的冷却润滑：钻削钢件时常用机油或乳化液，钻削铝件时常用乳化液或煤油，钻削铸铁时用煤油。

2. 扩孔与铰孔

（1）扩孔。扩孔用以扩大已加工出的孔（铸出、锻出或钻出的孔），它可以校正孔的轴线偏差，并使其获得正确的几何形状和较小的表面粗糙度，其加工精度一般为 IT9 ~ IT10 级，表面粗糙度 Ra 为 3.2 ~ 6.3 μm。扩孔的加工余量一般为 0.2 ~ 4 mm。

扩孔时可用钻头扩孔，但当孔的精度要求较高时常用扩孔钻（见图 5—12）。扩孔钻的形状与钻头相似，不同的是，扩孔钻有 3 ~ 4 个切削刃，且没有横刃，其顶端是平的，螺旋槽较浅，故钻芯粗实，刚性好，不易变形，导向性好。

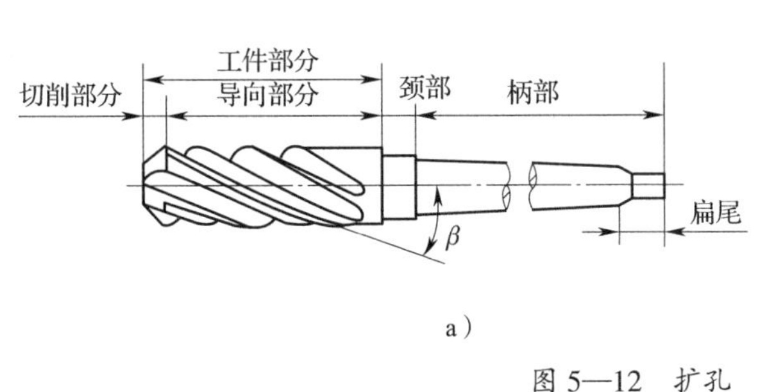

a）

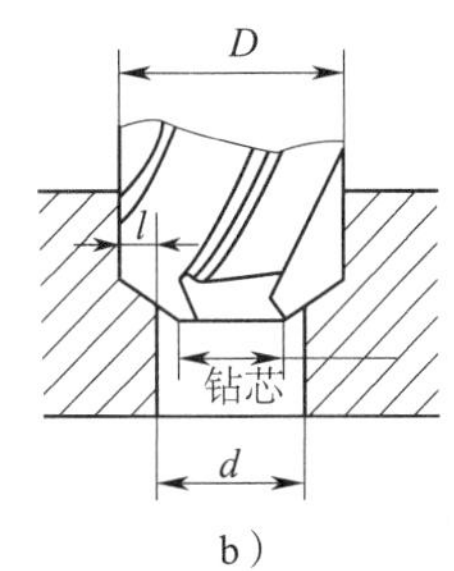

b）

图 5—12 扩孔

a）扩孔钻 b）扩孔

（2）铰孔。铰孔是应用较普遍的孔的精加工方法之一，其加工精度可达 IT6 ~ IT7 级，表面粗糙度 Ra 为 0.4 ~ 0.8 μm。铰孔是用铰刀从工件壁上切除微量金属层，以提高孔的尺寸精度和表面质量的方法。

铰刀是多刃切削刀具，有 6 ~ 12 个切削刃和较小顶角，铰孔时导向性好。铰刀刀齿的齿槽很宽，铰刀的横截面大，因此刚性好。铰孔时因为余量很小，每个切削刃上的负荷显著小于扩孔钻，且切削刃的前角 γ_o=0°，所以铰削过程实际上是修刮过程。特别是手工铰孔时，切削速度很低，不会受到切削热和振动的影响，因此使孔加工的质量较高。

铰孔时铰刀不能倒转，否则会卡在孔壁和切削刃之间，从而使孔壁划伤或切削刃崩裂。

铰孔时常用适当的切削液来降低刀具和工件的温度，防止产生积屑瘤，并减少切屑细末黏附在铰刀刀刃和孔壁上，从而提高孔的质量。

第 2 部分

专业知识与技能

第六章 港口装卸工艺

第一节 港口特定作业环境的装卸工艺

一、装卸火车作业技术要求

1. 装卸火车作业前，应检查车门销是否销好。应根据装车货类和要求清扫与铺垫车底。

2. 装车作业时，应根据货类和货物规格及重量，装严、码紧、装平。

3. 装车作业应不超限，不超载，不亏车容，不偏重、不集重。货物超出车帮的高度时，要按铁路要求进行作业。

4. 装棚车作业应先里后外，装严码靠。货件要与车门保持一定距离。作业完毕关好车门、车窗。

5. 钢材类货物装车作业时，严禁碰撞、砸车帮和急落勾。

6. 卸火车作业时，应根据垛型要求进行铺垫、堆放。

7. 装卸易损、易碎及危险货物时，应轻搬轻放。要大不压小，重不压轻。

8. 各类杂货卸车时，要按层、按批、梯形作业。

9. 货物装卸火车在进行换装作业时，应按照标准及专项要求作业。

10. 火车装卸完毕，要将成组工具、铺垫设备分别集中堆放在靠近货物一侧，离铁轨外侧 1 500 mm 以外的地方。领用的工属具要及时送回。

二、拆装集装箱作业技术要求

1. 普通集装箱

（1）作业前了解货物的类型、包装形式以及每件的质量、体积等以合理选用机械和工属具。

（2）在经外轮理货员许可后，方可拆铅封进行作业。开箱门时应先开右箱门，箱门一经开启应使其固定于全开位置，坡道应放在箱口处。

（3）装箱作业时，首先检查箱体是否完好，然后由装卸工将箱内杂物清理干净后再进行作业。干货箱装食品应在国家出入境检验检疫局检疫后再进行作业。

（4）成组货由进箱作业叉车直接进行拆装箱作业。

（5）散件货由装卸工人码至货盘上，再由进箱作业叉车进行铲运作业。箱内堆码作业时，叉车进箱后应与作业人员保持一定距离。

（6）桶装货拆箱作业时，注意门边桶翻倒伤人。大桶拆箱作业时，应采用专门工属具。

（7）超过进箱作业叉车额定负荷的货物或长、大件货可按下述方法卸货。

1）用叉车将货物的一端抬起，在货物底座下放入滚杠或特制的小平车，再缓慢将货物拖带出箱。

2）充满箱容的大件，可用集装箱大吨位叉车进行作业或用吊挂绳扣拖拉的方法。拖拉货物时要做到以下几个方面：

①拖拉作业前，要确定作业方案，选好挂绳扣的位置，保证不损坏货物和集装箱，并将绳扣挂牢。

②装卸作业要有专人负责，统一指挥，统一行动，保证安全生产。

③采用拖拉作业的货物，应是不易损坏的牢固装箱货或结构坚实的整体设备。

④易损件、易碎件、精密设备仪器严禁拖拉作业。

⑤特殊货物拖拉作业时，须经货主同意签字后，在有关方面人员现场监护的情况下进行作业。

2. 超限箱

（1）开顶箱作业时，首先由装卸工拆除棚架装置或将箱内杂物清理干净。

（2）超限箱拆箱作业时，根据不同的货类合理选择机械和工属具，同时要有专人指挥。

（3）各种装卸机械库场作业时，载重行走最大距离不宜超过 300 m。

（4）装车作业时，参照一般装卸作业工艺技术要求的规定执行。

三、船上作业技术要求

1. 船舱作业技术要求

（1）作业人员下舱作业时，要首先观察作业环境，清拣障碍物。了解货物的分票情况，查清货物的规格及质量，了解有无特殊装卸要求的货物。根据舱内作业条件，选择好作业位置，分工明确，相互搭配好具体的作业人员。

（2）若半截舱装卸货物，作业面与不作业面高度相差 2 000 mm 以上，且在高处作业面作业时，在高作业面处必须系好护舱网或在低作业面处铺好安全垫。

（3）舱内作业，应有顺序地按票、按堆放顺序或按层次均衡地进行。

（4）货勾在起吊或下落时，当起吊或下落至距货面 400 mm 以下时，应停止起吊与下落，必须在稳勾后再继续作业。

（5）货物装、出舱，当进行下舱叉车作业时，舱内应有叉车作业回转、避让的足够余地。如遇两部叉车同时铲运一件货物时，应听从指挥，相互配合。

（6）不同包装、不同性质的货物统配装舱时，要按船方要求进行铺舱、隔舱、加固。

（7）货物装舱时，要按货物的特性、包装和摆放要求进行合理堆放。

（8）装舱作业时，要将货件装严、码紧，放平、放正。先装四周，再装当舱，充分利用舱容。

（9）卸船作业时，不准挖井留山。杂货要按层次梯形落高。应从当舱向四周依次卸货。

（10）装卸货物，在码、挂、兜、索、套、捆等操作时，要正确牢固，定型定量。

（11）散货装卸船作业，要根据舱内作业情况进行扒舱、清舱（散粮除外）或平舱。

（12）装卸易损、易碎货物在库场及工具上堆码或在舱内堆放时，要箭头向上，大不压小，重不压轻，并且要轻拿轻放。

（13）使用成组货盘堆码易滑落的货物，在装、出舱时，要系好小绳。

（14）装卸危险货物要严格按照标准及专项要求作业。

（15）货物出舱需提头时，提头高度应控制在货物长度的十分之一以内，最高不能超过 600 mm。货物长度超过舱口长度时，必须采取安全措施后再进行出舱作业。在货物的装、出舱过程中，如需钓鱼进出舱作业时，应经工艺部门、安监部门同意后方可作业。

（16）装卸重大件货物时，要严格按货物的起吊标记兜挂，并且在起吊运行时要系好安全绳。

（17）装卸裸体设备、钢结构件、重大件货物时，要在兜挂受力处放好放牢衬垫物（货物本身具有起吊环的除外）。

（18）装卸捆扎成型的货物，在起吊时不准直接吊挂捆扎物（成组纸浆除外）。

2. 甲板作业技术要求

（1）在开工作业前，门机司机、船吊司机要根据作业情况，调整好作业位置和吊杆（指双吊杆）角度。

（2）指挥人员在作业前要对舱内的作业位置，货物的位移路线，以及防护网的拴挂位置进行检查和必要的调整。经检查、调整符合正常作业条件时，方可指挥开工作业。

（3）指挥人员在指挥起吊、落勾作业时，要事先与舱内、船边的作业人员呼应一致后再进行。

（4）指挥起落舱作业时，要起吊慢、行勾稳、落勾准，严禁碰撞、挂舱口。

（5）货物起吊时，若堆码不正，兜、套、挂、索、捆货物位置不正确、不牢固，使用工具不正确，货勾位移路线下有人，严禁指挥起吊。

（6）指挥起落勾作业。在货勾位移时，应保持货物本身为水平状态，严禁漂浮、挂、夹任何杂物和货件。

（7）货勾进出舱在经过舱口、船舷时，要高出舱口、船舷 300 mm 以上。落勾时，应在离落货面 400 mm 以下处停止下落，待稳勾后再缓慢下落。

（8）散货装、出舱作业时，要均衡进行，使船舶无横倾状态。

（9）作业船舶当发生 ≥ 3° 横倾时，严禁叉车在舱内作业。

（10）空货盘进出舱时，应摞正码齐。每次起吊不得超过 10 只货盘的高度，且应挂牢底层货盘，钩口朝外。

第二节　危险货物装卸工艺技术要求

一、危险货物的概念

具有爆炸、易燃、毒害、腐蚀、放射性等性质，在运输、装卸和储存保管过程中，容易造成人身伤亡和财产损毁而需要特别防护的货物均属于危险货物。

二、危险货物装卸的操作方法与技术要求

1. 作业前，作业人员必须了解危险货物的品名、性质、包装、消防方法、防护方法和作业注意事项。

2. 进行危险货物作业的人员必须按规定穿戴好防护用品。

3. 舱内作业前，应先开舱通风，待挥发气体散掉，经有关部门测试，确认符合作业标准时，作业人员方能下舱作业。对四级包装的放射性货物、气态放射性货物，必须自然通风 15 min 以上，方能作业。

4. 进行危险货物运输的作业机械，作业前应配备有效的熄灭火星装置，配备相适应的消防器材，悬挂运载危险货物的标志。

5. 危险货物的运输和装载应符合图 6—1 所示的技术要求。

（1）挂车上只能装载一层货高，装载要稳固，如图 6—1a 所示。

（2）叉车铲运货物应倒车行驶，一次铲运货物不得超两盘货高。

（3）叉车铲运小桶货物时，小桶货物应拴好小绳，并盖好网罩，如图 6—1b 所示。

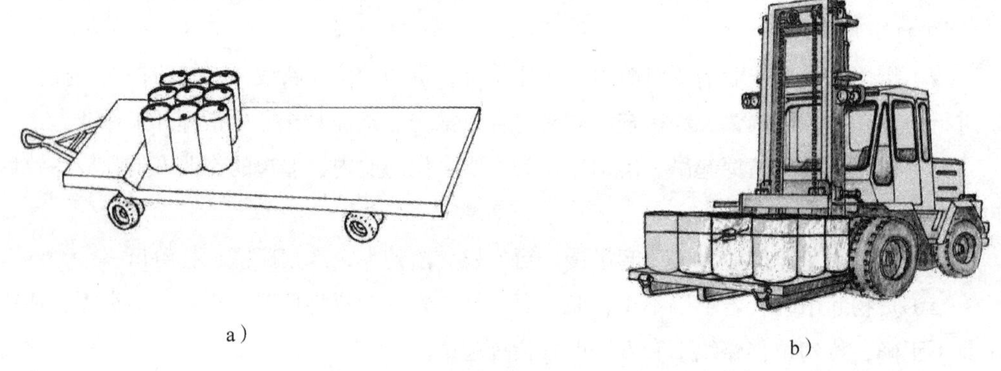

a） b）

图 6—1 危险货物的运输和装载

a）挂车装载危险货物 b）叉车铲运小桶货物

6. 牵引车拖运桶装易燃、易爆危险货物时，挂车上应采取衬垫防护措施；拖运腐蚀货物时，挂车上不得有有机物。

7. 拖运或铲运货盘堆码的危险货物时，应拴挂网罩或系紧小绳，否则不得拖运或铲运。

8. 水平运输机械的司机应检查被拖运、铲运的危险货物在承载工具的堆码，确认无误方能起运。

9. 水平运输机械在运送危险货物时，严禁超速行驶。

10. 危险货物的堆垛，必须按其性质划定堆码位置，性质相抵触的货物不得堆码在同一库内。

11. 危险货物堆垛要整齐、稳固、桶口（箭头）朝上，垛顶距灯不得少于 2 000 mm，墙距不得少于 500 mm，垛间距不得少于 1 000 mm，堆场消防通道不得小于 6 000 mm。

12. 机械堆垛必须按作业人员的指挥进行操作。

13. 放射性货物必须堆码在专用库场划定的警戒线内，并插挂警戒标志和派专人警戒。

14. 使用躺桶卡具吊装躺桶危险货物时，应将卡具挂正，两只卡具卡在同一个桶两端。吊挺后，检查无误方可指挥起吊。

15. 袋装、箱装、小桶装危险货物装车时，必须装严码靠，轻拿轻放，摆放整齐。

16. 危险货物装汽车，作业人员要装平装牢，不偏载。

17. 塑料桶装危险货物卸汽车作业

（1）用专用危险货物货盘堆码时，货物不得超出货盘的四周；底层码齐后，二层应向里收半批桶堆码。

（2）货物在货盘上堆码成型，作业人员应在二层桶的中心偏上处系紧小绳。

18. 袋装危险货物卸汽车作业，作业人员在危险货物货盘上堆码时，应变批码放，摆放整齐、牢固。

19. 桶装遇水易燃货物卸汽车作业

（1）作业人员卸车时，严禁摔、轧，发现电石桶变形时应禁止振动。

（2）作业人员在危险货物货盘堆码时，货物不得超出货盘的四周，桶盖朝上，摆放整齐，在桶的中部偏上处系紧小绳。

20. 爆炸品的卸汽车作业

（1）作业时不得摔碰、撞击、拖拉、翻滚。

（2）卸车时，必须做到轻拿轻放。码货盘时要堆码整齐，摆放牢固。

21. 桶装易燃液体危险货物卸汽车作业

（1）卸车时，作业人员应选择专用桶装危险品卡具。

（2）使用卡具装卸桶装危险货物时，应避开桶沿的凹瘪处。吊挺卡具后，作业人员确认卡牢，人员闪开货勾位移路线，方可示意起吊。

第三节　危险品集装箱装卸工艺技术要求

一、危险品的概念

凡具有爆炸、易燃、毒害、腐蚀、放射性等特性，在运输、装卸和储存过程中，容易造成人身伤亡和财产损坏而需要特别防护的货物均属于危险品。

二、危险品集装箱装卸的操作方法与技术要求

1. 作业前必须了解危险品的品名、包装形式、消防方法、防护措施和注意事项，没有“船舶载运危险货物申报单”“危险品货物说明书”不准作业。

2. 装卸作业时，危险品集装箱要轻吊轻放。

3. 危险品集装箱要随卸随运至危险品库场中，有特殊要求的危险品集装箱和特资要随卸随运至货主指定的堆场。

4. 水平运输危险品集装箱的拖车最大时速不得大于 40 km/h。

5. 危险品集装箱夏季作业时应按照公安局的指定时间进行装卸。

6. 危险品集装箱堆场作业的工艺要求可参照危险货物装卸工艺技术要求的规定执行。

第七章　内燃机基础

第一节　曲柄连杆机构

曲柄连杆机构是往复活塞式发动机将热能转换为机械能的主要机构。发动机产生的动力大部分经由曲轴后端的飞轮输出，还有一部分用以驱动本机其他机构和系统。

曲柄连杆机构由机体组、活塞连杆组和曲轴飞轮组三部分组成，主要零部件以及相互连接关系如图 7—1 所示。

一、机体组

机体组主要包括气缸体、曲轴箱、气缸盖、气缸套和气缸垫等不动件。

1. 气缸体与曲轴箱

（1）基本结构与功用。车用发动机中通常将气缸体与上曲轴箱铸成一体，称为气缸体—曲轴箱，简称气缸体。气缸体上部有一个或数个为活塞在其中运动作导向的圆柱形空腔，称为气缸；下部为支承曲轴的曲轴箱，其内腔为曲轴运动的空间，如图 7—2 所示。

气缸体是发动机各个机构和系统的装配基体，并由它来保持发动机各运动件相互之间的准确位置关系。为了使气缸散热，在气缸内部制有水套（水冷式发动机）。

在上曲轴箱有前后壁和中间隔板，其上制有主轴承座孔，有的发动机还制有凸轮轴轴承座孔。为了润滑这些轴承，在侧壁上钻有主油道，前后壁和中间隔板上钻有分油道。

整体式气缸体有上、下两个平面，用以安装气缸盖和下曲轴箱，其往往也是气缸修理的加工基准。

（2）气缸与气缸套。气缸体除了与活塞配合的气缸壁表面外，其他各部分对耐磨性的要求并不高，为减少材料上的浪费，目前多采用在气缸体内镶入气缸套，形成气缸工作表面的方法。

气缸套有干式和湿式两种形式，如图 7—3 所示。干式气缸套不直接与冷却液接触，壁厚一般为 1 ~ 3 mm。湿式气缸套与冷却液直接接触，壁厚一般为 5 ~ 9 mm。

气缸套的外表面有两个保证径向定位的圆带 A 和 B，分别称为上支承定位带和下支承密封带，缸套的轴向定位是利用上端的凸缘 C。为了更好地密封，有的缸套凸缘下面还装有紫铜垫片。

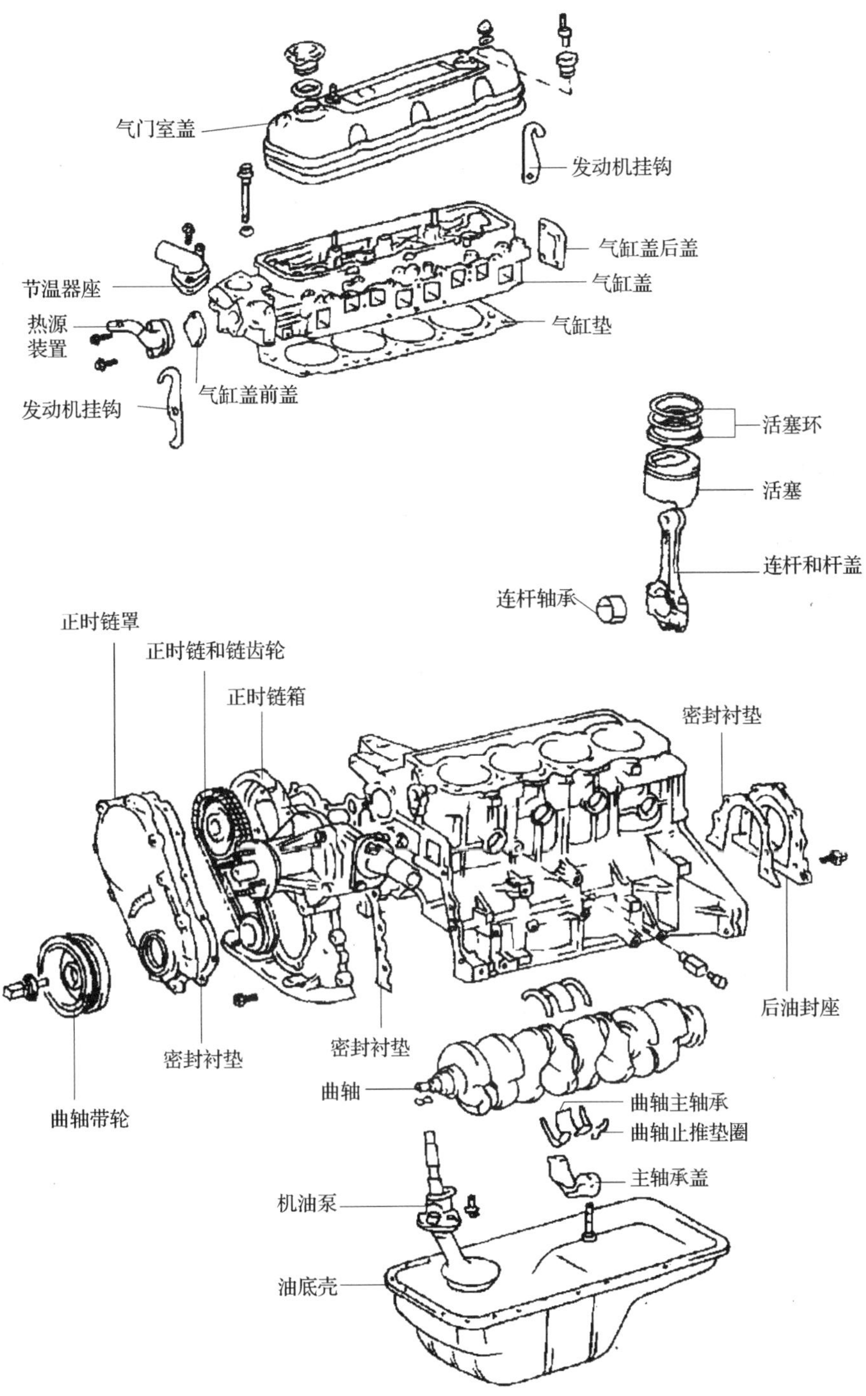

图 7—1　发动机曲柄连杆机构

气缸套的上支承定位带直径略大，与缸套座孔配合较紧密。下支承密封带与座孔配合较松，常装有 1 ~ 3 道耐热、耐油橡胶密封圈来封水。其密封形式有两种：使用较广泛的一种是将密封环槽开在气缸套上，将具有一定弹性的密封圈装入环槽内；另一种是将安置密封圈的环槽开在气缸体上。

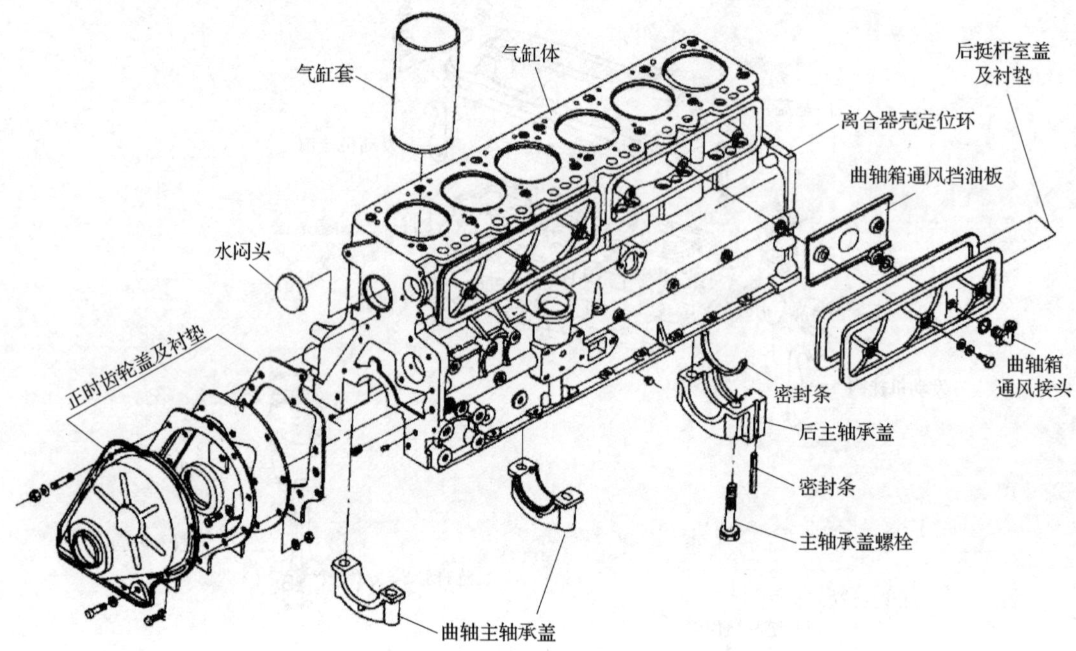

图 7—2　东风 EQ6100-Ⅰ型发动机气缸体

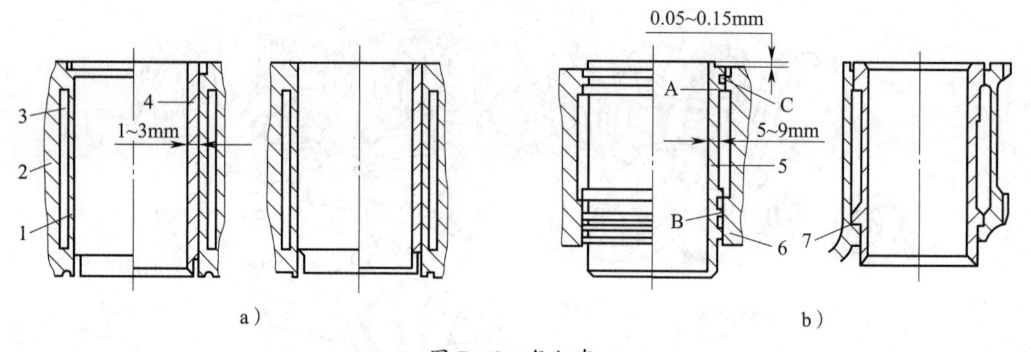

图 7—3　气缸套

a）干式气缸套　b）湿式气缸套

1—气缸壁　2—气缸冷却液套壁　3—冷却液套　4—可卸干式气缸套

5—可卸湿式气缸套　6—橡胶密封圈　7—铜密封圈

大多数湿式气缸套装入座孔后，其顶面高出气缸体上平面 0.05 ~ 0.15 mm。这样当紧固气缸盖螺栓时，可将气缸盖衬垫压得更紧，以保证气缸更好地密封和气缸套更好地定位。

（3）气缸的排列形式。车用发动机常见的气缸排列形式有单列式和双列式两种。单列式（直列式）发动机的各个气缸排成一列，一般是垂直布置，如图 7—4a 所示；为了降低发动机的高度，有时也把气缸布置成倾斜甚至水平的。双列式发动机左、右两列气缸中心线的夹角 $\gamma<180°$ 者称为 V 型发动机，如图 7—4b 所示；$\gamma=180°$ 则称为对置式发动机，如图 7—4c 所示。

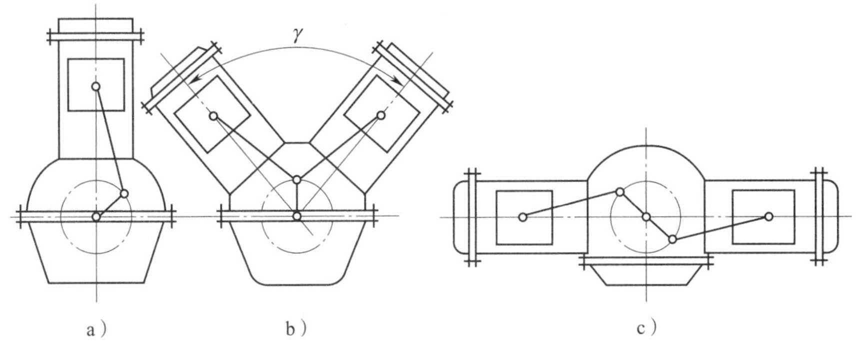

图 7—4　多缸发动机气缸排列形式

a）单列式（直列式） b）V 型　c）对置式

2. 气缸盖和气缸垫（见图 7—5）

（1）气缸盖。气缸盖用来封闭气缸上部并与气缸和活塞顶部共同构成燃烧室。气缸盖有冷却液套，其端面上的冷却液孔与气缸体上的冷却液孔相通，以便利用循环水来冷却燃烧室等高温部分。缸径较大的发动机为制造和维修方便，减小变形对密封的影响，多采用分开式气缸盖，即一缸一盖、二缸一盖或三缸一盖。缸径较小、缸盖负荷较轻的发动机多采用整体式气缸盖。

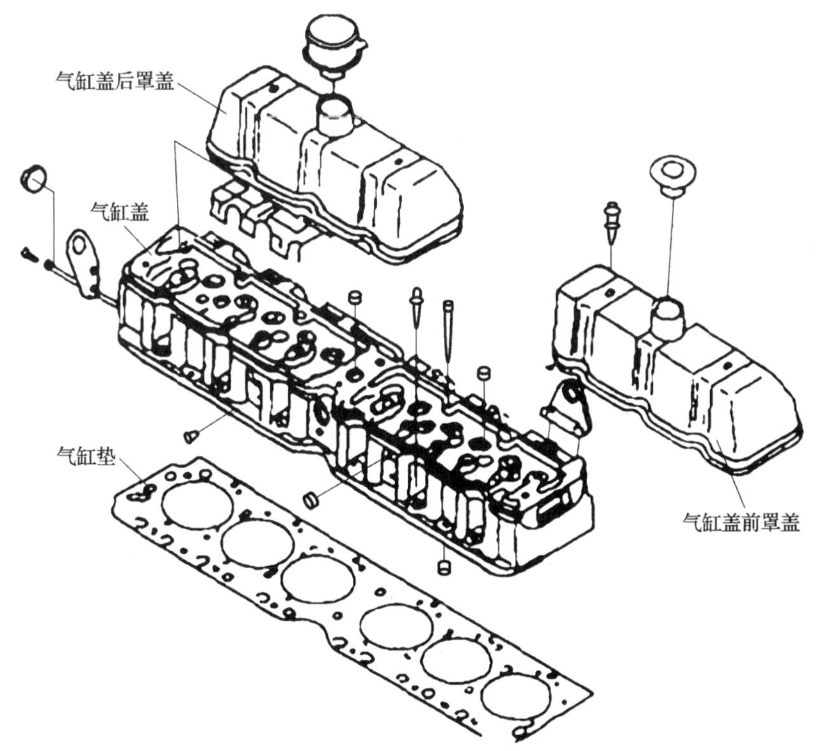

图 7—5　气缸盖和气缸垫

（2）气缸垫。气缸垫是柴油机中位于缸体顶面与缸盖底部之间的重要密封件，在气缸盖螺栓或螺柱及螺母紧固下，补偿接合面的不平度，同时严格密封气缸内所产生的高温、高压气体，密封贯穿气缸垫具有一定压力和流速的冷却液以及机油，以防止燃烧气体、冷却液和润滑油三种流体泄漏。

应用较多的气缸垫是金属—石棉气缸垫，另一种是金属骨架—石棉垫。有的强化发动机采用纯金属片作为气缸垫。国外一些发动机开始使用耐热密封胶取代传统的气缸垫，这种发动机对气缸盖和气缸体接合面平面度要求极高。

二、活塞连杆组

活塞连杆组由活塞、活塞环、活塞销和连杆等主要机件组成，如图 7—6 所示。

1. 活塞

活塞用来封闭气缸，并与气缸盖、气缸壁共同构成燃烧室，承受气缸中气体压力并通过活塞销和连杆传给曲轴。活塞应有足够的强度和刚度，质量尽可能小，导热性能要好；要有良好的耐热性、耐磨性，温度变化时尺寸及形状的变化要小。

活塞的基本结构可分为顶部、头部和裙部三个部分，如图 7—7 所示。

（1）活塞顶部。活塞顶部是燃烧室的组成部分，用来承受气体压力。根据不同的目的和要求，活塞顶部制成各种不同的形状，它的选用与燃烧室形式有关。

（2）活塞头部。活塞头部是活塞环槽以上的部分。其主要作用是：承受气体压力，并传给连杆；与活塞环一起实现对气缸的密封；将活塞顶部所吸收的热量通过活塞环传给气缸壁。

活塞头部切有若干道用以安装活塞环的环槽。有的发动机活塞在第一道环槽上面，切出一道较活塞环槽窄的隔热槽，其作用是隔断从活塞顶部传向第一道活塞环的热流，迫使热流方向折转，把原来应由第一道活塞环散走的热量，分散给第二、三道活塞环，以消除第一道活塞环过热后产生积炭和卡死在环槽上的可能性。

（3）活塞裙部。自油环槽下端面起至活塞底面的部分称为活塞裙部，其作用是为活塞在气缸内做往复运动做导向和承受侧压力。

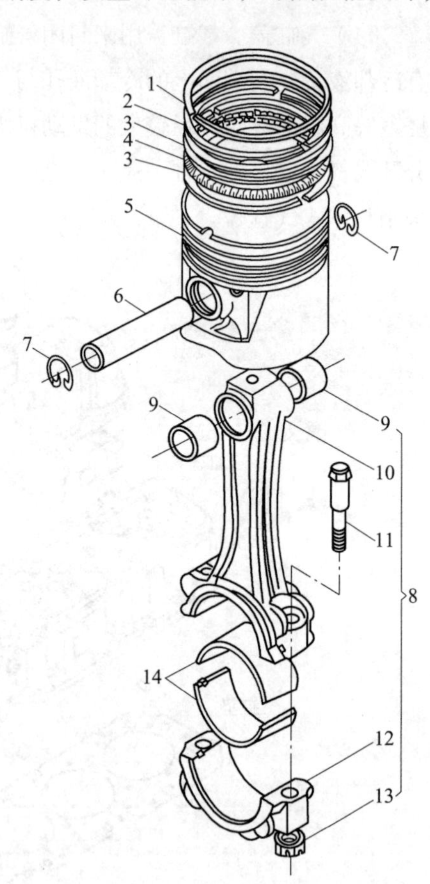

图 7—6 活塞连杆组

1、2—气环 3—油环刮片 4—油环衬簧 5—活塞 6—活塞销 7—活塞销卡环 8—连杆组 9—连杆衬套 10—连杆 11—连杆螺栓 12—连杆盖 13—连杆螺母 14—连杆轴承

2. 活塞环

活塞环是在高温、高压、高速和润滑困难的条件下工作的。它是发动机中寿命最短的零件之一。

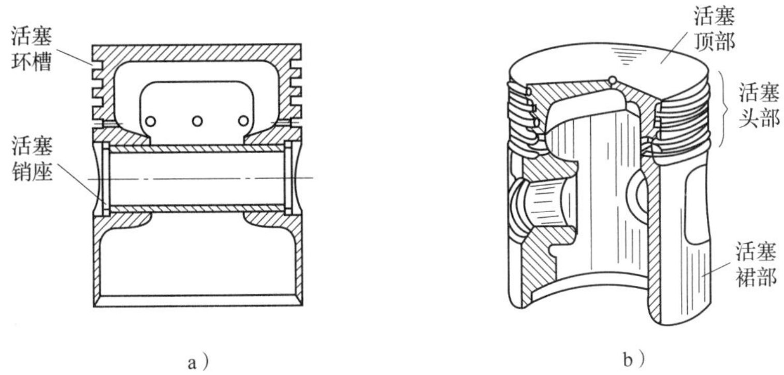

图 7—7　活塞的基本结构

（1）分类。活塞环按其主要功用可分为气环和油环两类。

1）气环。其功用是保证活塞与气缸壁间的密封，防止气缸中的气体窜入曲轴箱；同时还将活塞头部的热量传给气缸，再由冷却液或空气带走；另外，还起到刮油、布油的辅助作用。气环按照断面形状分为矩形环、锥面环、梯形环、桶面环、扭曲环，如图 7—8 所示。

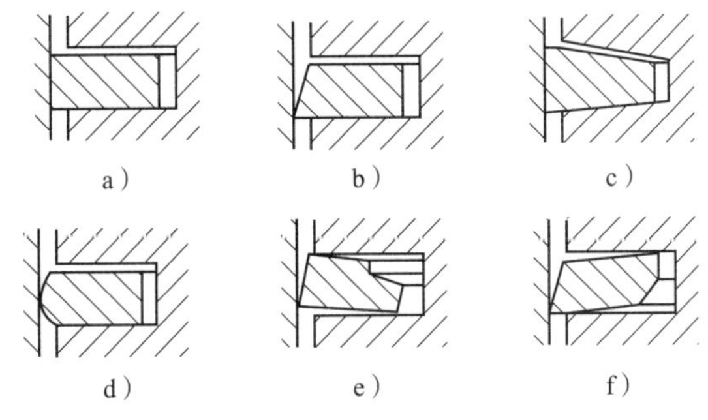

图 7—8　气环的断面形状

a）矩形环　b）锥面环　c）梯形环　d）桶面环　e）、f）扭曲环

2）油环。其功用是用来将气缸壁上多余的机油刮回油底壳，并在气缸壁上均匀地布油，这样既可以防止机油窜入燃烧室，又可以减小活塞、活塞环与气缸的摩擦力和磨损；此外，油环也兼起密封作用。

（2）活塞环的间隙。发动机工作时，活塞和活塞环都会发生热膨胀。并且，活塞环随活塞在气缸内做往复运动时，有径向涨缩变形现象。因此，活塞环在气缸内应有开口间隙，与活塞环槽间应有侧隙与背隙，如图 7—9 所示。

1）开口间隙 Δ_1。又称端隙，是活塞冷状态下装入气缸后开口处的间隙。第一道气环的开口间隙略大于第二、第三道环的。

2）侧隙 Δ_2。又称边隙，是环高方向上与环槽之间的间隙。第一道环因工作温度较高，一般间隙比其他环大些，油环侧隙较气环小。

3）背隙 Δ_3。是活塞和活塞环装入气缸后，活塞环背面与环槽底部之间的间隙。油环的背隙较气环大，目的是增大存油间隙，以利减压泄油。

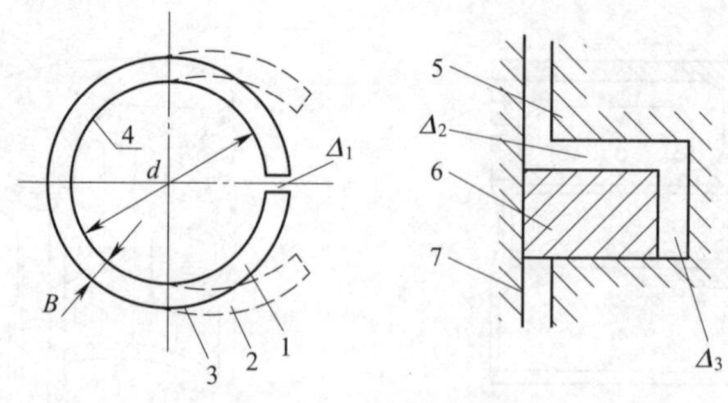

图 7—9　活塞环的间隙

1—活塞环工作状态　2—活塞环自由状态　3—工作面　4—内表面　5—活塞　6—活塞环　7—气缸

$Δ_1$—开口间隙　$Δ_2$—侧隙　$Δ_3$—背隙　d—内径　B—宽度

3. 活塞销

活塞销的功用是连接活塞与连杆小头，将活塞承受的气体作用力传给连杆。活塞销通常制成空心圆柱体，如图 7—10 所示。

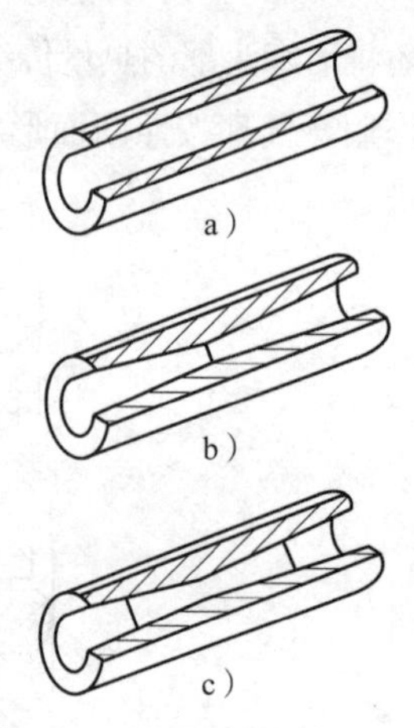

图 7—10　活塞销的内孔形状

活塞销与活塞销座孔和连杆小头的连接方式，一般有全浮式和半浮式两种形式，如图 7—11 所示。

（1）全浮式。在发动机正常工作温度时，活塞销能在连杆衬套和活塞销座孔中自由转动，因而增大了实际接触面积，减小了磨损且使磨损均匀，所以被广泛采用，如图 7—11a 所示。

（2）半浮式。半浮式连接就是销与座孔或连杆小头两处，一处固定，一处浮动。其中大多数采用活塞销与连杆小头固定的方式，如图 7—11b 所示。

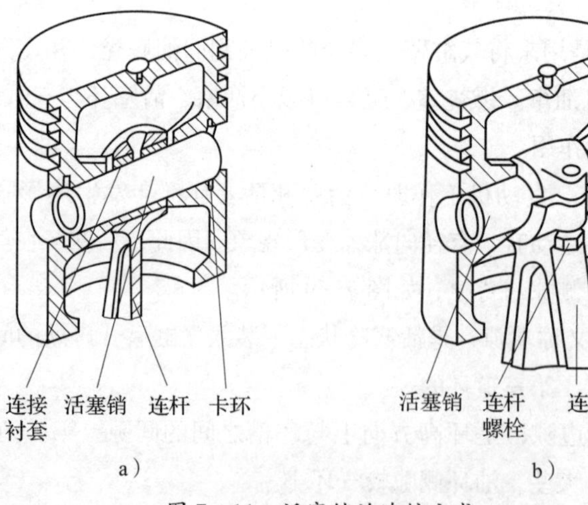

图 7—11　活塞销的连接方式

a）全浮式　b）半浮式

4. 连杆组件

连杆组件由杆身、连杆盖、连杆螺栓和连杆轴承等部分组成，如图 7—12 所示。其功用是将活塞承受的力传给曲轴，使活塞的往复运动转变为曲轴的旋转运动。

（1）连杆的结构。连杆由小头、杆身和大头（包括连杆盖）三部分组成。连杆小头与活塞销相连，工作时小头与活塞销之间有相对转动（全浮式），因此小头孔中一般有减磨的青铜衬套。连杆杆身通常制成”工”字形断面，以求在强度和刚度足够的前提下减小质量。

（2）连杆螺栓及其锁止装置。连杆螺栓是一个要承受很大冲击载荷的重要零件，当其发生损坏时，将给发动机带来极其严重的后果。因此连杆螺栓一般采用韧性较高的优质合金钢或优质碳素钢锻制或冷镦成形。连杆大头在安装时必须紧固可靠。连杆螺栓必须按原厂规定的力矩，分 2 ~ 3 次均匀地拧紧。为了可靠起见，连杆大头还必须采用锁止装置，如防松胶、开口销、双螺母、自锁螺母及其螺纹表面镀铜等，以防工作时松动。

（3）连杆轴承。连杆轴承也称连杆轴瓦（俗称小瓦），装在连杆大头内，用以保护连杆轴颈和连杆大头孔。其在工作时承受着较大的交变载荷、高速摩擦、低速大负荷时润滑困难等苛刻条件。为此，要求轴承具有足够的强度、良好的减磨性和耐腐蚀性。

现代发动机所用的连杆轴承是由钢背和减磨层组成的分开式薄壁轴承，如图 7—13 所示。

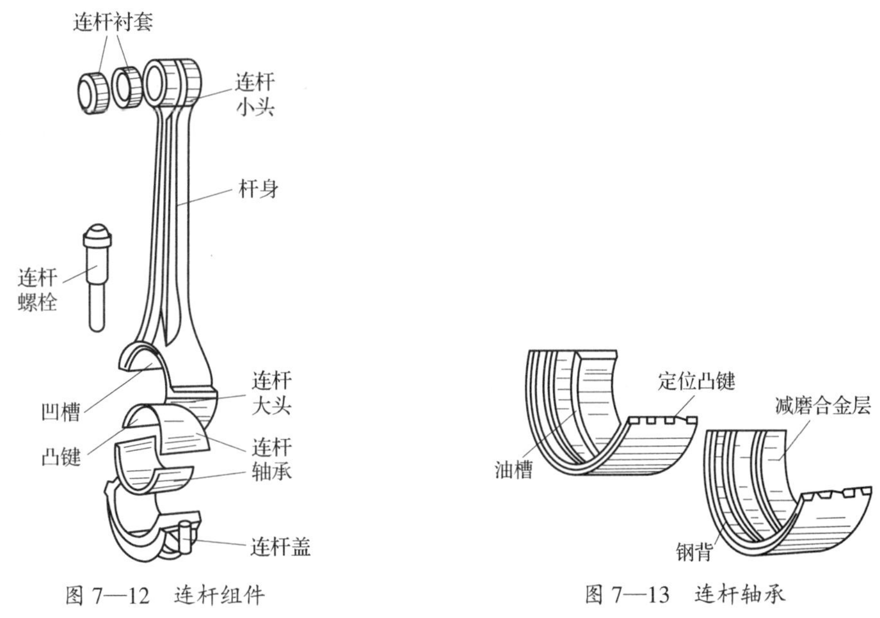

图 7—12 连杆组件　　图 7—13 连杆轴承

钢背由厚 1 ~ 3 mm 的低碳钢带制成，是轴承的基体。在钢背的内圆面上浇铸 0.3 ~ 0.7 mm 厚的减磨合金层。目前常用的轴承减磨合金主要有白合金、铜铅合金和高锡铝合金。

三、曲轴飞轮组

1. 曲轴

曲轴是把活塞连杆组传来的气体压力转变为转矩并对外输出，另外，曲轴还用来驱动发动机的配气机构和其他各种辅助装置。曲轴在工作时需要很好的平衡。

（1）曲轴的结构与平衡。曲轴的基本组成包括前端轴、主轴颈、连杆轴颈、曲柄、平衡重和后端凸缘等，如图 7—14 所示。

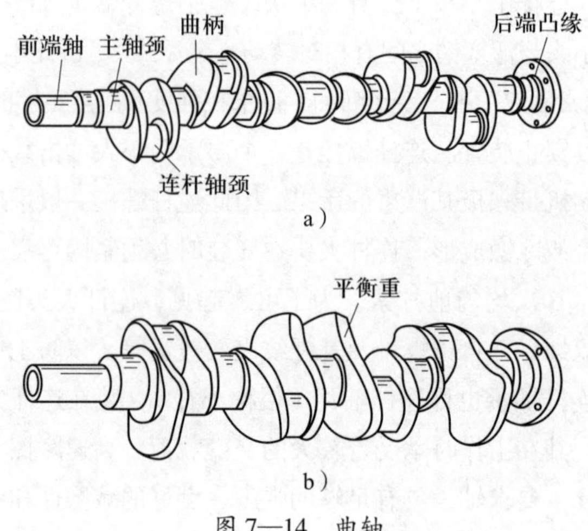

图 7—14 曲轴

曲轴上钻有贯穿主轴承、曲柄和连杆轴承的油道，以使主轴承内的润滑油经此贯穿油道流至连杆轴承。

为了平衡连杆大头、连杆轴颈和曲柄等产生的离心力及其力矩，有时还为了平衡部分往复惯性力，使发动机运转平稳，须对曲轴进行平衡。从图 7—15a 中可以看出，对于四缸以上的直列多缸发动机，为防止曲轴局部弯曲，一般都在曲柄的相反方向设置平衡重，如图 7—15b 所示。

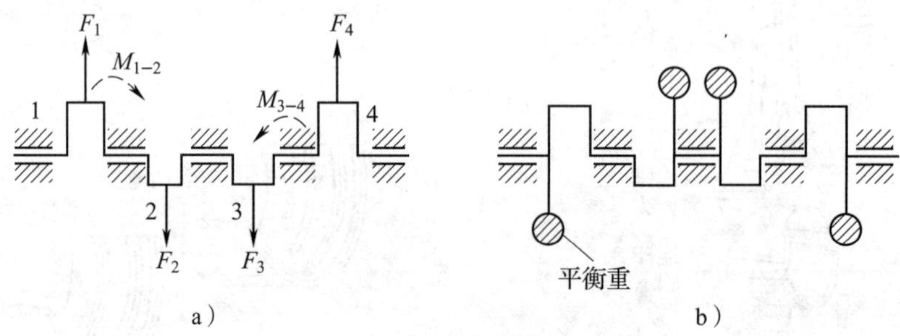

图 7—15 曲轴平衡重的作用

a）曲轴承受内弯矩 b）四块平衡重

1、2、3、4—曲拐

（2）曲轴前后端的密封和轴向定位。曲轴前端装有驱动配气凸轮轴的正时齿轮、驱动风扇和水泵的带轮及止推片等，如图 7—16 所示。

为了防止机油沿曲轴轴颈外漏，在曲轴前端装有甩油盘。曲轴后端有安装飞轮用的凸缘。为了防止机油向后漏出，常采用甩油盘、油封（自紧油封或填料油封）和回油螺纹等封油装置。曲轴必须用止推片以限制其轴向窜动。

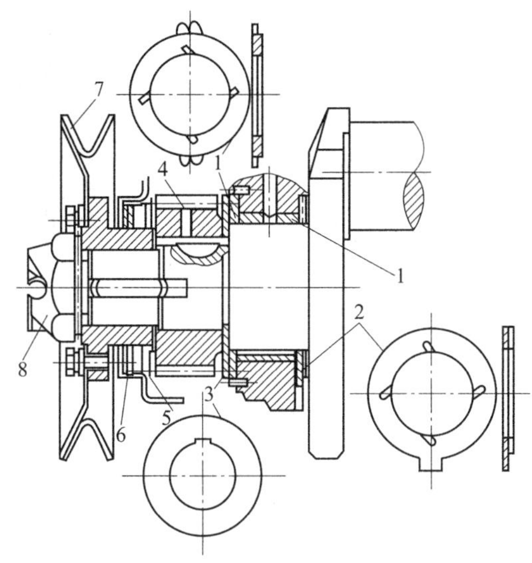

图 7—16　曲轴前端的结构

1、2—滑动止推轴承　3—止推片　4—正时齿轮　5—甩油盘

6—油封　7—带轮　8—起动爪

2. 飞轮

飞轮的主要功用是通过储存和释放能量来提高发动机运转的均匀性及改善发动机克服短暂的超负荷能力，与此同时，又将发动机的动力传给离合器。

飞轮是一个转动惯量很大的圆盘。为了保证在有足够转动惯量的前提下，尽可能减小飞轮的质量，应使飞轮的大部分质量都集中在轮缘上，应使轮缘通常做得宽而厚，如图 7—17 所示。

图 7—17　飞轮

飞轮与曲轴装配后应进行动平衡，否则在旋转时因质量不平衡而产生的离心力，将引起发动机的振动并加速主轴承的磨损。飞轮与曲轴之间应有严格的相对位置，用定位销或不对称布置的螺栓予以保证。

四、发动机的支承

发动机一般通过气缸体和飞轮壳或变速器壳体上的支承支承在车架上，其支承方式通常按支承点的数目分为三点支承和四点支承两类，如图 7—18 所示。三点支承可布置成前一后二或前二后一两种形式，四点支承前后各两个支撑点。

发动机支承除了起支承作用外，还要求具有隔振功能。因此，发动机在车架上用弹性支承。为了防止车辆在制动、加速以及踩离合器踏板的过程中，弹性支承元件变形引起发动机纵向移位，一般加装纵向拉杆，拉杆的一端与车架相连，另一端与发动机气缸体相连，连接处都装有橡胶垫块。

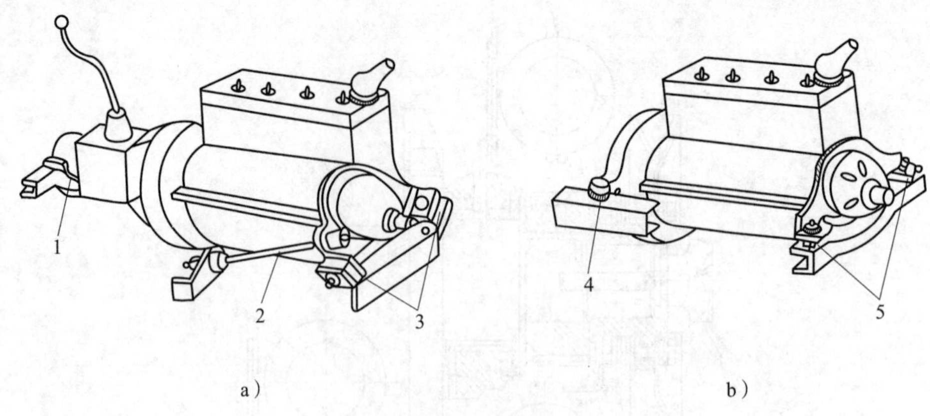

图 7—18　发动机的支承

a）三点支承　b）四点支承

1、4—后支承　2—拉杆　3、5—前支承

第二节　配气机构

一、配气机构主要零部件的结构特点

配气机构主要由气门驱动组和气门组两大部分组成。

1. 气门驱动组

气门驱动组是从正时齿轮开始至推动气门动作的所有零件，主要由正时齿轮、凸轮轴、气门挺柱、推杆、调整螺钉和锁紧螺母、摇臂、摇臂轴、摇臂轴支架等组成。其功用是定时驱动气门使其开闭。

2. 气门组

气门组主要由气门弹簧、气门、气门导管、气门座、气门弹簧座、气门锁片等组成，其功用主要是维持气门的关闭。

（1）气门。气门分为进气门和排气门，其作用是密封进、排气道。气门由头部、杆身、尾部组成，如图 7—19 所示。

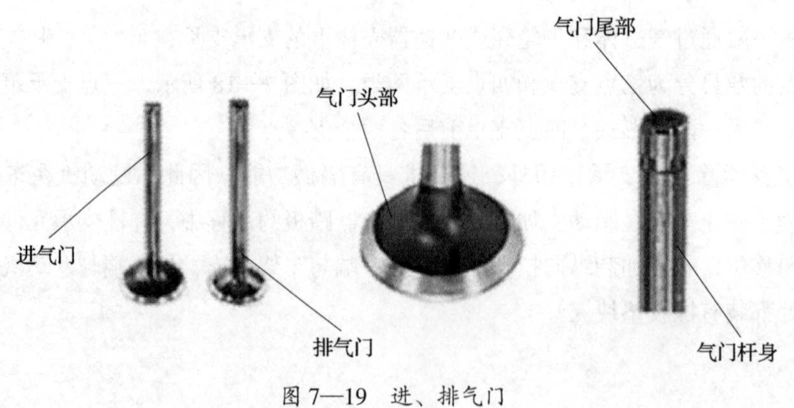

图 7—19　进、排气门

气门头部是具有圆锥斜面的圆盘。气门头边缘应保持一定厚度，一般为 1 ~ 3 mm。气门锥面与气门顶平面的夹角称为气门锥角，常用的气门锥角为 30° 和 45°。气门杆身与头部制成一体，装在气门导管内起导向作用。气门尾部制有凹槽（锥形槽或环形槽），用来安装锁紧件。

（2）气门导管。气门导管具有导向和导热作用，如图 7—20 所示。

（3）气门座。气门座是指进、排气道口与气门密封锥面直接贴合部位，其作用是密封、散热，如图 7—21 所示。气门座有镶嵌式和缸盖加工式两种。

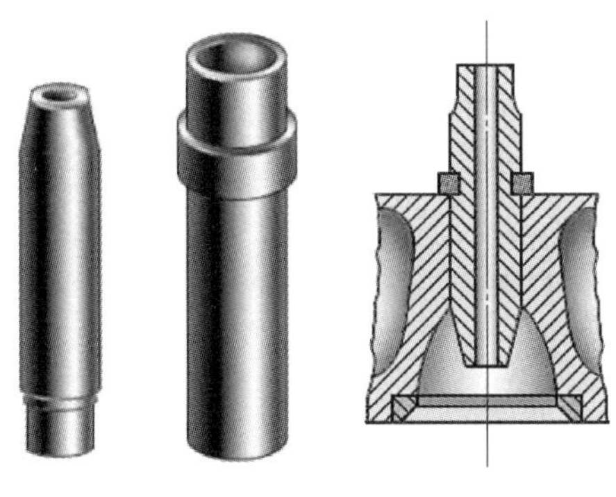

图 7—20　气门导管

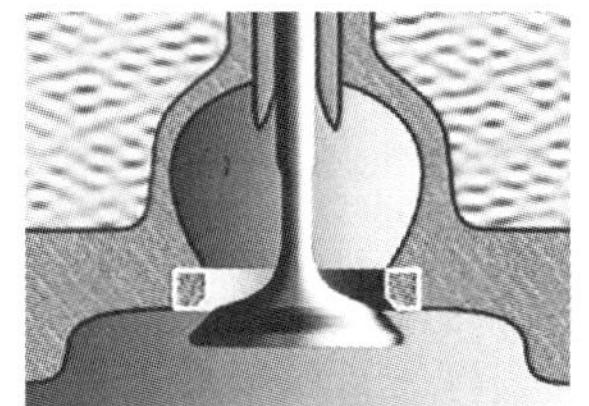

图 7—21　气门座

（4）气门弹簧。其功用是：关闭气门，使气门压紧在气门座上，防止发动机振动时产生跳动；吸收或减缓气门开闭时气门杆和挺杆等机件所产生的惯性。气门弹簧的形式有等距螺旋弹簧、变螺距圆柱弹簧、内外弹簧，如图 7—22 所示。

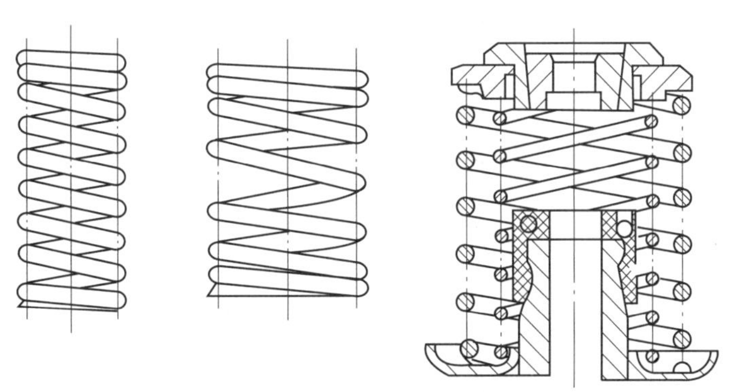

图 7—22　气门弹簧

（5）气门锁片或锁销。其作用是在气门弹簧力的作用下把弹簧座和气门杆锁住，使弹簧力作用到气门杆上，如图 7—23 所示。

二、配气机构的工作原理和配气相位

1. 配气机构的工作原理

如图 7—24 所示，凸轮轴转动时，当凸轮的圆柱面（基圆）部分与挺柱接触时，挺柱不升高，挺柱以上的传动件不动作，气门是关闭的；当凸轮的凸起部分与挺柱接触时，便

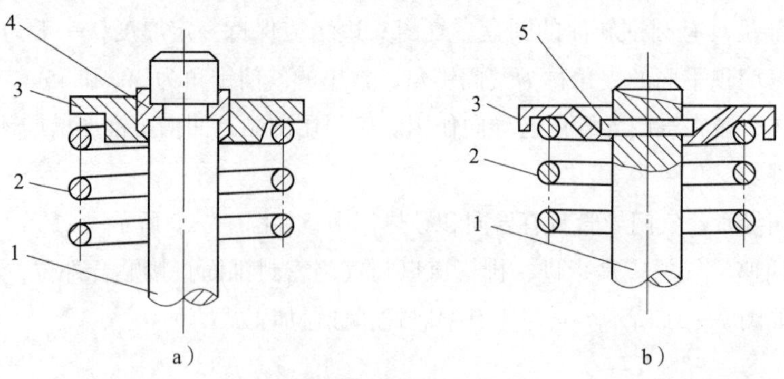

图 7—23　锁片结构

1—气门杆　2—气门弹簧　3—气门弹簧座　4—气门锁片　5—气门锁销

a）气门锁片固定　b）气门锁销固定

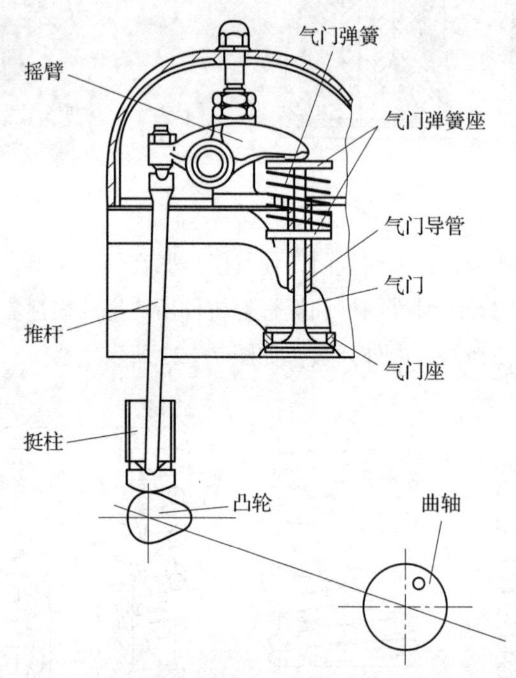

图 7—24　配气机构的工作原理

开始将挺柱顶起，气门被打开；当凸轮的最大凸起处与挺柱接触时，气门达到最大开度。随后，凸轮与挺柱接触表面的凸起开始逐渐变小，气门在气门弹簧的作用下开始上升关闭，并反向推动摇臂等传动杆件，使挺柱下移保持与凸轮接触。当凸轮凸起部分离开挺柱时，气门完全关闭。

2. 配气相位

用曲轴转角表示的进、排气门的开启时刻和开启延续时间，称为配气相位。通常用环形图——配气相位图表示，如图 7—25 所示。

（1）进气门配气相位

1）进气提前角 α。在排气行程接近终了，活塞到达上止点之前，进气门开始开启。

从进气门开始开启到上止点所对应的曲轴转角为进气提前角。其益处是，增大进气行程开始时气门的开启高度，减小进气阻力，增加进气量。

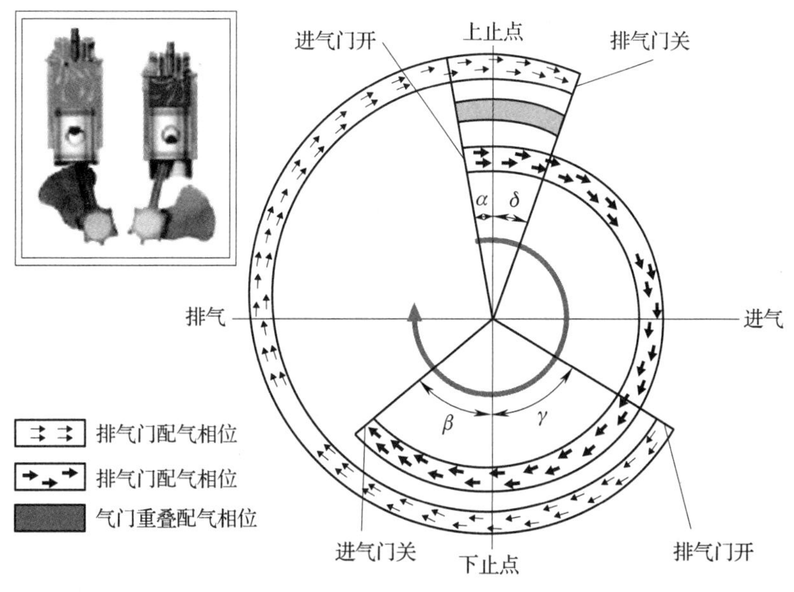

图 7—25 配气相位图

2）进气滞后角 β。从下止点到进气门关闭所对应的曲轴转角为进气滞后角。其益处是，延长了进气时间，在大气压和气体惯性力的作用下，增加进气量。

3）进气门开启持续时间内曲轴转角为 $\alpha+180°+\beta$。

（2）排气门配气相位

1）排气提前角 γ。做功行程后期，活塞到达下止点前，排气门开始开启。从排气门开始开启到下止点所对应的曲轴转角为排气提前角。其益处是，借助气缸内的高压自行排气，大大减小了排气阻力，使排气干净。

2）排气滞后角 δ。活塞过上止点，排气门才关闭。从上止点到排气门关闭所对应的曲轴转角为排气滞后角。其益处是，延长了排气时间，在废气压力和废气惯性力的作用下，使排气干净。

3）排气门开启持续时间内曲轴转角为 $\gamma+180°+\delta$。

（3）气门叠开。进气门在上止点前开启，排气门在上止点后关闭，出现了在一段时间内进、排气门同时开启的现象，称为气门叠开。重叠的曲轴转角为 $\alpha+\delta$，称气门叠开角。

第三节 柴油机的磨合及走合期

一、柴油机的磨合运行

发动机在修理和装配过程中，各配合零件之间必然存在着或多或少的宏观和微观缺陷。柴油机磨合运行的目的，就是以最少的磨损量和最短的磨合时间，自然建立起适合于工作条件要求的配合表面，防止破坏性磨损。

新机或大修后的柴油机磨合程序应有一个正确的组合：冷磨合、无载热磨合、有载热磨合。冷磨合时转速要控制在适当转速，热磨合应按原厂规定完成。磨合后发动机润滑系应做彻底清洗，重新加注润滑油。

二、柴油机的走合期

走合期是指在机械运行初期改善零件摩擦表面的几何形状和表面层物理力学性能的过程，新车（包括大修竣工的机车）最初的使用阶段为走合期。

新车或大修修竣机车，尽管经过了生产磨合，但零件加工表面仍存在微观和宏观几何形状误差（粗糙度、圆度、圆柱度、直线度等），此外，总成及部件装配也有一定的允许误差。在这种情况下，机械若以全负荷运行，零件摩擦表面的单位压力会很大，将导致润滑油膜被破坏和局部温度升高，使零件迅速磨损和破坏。走合期实际上是为了使机械向正常使用阶段过渡而在使用中对相互配合的摩擦表面进行磨合加工的工艺过程。

港口装卸机械走合期里程一般规定为 1 500 km，相当于 40 ~ 50 工作小时。走合期内应减载限速运行，发动机不要高转速运行（降低额定转速 20% ~ 30%），载荷不能超过额定载荷的 75% ~ 80%。油品选用厂家规定的标号，且一定要清洁。行驶 500 km 更换一次机油，并且要经常检查机油、冷却液、蓄电池、电解液是否充足。走合期满后应进行一次走合维护，结合一级维护进行全面的检查、紧固、调整和润滑作业，其作业项目和深度参照制造厂的要求进行。

第四节　柴油机各系统的损害机理分析

实施正常的保养可以减少修理费用，缩短停机时间，创造更多的利润。为节约费用而使用劣质机油、劣质柴油、非纯正滤芯或不按规定进行保养，反而会造成巨额损失。

一、供油系统损害机理分析

1. 柴油系统的污染机理与影响

柴油系统的循环是：柴油箱—粗滤器—油水分离器—输油泵—滤清器—喷油泵—喷油器。柴油系统管理不良，不按时放水、使用劣质柴油和滤芯，容易导致喷油泵柱塞与套的磨损加大，喷射压力下降，内部生锈、滤芯堵塞、出油阀磨损、喷油器针阀磨损等，结果使燃油喷射量不足、燃烧效率下降、发动机功率不足。

2. 柴油系统故障根源分析

（1）水的危害性。柴油中的水分，会加速喷油泵柱塞、柱塞套、喷嘴针阀的磨损，造成喷射压力下降，雾化不良，冒黑烟，发动机功率下降。

（2）砂和灰尘的危害性。柴油中的砂和灰尘，会使零件加速磨损，喷射压力下降，冒黑烟，发动机功率下降，特别是喷油泵寿命会缩短。

（3）硫的危害性。柴油中硫的含量过高，会使相关零部件（如气门等）严重腐蚀。

（4）重油的危害。混入柴油的重油被喷入气缸后，不能迅速完全燃烧，会形成较大的炭粒，造成喷嘴堵塞。

（5）石蜡的危害性。由于柴油中含有石蜡，当温度下降时会凝固，使输油管和滤芯堵塞，造成发动机起动困难或无法起动。因此要根据温度选用柴油。

（6）喷射油量过多的危害性。如果燃油喷射超过规定量，会造成气缸异常高压，发动机内部温度过高，发动机负荷过大，从而造成内部关键零件损坏。

3. 普遍存在的柴油问题

柴油问题会导致柴油机动力不足、噪声、燃油消耗大、过多磨损、低温工作性能差、过滤器寿命低等现象。

（1）柴油质量差。加注的柴油品质不高，能量成分低；油内含水和杂质过高，十六烷值太低等。

（2）现场管理不严。油品存放不规范，储罐不净或暴露于空气中；油品加注不规范，加注器皿不洁等。

4. 柴油系统保养要点

（1）柴油一定要从正规公司购买，并将柴油沉淀后再使用。

（2）根据环境温度选择合适的柴油。

（3）一定要使用纯正滤芯，并按规定时间更换。

（4）正确使用添加剂。

（5）严格做好日常保养工作。

二、进气系统损害机理分析

1. 空气系统故障造成的危害

空气系统的循环是：预滤芯—空气滤芯—涡轮增压器—后冷却器—气缸—涡轮增压器—消音器。空气系统管理不良，容易导致涡轮增压器损坏，气门与气门座损坏，气门导管磨损，活塞环、活塞、气缸套磨损等，结果使进气不足、气缸密封性下降、冒黑烟，发动机动力下降。

2. 空气系统管理要点

空气滤芯一定要使用正品，按规定更换内外滤芯；重视日常检查，及时清扫预滤芯和空气滤芯。

三、润滑系统损害机理分析

1. 机油系统的污染机理与影响

机油系统的基本循环回路如图 7—26 所示，机油系统管理不良，机油变质，润滑能力下降，杂质进入油路等，容易导致发动机内部机件（如曲轴、涡轮增压器、凸轮轴、齿轮、活塞环、缸套、活塞、挺杆等）加速磨损。

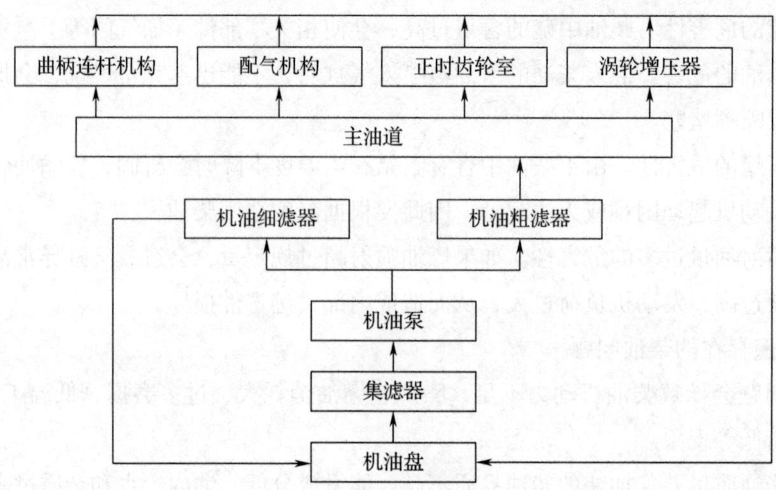

图 7—26 机油系统基本循环回路

2. 机油劣化造成的危害

机油中混有水或混入灰尘、杂质等长期使用会造成机油黏度下降、机油喷嘴堵塞、油压下降，使涡轮增压器轴承过度磨损，轴承间隙变大，叶轮损坏造成拉缸，滑动轴承由于缺乏润滑而咬合、破裂等。

3. 机油系统的管理要点

（1）一定要正确选用机油。

（2）严格按规定时间更换机油和滤芯。

（3）严格使用正品滤芯。

（4）起动前认真检查机油。

四、冷却系统损害机理分析

1. 冷却系统的污染机理

冷却液的循环是：散热器—水泵—缸体—缸盖—节温器。冷却系统管理不良，容易产生水道生锈、水垢、腐蚀、水泵损坏、散热器堵塞等现象，结果使发动机过热，导致气缸套、活塞等严重烧坏。

2. 冷却系统管理要点

（1）严格用水。要使用软水。

（2）选用配比合适的防冻液。要根据环境温度配制防冻液。

（3）定期更换防腐滤芯与防冻液。注意彻底清洗内部水道，更换配比合适的防冻液。

（4）注意日常检查并正确使用发动机。起动前检查水位，起动后要热机，使用中注意报警项目，停机前怠速降温等。

第八章　内燃装卸机械底盘基础

第一节　液力变矩器

一、液力传动的工作原理及特点

液力传动装置是以液体为工作介质的一种能量转换装置，是基于水力学中的欧拉方程（即动压原理），靠液体的动能与机械能之间的转换来实现能量的传递。主要工作构件是各种形式的叶轮等。

1. 液力传动的工作原理

如图 8—1 所示，原动机（如内燃机、电动机等）带动离心泵工作轮（泵轮）旋转，使工作液体的速度和压力增加，这一过程实现了机械能向液体动能的转化；然后具有动能的工作液体再冲击涡轮机工作轮（涡轮），此时液体释放能量给涡轮，使涡轮转动，将动力输出，实现能量传递。因为离心泵和涡轮机的效率低，再加上管路损失，系统总效率一般低于 70%。将离心泵工作轮（泵轮）和涡轮机工作轮（涡轮）靠近，去掉连接管路，从而形成液力变矩器。

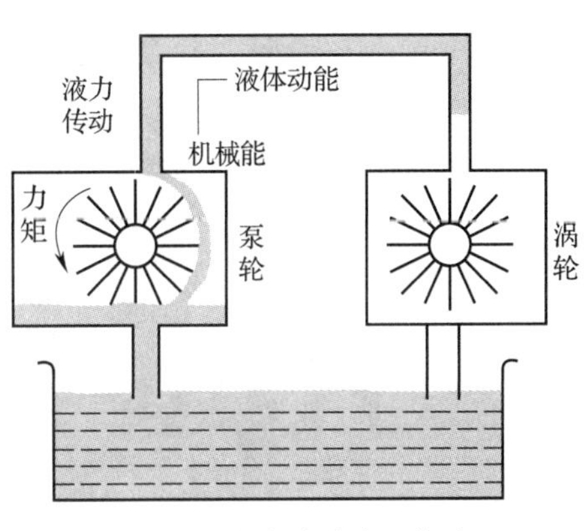

图 8—1　液力传动的工作原理

2. 液力传动的特点

（1）良好的自动适应能力。液力变矩器的输出力矩能够随着外负载的增大或减小而自动地增大或减小，转速能自动地相应降低或增高，在较大范围内能实现无级调速，这就是它的自动适应性。自动适应性可使车辆变速器的挡位数减少，简化操作，防止内燃机熄火，改善车辆的通用性能。

（2）防振、隔振性能。因为各叶轮间的工作介质是液体，它们之间的连接是非刚性的，所以可吸收来自发动机和外界负载的冲击和振动，使机器起动平稳，加速均匀，延长零件使用寿命。

（3）提高了车辆的通过性能和舒适性。液力传动可使车辆以任意小的速度行驶，车辆与地面的附着力增大，不易打滑，起落平稳，并在较大范围内实现无级变速，提高舒适性。

（4）效率低，经济性差，机构复杂，造价高。

二、液力变矩器的结构及工作原理

液力变矩器安装在发动机与变速器之间，发动机的动力通过与飞轮相连的液力变矩器泵轮转变为液体的流动，流体的动能推动涡轮旋转，而涡轮与变速器输入轴相连，从而将动力传递到变速器的各离合器，如图 8—2 所示。

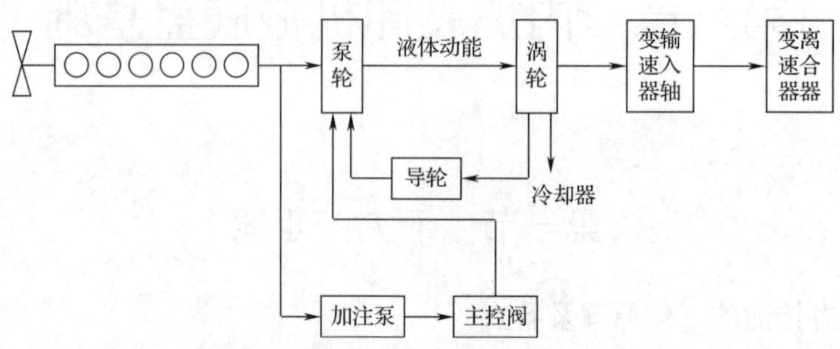

图 8—2　液力变矩器的传动原理

1. 液力变矩器的结构

液力变矩器实物模型与剖视图如图 8—3 所示。

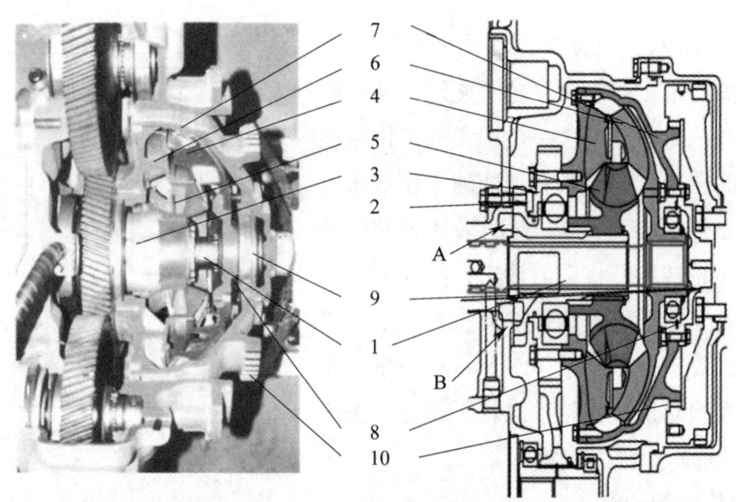

图 8—3　实物模型与剖视图

A—来自主溢阀　B—去冷却器

1—轴　2—齿轮　3—轴承　4—泵轮　5—导轮　6—涡轮

7—驱动壳　8—轴承　9—端盖　10—齿轮

港口内燃装载机的液力变矩器一般采用单级三元件变矩器。

单级是指液力变矩器涡轮的数目为一个；如果涡轮的数目为两个，那么就是双级。单相是指导轮固定在壳体上不动，如果导轮能单向旋转则为双相。

三元件是指泵轮 4、涡轮 6、导轮 5 各一个。泵轮 4 与发动机飞轮通过驱动壳 7 与齿轮 10 刚性地连接在一起，涡轮 6 与变速器输入轴 1 通过花键轴刚性地连接在一起。导轮 5 用螺栓固定在壳体上，而泵轮与涡轮、发动机与变速器之间通过油作为介质而相互柔性地连接在一起。

2. 液力变矩器的功能

（1）可以利用流体的动能，平稳而没有冲击地传递动力。

（2）机器受到很大振动与冲击时，冲击不会附加到传动系的齿轮和轴上，离合器也不易损坏。

（3）可以随着负载大小的变化而自动改变它的输出转矩。

3. 液力变矩器总成各部件的名称和相互关系

典型的液力变矩器通常由三个或三个以上的带有叶片的工作轮构成，即泵轮、涡轮和导轮。其中泵轮与输入轴（发动机曲轴）一同旋转，是主动轮；涡轮与输出轴（变速器输入轴）相连，是可旋转的从动轮；导轮则与固定在壳体上的导轮固定套管固接而不动。三个工作轮共同形成环形内腔，其间装有工作液。

4. 液力变矩器的工作原理

发动机驱动泵轮以转速 n 旋转，充满于泵轮叶片间的工作油液在离心力的作用下，以很高的速度和压力从泵轮的外缘流出并进入涡轮，在高速液流冲击力作用下涡轮旋转，这时涡轮受到一个冲击力矩。进入涡轮的液流与涡轮一起做旋转运动（牵连运动），同时又沿着涡轮叶片通道高速流动（相对运动），进入下一个工作轮——导轮。由于导轮固定，油液对导轮产生一个力，根据作用力和反作用力大小相等、方向相反原理，当高速工作的油液冲向涡轮时，则增加涡轮上的转矩；如果导轮的反冲力与泵轮给涡轮的作用力方向相反，则减小涡轮上的转矩。由于涡轮得到的转矩是上面两种力矩之和，因此，输出轴（涡轮）上得到的转矩不一定等于发动机的输出转矩。在液力变矩器设计中保证了以下三种情况：

当涡轮转速低时，导轮的反冲力增大涡轮上的转矩，使输出转矩变大（液力变矩器的转矩增大工况）；当涡轮转速升高到某一数值时，导轮的反冲力等于零，不增大涡轮上的转矩，使输出转矩与输入转矩相等（液力变矩器的耦合工况）；当涡轮转速再升高时，导轮的反冲力减小涡轮上的转矩，使输出转矩变小（液力变矩器的转矩减小工况）。因此，在传递转矩的特性方面，液力变矩器不仅能传递转矩，还能在泵轮转矩不变的情况下，随着涡轮的转速不同（反映在车辆行驶速度不同）而改变涡轮输出的转矩。在输入功率不变的情况下，当外载荷变大时，液力变矩器能够自动降低输出速度，增大输出转矩；当外载荷变小时，液力变矩器能够自动升高输出速度，减小输出转矩，自动适应外载荷的变化。

目前，液力变矩器的导轮与导轮固定套筒之间安装有单向离合器，使变矩器在转矩增大工况和耦合工况下，导轮与导轮固定套筒之间保持固定，即导轮不转；而在转矩减小工况下，导轮与导轮固定套筒之间可以自由转动，即导轮不固定，导轮的反冲力不存在，变矩器变成耦合器，使转矩减小工况不再存在。这样做的目的是提高液力变矩器的传动效率，因为在转矩减小工况下，液力变矩器的传动效率太低。

5. 液力变矩器的油流控制

如图 8—4 所示，从主溢流阀来的油，经变速器壳体中的油道进入入口 A，流至泵轮，然后把油的能量传至涡轮。涡轮固定在变速器输入轴上。来自涡轮的油传送到导轮，并再次回到泵轮上，但是，有一部分油从变速器输入轴与机体的间隙通过出口 B 传送到冷却器。

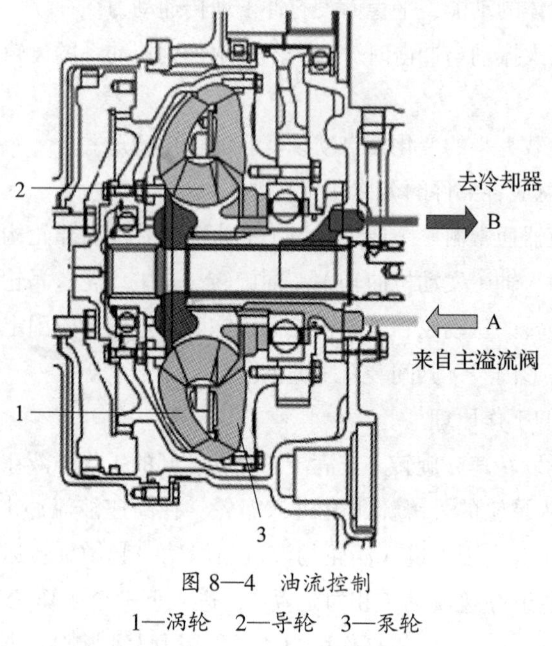

图 8—4　油流控制

1—涡轮　2—导轮　3—泵轮

三、液力变矩器的维护与保养

液力变矩器最常见的故障有两个，一是功率不足，二是温度过高。液力变矩器的故障有 70% 以上是由油液引起的，因此，在日常维护与保养中主要以油液为主线贯穿其中。油是液力变矩器的工作液和润滑剂，必须保持清洁，供油系统和油箱不应有沉淀渣、油泥、水分或其他有害物质。液力变矩器长时间工作在高油温下，会使橡胶密封件老化，发生内漏，损坏轴承，缩短使用寿命。此外，工作油液必须采用黏度适合的变矩器油。若油的黏度太高，将使泵轮甩向涡轮的油液速度降低，造成油温升高，而且会增大液力变矩器工作轮搅油损失，使油温升高。应经常检查油位，若油中有污物或经常超温作业使油变质时，应及时更换。

在日常使用过程中，可通过感觉液力变矩器有无异响，车辆行走是否有劲来判断液力变矩器工作是否正常，也可通过一些测试检测液力变矩器的性能。

第二节　轮边减速器

一、轮边减速器的组成

轮边减速器有圆柱齿轮式和行星齿轮式两种。圆柱齿轮式外形尺寸较大，布置困难，应用不多。行星齿轮式轮边减速器能以紧凑的结构取得较大的传动比，可以布置在轮毂内部而不增大车辆的外形尺寸，所以应用广泛。

1. 基本行星排

基本行星排即单排行星齿轮机构，如图 8—5 所示。三个行星齿轮装在行星架上，可绕其本身的中心轴自转，又可随行星架绕太阳轮的中心轴公转。齿圈套在行星齿轮的外面，行星齿轮又靠在太阳轮的外面。太阳轮、行星架、齿圈三者同轴。

将太阳轮、行星架、齿圈三元件中任意一个制动，其余两个分别为输入或输出元件，就可得到六种不同的传动比。

三元件中任何一个都不受制动，则行星排不起传力作用。此时行星排有两个自由度。

将三元件中的任何两个元件连成一体，则行星排中所有元件（包括行星齿轮）之间都没有相对运动，如同一个整体，各元件以同一转速旋转。

2. 行星齿轮式轮边减速器的结构

如图 8—6 所示为行星齿轮式轮边减速器的结构。轮边减速器是一个行星齿轮机构，齿圈与半轴套管固定在一起，半轴传来的动力经太阳轮、行星齿轮、行星齿轮轴、行星架传给车轮。

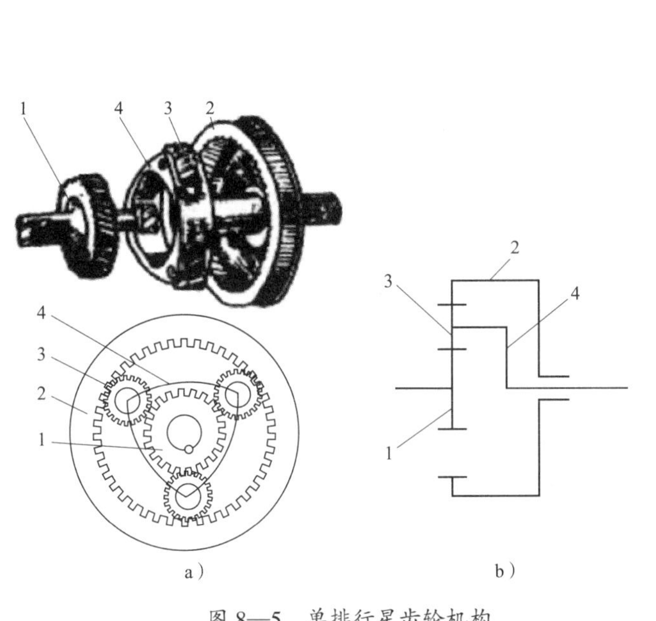

图 8—5 单排行星齿轮机构

a）结构图 b）原理图

1—太阳轮 2—齿圈

3—行星齿轮 4—行星架

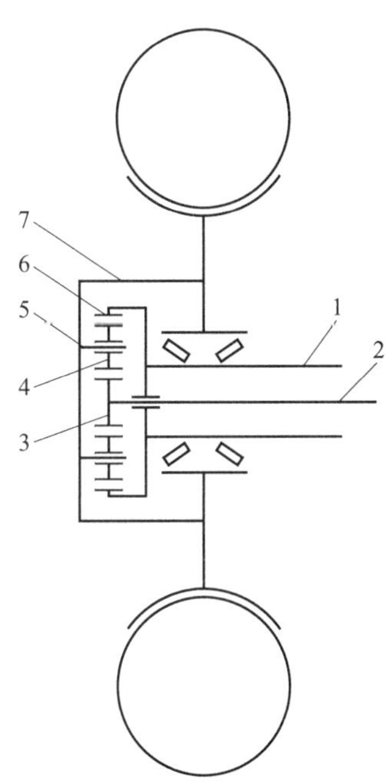

图 8—6 行星齿轮式轮边减速器的结构

1—半轴套管 2—半轴 3—太阳轮

4—行星齿轮 5—行星齿轮轴

6—齿圈 7—行星架

二、轮边减速器的工作原理

CPCD5 型叉车轮边减速器如图 8—7 所示。太阳轮 11 装在半轴 6 的外端，随半轴旋转。三个行星齿轮 14 滑套在其轴 13 上；三根行星齿轮轴 13 分别装在行星架 10 上；行星架用螺钉紧固在驱动轮轮毂上，带动驱动轮旋转。内齿圈 15 通过凸缘与紧固在驱动桥桥壳上的半轴套管 7 用螺纹连接，不能转动。

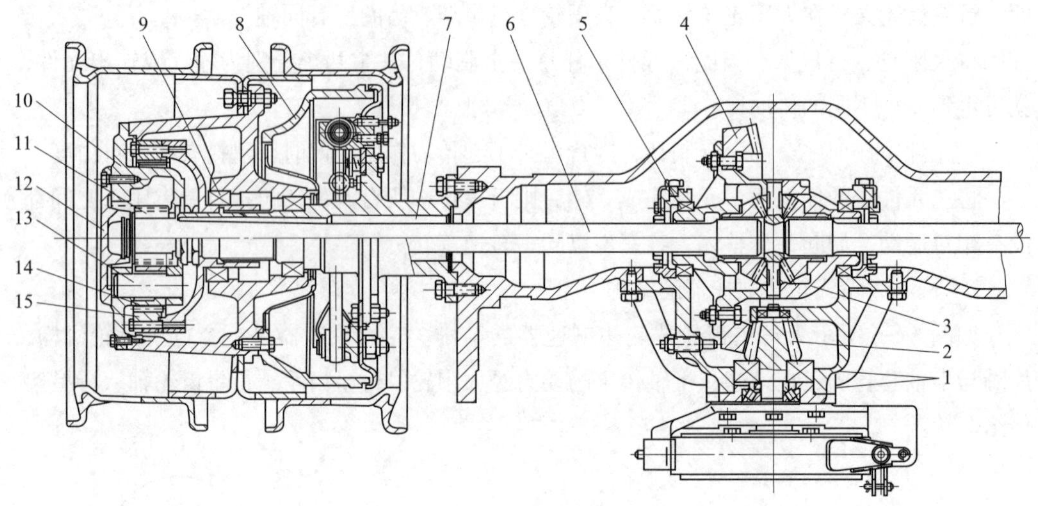

图 8—7　CPCD5 型叉车驱动桥

1、5、9—轴承　2—主动锥齿轮　3—差速器壳　4—从动锥齿轮　6—半轴

7—半轴套管　8—制动毂　10—行星架　11—太阳轮　12—盖

13—行星齿轮轴　14—行星齿轮　15—内齿圈

这种行星齿轮减速器的工作原理即属于齿圈固定、太阳轮输入、行星架输出的传动方案，其传动比为 $i=1+k$。

CPCD5 型叉车轮边减速器的传动比为 3.529，主减速器的传动比为 5.428，故主传动装置的总传动比为 19.155，比普通双级主减速器的传动比大得多。

轮边减速器的润滑系统是独立的，在行星架的端盖上设有加油孔和螺塞，而行星架端面上有放油孔和螺塞。为了便于加油和放油，装配时应将它们调整到车轮中心线的同一侧为固定半轴和太阳轮的轴向位置，在半轴端面中心孔位置处装有止推螺钉，并用可调的止推螺钉顶住。

轮边减速器可使驱动桥中主减速器尺寸减小，从而保证了足够的离地间隙，并可得到较大的主传动比。因半轴在轮边减速器的前面，所承受的转矩大为减小，所以半轴和差速器等零件尺寸可以减小。但是需要两套轮边减速器，结构较为复杂，制造成本也较高。

三、轮边减速器的维护与保养

轮边减速器常见的故障是发热，行星齿轮轴套抱死，导致传动太阳轮和行星齿轮根切、掉齿或轴承损坏等重大机损事故。其主要原因如下：配件质量上存在隐患，新、旧件混装；维修工艺有欠缺；油品使用存在隐患。对于全密封、湿式多盘制动器，不可忽略的原因还有制动系统制动不灵敏或因作业需要而频繁制动，导致润滑油在高温环境下迅速变质，润滑油变质后使轮边行星齿轮架上的铜套与销轴之间不能形成有效的润滑油膜，不能得到润滑，导致铜套与轴承因高温而抱住，最终使齿轮架和齿轮因不能正常啮合而损坏。

第三节　全液压转向系

全液压转向器可以用较小的操纵力实现较大的转向力控制，并且在性能上安全、可靠，操纵上灵活、轻便。转向器的操纵是全液压式的，在转向柱和转向轮之间没有机械连接，在转向器与转向液压缸之间用液压管或软管连接。

全液压转向系统工作原理如图 8—8 所示。

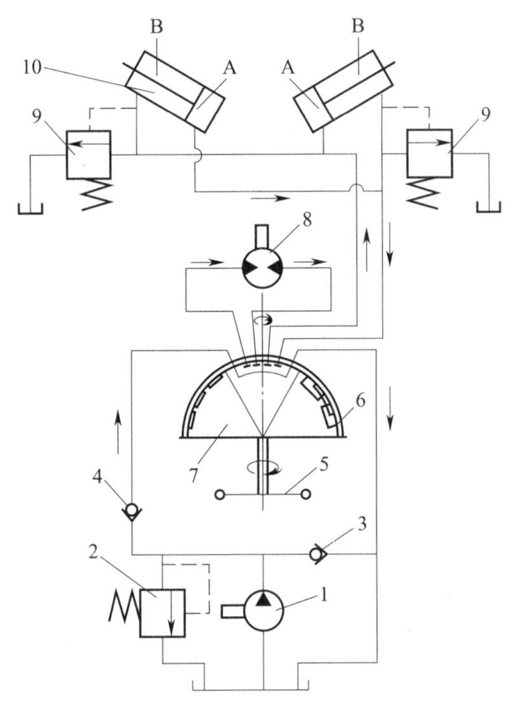

图 8—8　全液压转向系统工作原理

1—液压泵　2—安全阀　3、4—单向阀　5—转向盘　6—转阀阀套　7—转阀阀芯

8—计量马达　9—缓冲阀　10—转向液压缸

整个系统由液压泵 1、转向液压缸 10、转向器（包括转阀阀套 6、转阀阀芯 7 和计量马达 8）、安全阀 2、缓冲阀 9、单向阀 3 和 4 等组成。转向器的转阀阀芯 7 与转向盘 5 下方的转向杆相连，随转向盘的转动而转动，并且受定位弹簧的限制，使其在中位时只能相对于转阀阀套左右转动 8° 左右。

当转向器转阀阀芯处于图 8—8 所示的中间位置时，从液压泵 1 来的油液经单向阀 4 后，通过转阀返回油箱，液压泵卸荷。转向液压缸 10 和计量马达 8 的两腔都处于封闭状态，这时车辆沿直线或以一定的转弯半径行驶。

当车辆需要向右转弯时，转向盘向右转，带动转阀阀芯相对于转阀阀套偏转一定角度而处于左边工作位置，从液压泵来的压力油打开单向阀 4，通过转阀进入计量马达的左腔。马达转子在压力油的作用下旋转，并使压出的油液从马达的右腔排出，经转阀进入两转向液压缸的 B 腔，两缸 A 腔的回油也经转阀返回油箱。由于计量马达的转子与转阀阀套是连在一起的，因此，当转子转动后便带动转阀阀套同步旋转，且其旋转方向与转向盘的转向一致，从而消除了转阀芯相对于转阀阀套的转角，使转阀阀芯又处于中位。在整个转向过程中，只要司机连续地转动转向盘，马达的转子及转阀阀套就会连续地随之转动，马达排出的油液也会连续不断地进入转向液压缸，直到转向轮的偏转角达到理想要求为止。司机停止转动转向盘，转阀芯处于新的平衡位置时，随动才停止。所以，这种全液压转向器是一种靠转阀式的伺服阀来控制计量马达的装置。

同理，当车辆左转时，转阀芯处于右边工作位置，油液按图 8—8 所示箭头的相反方向流动。

第四节　制动系

一、行车制动器和驻车制动器

1. 行车制动器

（1）行车制动器的结构。以小松 WA380—Ⅲ型装载机为例，行车制动器为全密封、湿式多盘制动器，位于驱动桥内，制动力强，免维护，其结构如图 8—9 所示。

从动摩擦片 3 和外压板 5 与制动器壳花键连接在一起，主动摩擦片 4 的两侧没有里衬，在从动摩擦片 3 和外压板 5 之间与太阳轮花键连接。

（2）行车制动器的工作原理。实施制动时，踩下制动器踏板，储存在蓄能器中的制动压力油经过制动阀后作用在制动液压缸中的活塞 2 上，使活塞 2 向右运动，从动摩擦片 3 和主动摩擦片 4 被紧紧地压在一起，于是机器受到制动；释放制动器时，松开制动踏板，制动活塞背部的压力油通过制动阀被释放到油箱，活塞 2 在弹簧 8 的作用下返回其原来的位置，从动摩擦片 3 和主动摩擦片 4 分离，制动得到释放。

2. 驻车制动器

（1）驻车制动器的功用及结构。驻车制动器又称手制动器，其功用是使停驶的车辆驻留原地不动，便于在坡道上起步，配合行车制动装置进行紧急制动或在行车制动装置失效后用于应急制动。在车辆行驶时使用驻车制动器将导致制动蹄片磨损，甚至驻车制动器无制动作用。

多数机械的驻车制动器安装在变速器或分动器之后，也有少数装在主减速器主动轴的前端，还有的用后制动器兼作驻车制动器，但其传动机构是独立的。

驻车制动器制动机构有盘式、鼓式、带式和弹簧作用式等形式。

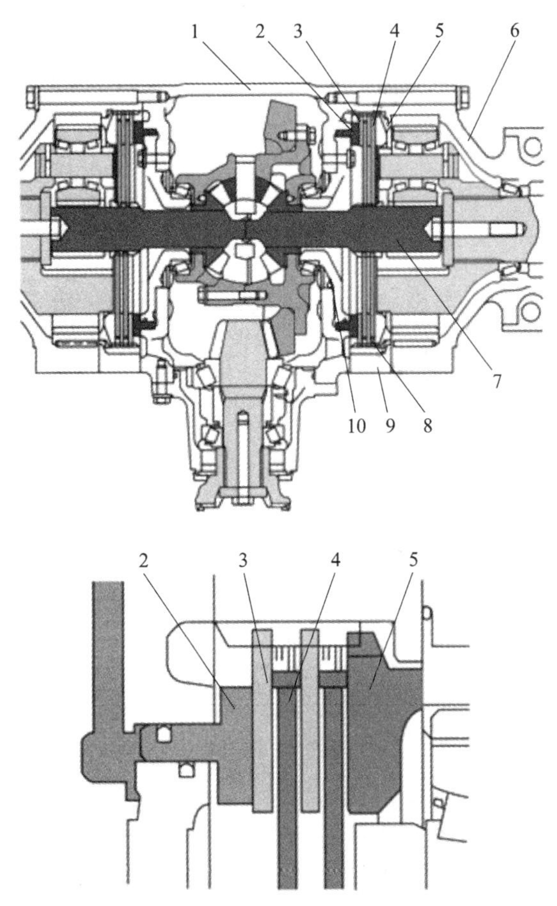

图 8—9　制动器的结构

1—差速器壳体　2—活塞　3—从动摩擦片　4—主动摩擦片　5—外压板

6—桥壳　7—太阳轮轴　8—弹簧　9—制动器壳　10—轴承架

以小松 WA380—Ⅲ型装载机为例，驻车制动器是装在变速器内的一种湿式多盘制动器（见图 8—10），它安装在输出轴轴承上，使用弹簧的推力机械地施加制动，并利用液压动力释放制动器。

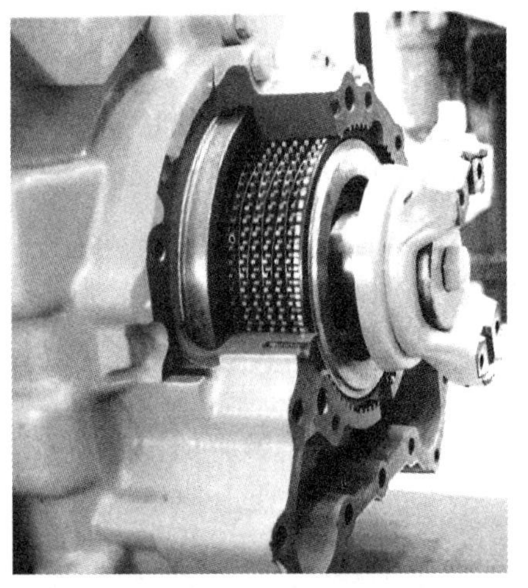

图 8—10　湿式多盘制动器

（2）驻车制动器的工作原理。如图 8—11 所示，施加驻车制动时，驻车制动器开关打到“ON”或发动机处于熄火状态，电磁阀 1 断开，并打开排放回路 c。于是，来自液压泵的先导回路中的油 a 便流至排放回路 c。主回路中的油 b 被滑阀 2 截断，制动液压缸中的油便流至排放回路。因此，由驻车制动液压缸弹簧 4 的力施加驻车制动，变速器输出轴 5 被牢牢地制动住。释放驻车制动时，驻车制动器开关打到“OFF”，电磁阀 1 接通，并关闭排放回路 c。当端口 a 处的油压升高时，推压弹簧 3 使滑阀以箭头方向向右移动，这样就切断了制动液压缸的排放回路，使来自主回路的油从端口 b 流至端口 e，最后至制动液压缸，并释放驻车制动。

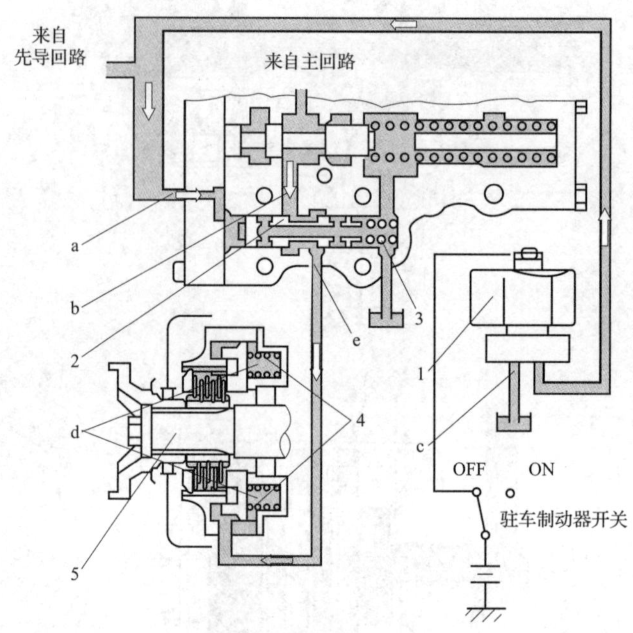

图 8—11　湿式多盘制动器的工作原理

1—电磁阀　2—滑阀　3、4—弹簧　5—变速器输出轴

a—先导油路端口　b—主回路进油端口　c—排放回路　d—停车制动缸　e—主回路出油端口

3. 驻车制动器手动释放的方法

驻车制动是由液压控制的，因此，如果变速器电气或液压出现故障，则不能将驻车制动器释放，这时可用手动方法来释放，以便把机械开走。

驻车制动器的手动释放方法只是为了从危险工作区把机械开到可以进行修理的安全的地方。除非机械已经发生故障，否则不要用这种方法。为了防止机械移动，手动释放前要把铲斗下降到地面，并把楔块放在轮胎下。在进行该程序前，要把发动机关闭。

具体操作方法（见图 8—12）如下：把螺栓 1 松开，然后从螺栓 3 处把锁紧片 2 卸下来；依次把三处的螺栓 3 拧紧到板的安装位置，然后把锁紧片 2 装上，操作中注意均匀地紧固三个螺栓，一次紧一点儿，螺栓 3 推着活塞并释放驻车制动器；把螺栓 1 拧紧，以便把锁紧片 2 紧固到位。

二、制动传动装置的构造及原理

制动传动装置按传力介质的不同可分为液压式和气压式两类。液压传动装置构件少，灵敏度高，制动力较小，常用于小型车辆；气压传动装置构件多，灵敏度不如液压式，但制动力大，常用于大、中型车辆。

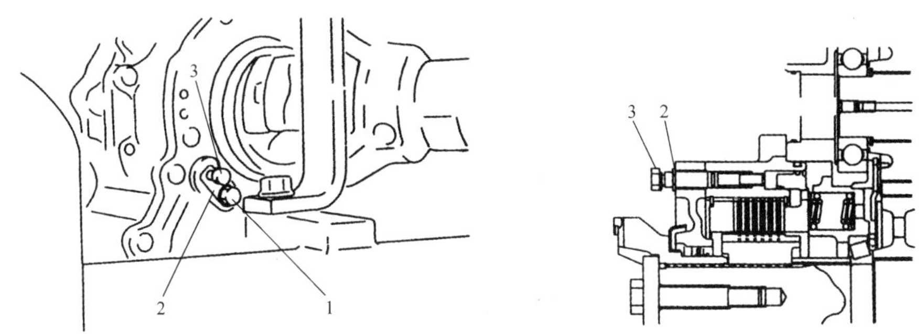

图 8—12　驻车制动器手动释放方法

1、3—螺栓　2—锁紧片

1. 液压制动传动装置的构造及原理

（1）鼓式制动传动装置（见图 8—13）。制动鼓 8 与车轮相连，随车轮一起旋转。制动分泵 6、制动蹄 10 固定在制动底板上，而制动底板又与车桥固定。以上零件及制动蹄回位弹簧 7 称为制动器，其他零件称为传力、助力机构。

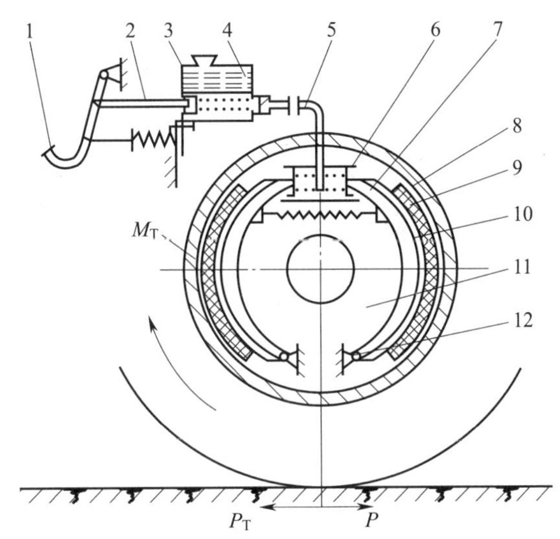

图 8—13　制动系统工作原理

1—制动踏板　2—推杆　3—制动总泵活塞　4—制动总泵　5—油管　6—制动分泵　7—制动蹄回位弹簧　8—制动鼓　9—摩擦衬片　10—制动蹄　11—制动底板　12—支承销

工作原理：制动时，踩下制动踏板 1，制动总泵活塞 3 在推杆 2 的作用下在制动总泵 4 中产生高压油，高压油经油管 5、制动分泵 6 推动两制动蹄 10 绕下支点旋转而张开，铆在制动蹄上的摩擦衬片 9 便对制动鼓产生强大的摩擦力矩 M_T，试图“抱死”车轮；由于车轮对地面的作用，车轮对地面产生一作用力 P，而地面对车轮产生一反作用力 P_T，阻止车辆前进，从而达到减速或停车的目的。

解除制动时，松开制动踏板 1，制动蹄回位弹簧 7 使两制动蹄回位，制动分泵 6 中的油液流回制动总泵 4，制动解除。

（2）湿式圆盘制动传动装置。下面以 WA380 型小松制动系统为例进行讲解。

1）湿式圆盘制动传动装置的结构如图 8—14 所示。

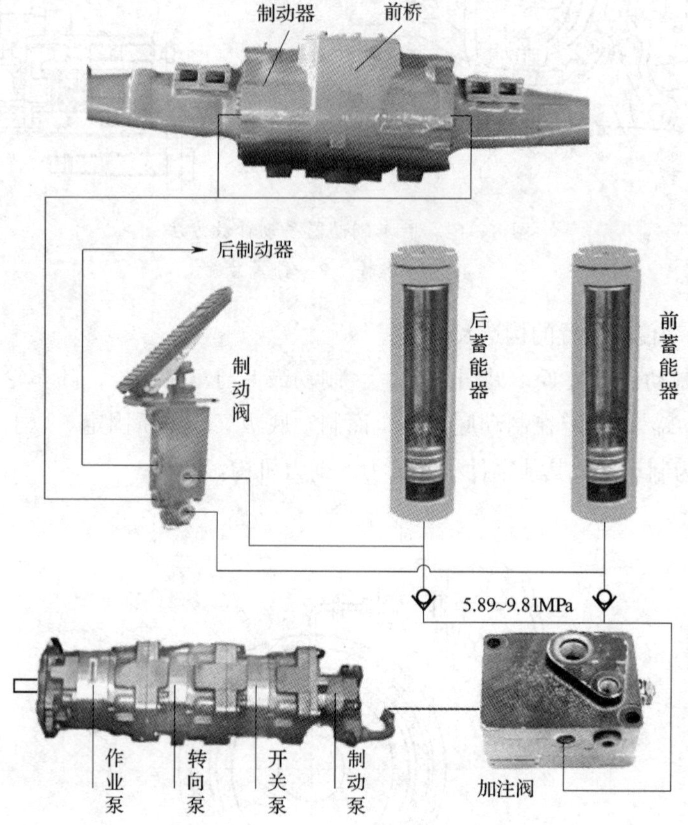

图 8—14　WA380 型小松制动系统

①制动泵。提供转向控制先导油和制动油以及比例压力控制油压。

②加注阀。控制制动蓄能器的压力，使该压力始终保持在 5.89 ~ 9.81 MPa，并产生转向先导油压及比例压力控制油压。

③蓄能器。储存足够的制动压力油，以便迅速实施制动；而且即使发动机熄火，还能在一段时间内有效制动。

④制动阀。实施制动时，将蓄能器内的油引向前、后制动器，同时根据踏板行程调节制动力的大小。

⑤制动器。该制动器为湿式多盘制动器，通过抱住前、后桥的太阳轮轮轴而实现制动。

2）湿式圆盘制动传动装置控制原理。控制原理框图如图 8—15 所示。

①加制动时如图 8—16 所示。

若上部阀失灵，即上部管道中存在漏油，当压下踏板 1 时，滑阀 5 也机械地向下移动，正常地制动下部分，上部分制动不起作用；若下部阀失灵，即下部管道中存在漏油，上部阀也正常制动。

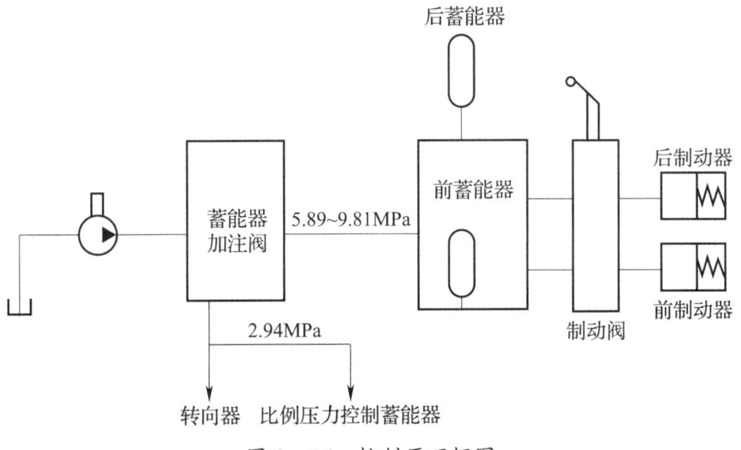

图 8—15 控制原理框图

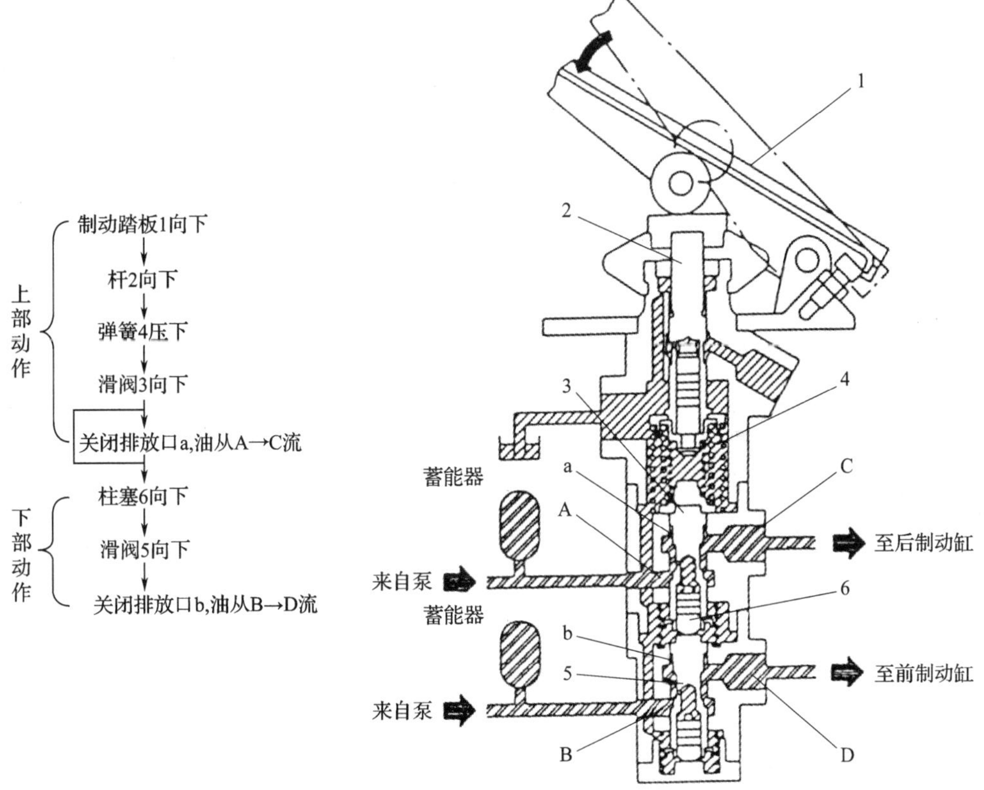

图 8—16 施加制动时的制动阀

1—制动踏板 2—推杆 3、5—滑阀 4—弹簧 6—柱塞

a、b—排放口 A、B—进油口 C、D—出油口

②达到平衡时如图 8—17 所示。

当踏板被踩到底时，产生的最大制动压力为 4.91 MPa。根据踏板行程不同，制动压力在 0 ~ 4.91 MPa 之间变化。

③释放制动时如图 8—18 所示。

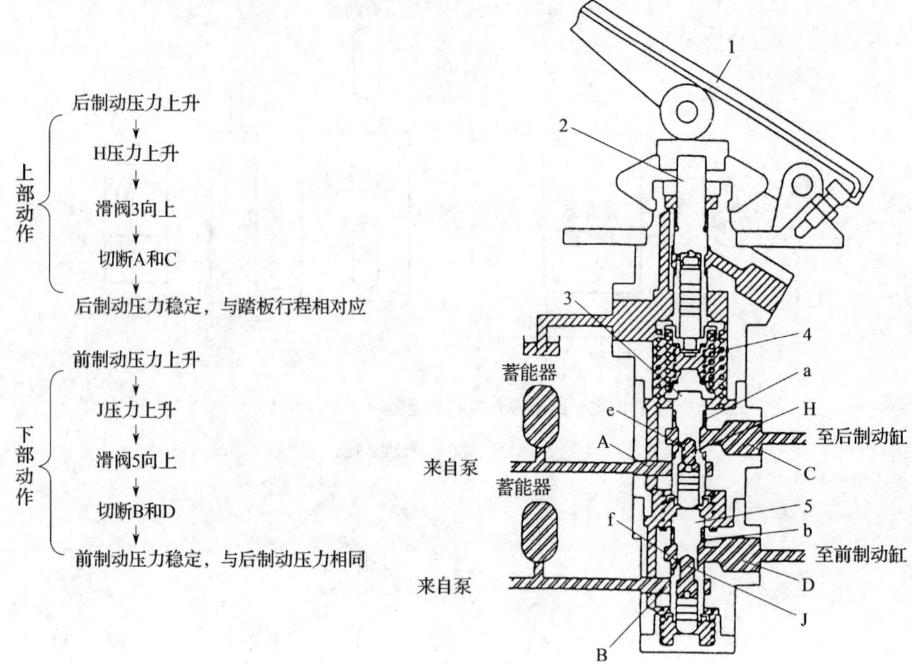

图 8—17　达到平衡时的制动阀

1—制动踏板　2—推杆　3、5—滑阀　4—弹簧

a、b—排放口　A、B—进油口　C、D—出油口　e、f—柱塞平衡油腔　H、J—滑阀压力油腔

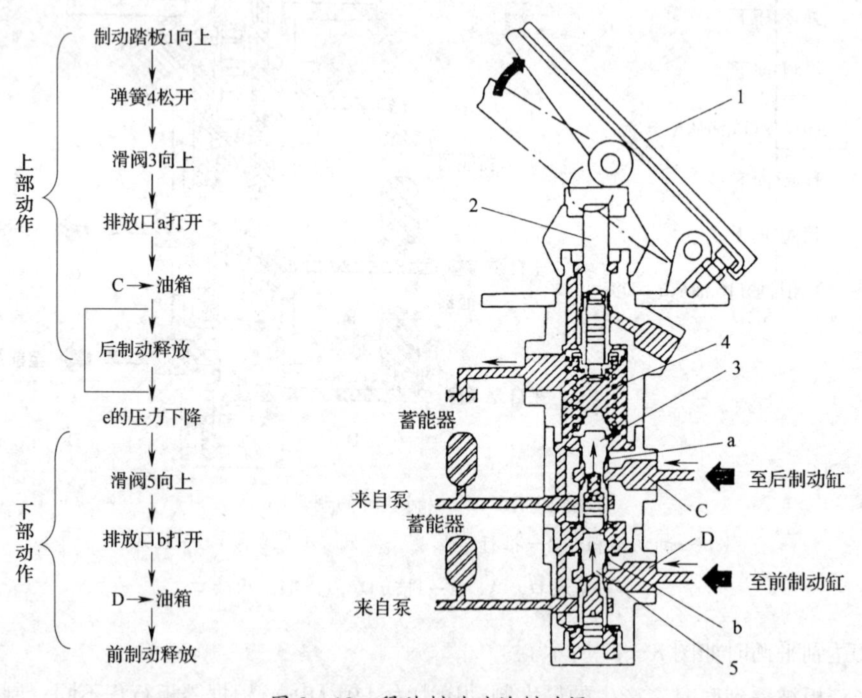

图 8—18　释放制动时的制动阀

1—制动踏板　2—推杆　3、5—滑阀　4—弹簧

a、b—排放口　C、D—出油口

（3）蓄能器（见图8—19）。蓄能器使用的气体为氮气，因氮气易获得，有较强的惰性，不会与皮囊发生化学反应。氮气加注量为3 000 mL，加注压力为（3.4±0.15）MPa（50℃时）。蓄能器的作用：作为辅助动力源，使系统保压，吸收系统脉动，缓和液压冲击。蓄能器分为两个部分，A腔中充满高压氮气，B腔中充液压油，发动机起动后，制动泵提供的油经过加压阀储存到蓄能器时，皮囊受压变形，气体体积随压力增大而减小，液压油被逐渐储存，保持制动压力。若液压系统工作需要增加液压油，则蓄能器将液压油排出，使系统能量得到补偿。其原理是利用了气体的压缩量比液体大，上面是气体，下面是液压油，液压油有压力后向上压缩氮气，这样即使液压泵不工作，利用被压缩的氮气的能量，仍然可以让油路保持一定的压力，也就是液压泵的能量被储存在蓄能器中。

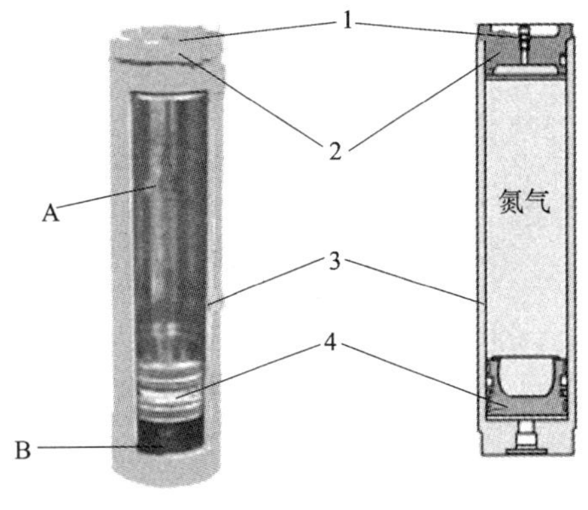

图8—19 蓄能器

A、B—腔体

1—阀 2—顶盖 3—缸体 4—活塞

2. 气压制动传动装置的构造及原理

气压制动传动装置原理如图8—20所示。此系统是气顶油、四轮制动的双管路系统，由空气压缩机7、油水分离器6、压力控制器5、储气罐8、双管路气制动阀4、加力器2、盘式制动器1等组成。

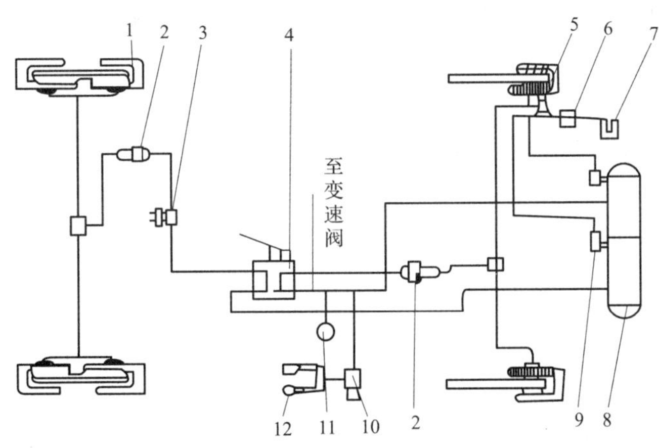

图8—20 行车制动系统

1—盘式制动器（夹钳） 2—加力器 3—制动灯开关 4—双管路气制动阀 5—压力控制器 6—油水分离器 7—空气压缩机 8—储气罐 9—单向阀 10—气喇叭开关 11—气压表 12—气喇叭

制动原理：空气压缩机由发动机驱动，压缩空气经油水分离器6、压力控制器5、单向阀9进入储气罐8，踩下双管路气制动阀4，气分为两路，分别进入前、后加力器2，推动制动器的活塞、摩擦片压向制动盘而制动车轮；松开制动踏板，加力器的压缩空气从双管路气制动阀处排出到大气而解除制动。

第九章　内燃装卸机械电气设备

电气设备系统是港口内燃装卸机械的重要组成部分之一，简单普通的港口内燃装卸机械（如内燃叉车、装载机等）的电气系统通常由电源系统、起动系统、照明与信号系统、仪表系统等组成。

第一节　电源系统

内燃装卸机械电源系统通常由蓄电池、发电机、调节器、工作指示装置等构成，各部件相互协调、共同工作。发电机作为内燃装卸机械正常工作时的主要电源，向除起动机以外的用电装置供电，并向蓄电池充电。蓄电池作为内燃装卸机械的第二电源，主要向起动机供电，并在发电机不发电或供电不足时，作为辅助供电电源。发电机的输出电压受调节器的调整，从而保持供电电压恒定。工作情况指示装置用于指示电源系统的工作情况，如发电机是否正常发电。蓄电池的相关内容已经在初级教材中介绍，此处不再赘述。

一、发电机的结构与工作原理

1. 发电机的作用

发电机是车辆的主要电源。其功用是在发动机正常运转时向所有用电设备（起动机除外）供电，同时给蓄电池充电，如图 9—1 所示。

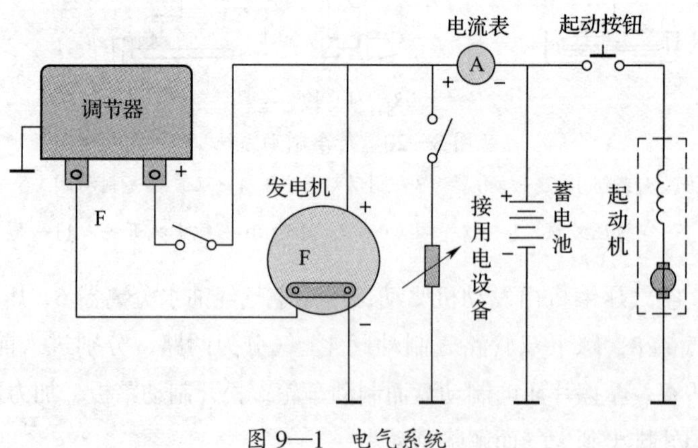

图 9—1　电气系统

内燃装卸机械采用三相交流发电机，内部带有二极管整流电路，将交流电整流为直流电。交流发电机必须配装电压调节器，电压调节器对发电机的输出电压进行控制，使其保持基本恒定，以满足车辆用电器的需求。

2. 交流发电机的种类与型号

按照发电机的结构不同，交流发电机有普通式（JF×××）、整体式（JFZ×××）、无刷式（JFW×××）和带泵式（JFB×××）等。

按照整流二极管数目区分，有六管、八管、九管和十一管之分。按照发电机磁场绕组搭铁方式的不同，又有内搭铁式发电机和外搭铁式发电机之分。发电机型号由字母和数字组成，可分为五个部分：

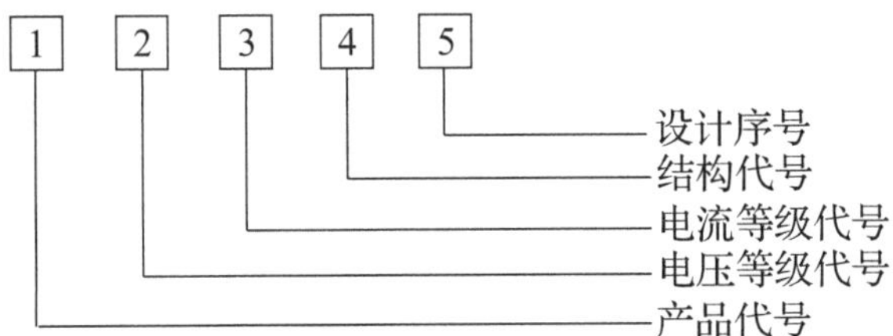

第一部分为产品代号，用字母表示，如JF、JFZ、JFB、JFW分别表示普通交流发电机、整体式交流发电机、带泵交流发电机和无刷交流发电机。

第二部分为电压等级代号，用一位阿拉伯数字表示，其中1为12 V，2为24 V。

第三部分为电流等级代号，用一位阿拉伯数字表示，各代号分别表示不同的电流等级，例如，1表示10 ~ 19 A，2表示20 ~ 29 A。

第四部分为发电机的结构代号，如发电机安装挂脚形式、带轮的槽数等。

第五部分为设计序号，用一位阿拉伯数字表示产品的顺序。

3. 交流发电机的构造

交流发电机主要由转子、定子、整流器、前端盖、后端盖及传动散热装置等组成，如图9—2所示。下面以JF13型交流发电机为例进行介绍。

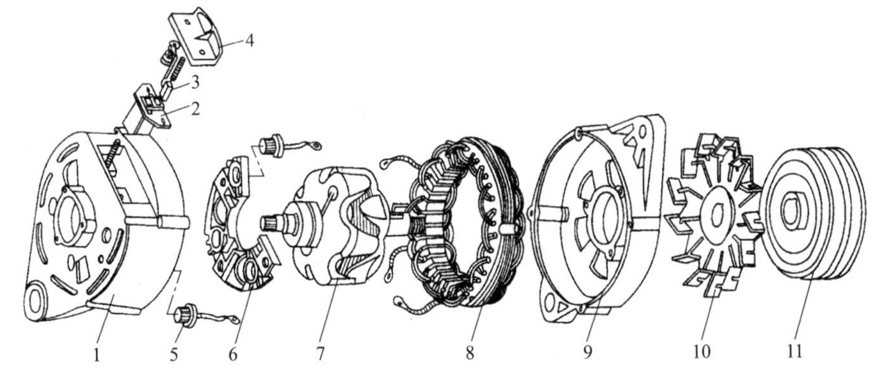

图9—2　交流发电机

1—后端盖　2—电刷架　3—电刷及弹簧　4—盖板　5—整流二极管
6—元件板　7—转子　8—定子　9—前端盖　10—风扇　11—传动带轮

（1）转子。转子的功用是产生旋转磁场。转子由爪极、铁芯、磁场绕组、集电环、转子轴等组成，如图 9—3 所示。

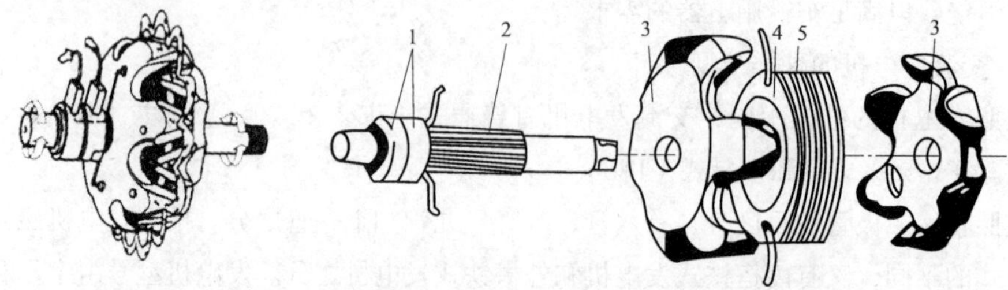

图 9—3　转子的结构

1—集电环　2—转子轴　3—爪极　4—铁芯　5—磁场绕组

（2）定子。定子是产生和输出交流电的，由铁芯和三相绕组组成，如图 9—4 所示。

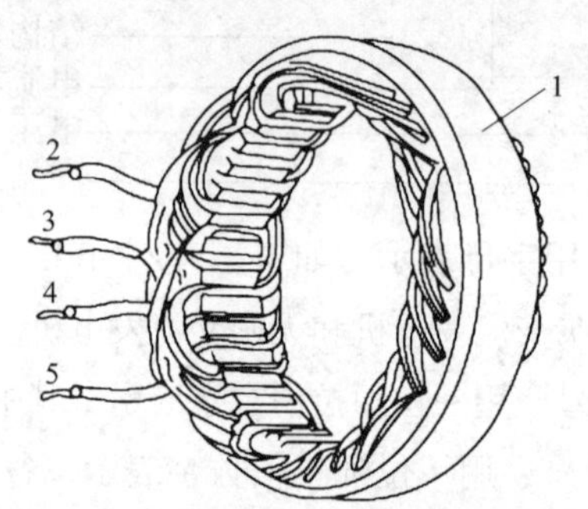

图 9—4　定子结构

1—定子铁芯　2、3、4、5—定子绕组引线端

（3）整流器。整流器的功用是将三相绕组产生的交流电转变为直流电，其整流二极管的特点是工作电流大，反向电压高。如图 9—5 所示，整流器由正、负整流板组成。

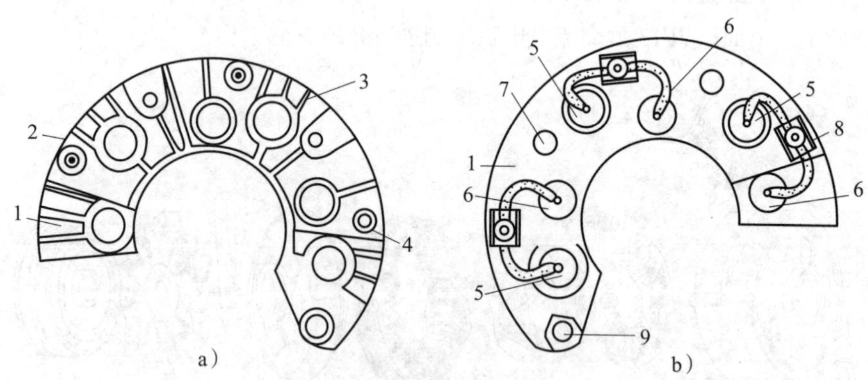

图 9—5　整流器

a）整流板　b）整流器总成

1—负整流板　2—正整流板　3—散热片　4—连接螺栓　5—正极管　6—负极管

7—安装孔　8—绝缘垫　9—电枢接线柱安装孔

（4）端盖及电刷组件。端盖一般分为两部分（前端盖和后端盖），起支承转子、定子、整流器和电刷组件的作用，后端盖上装有电刷组件。

电刷组件由电刷、电刷架和电刷弹簧组成，如图 9—6 所示。电刷的作用是将电源通过集电环引入励磁绕组。两个电刷分别装在电刷架的孔内，借助弹簧压力与集电环保持接触。电刷一般与调节器装为一体。电刷和集电环的接触应良好；否则，会因为磁场电流过小而导致发电机发电不足。

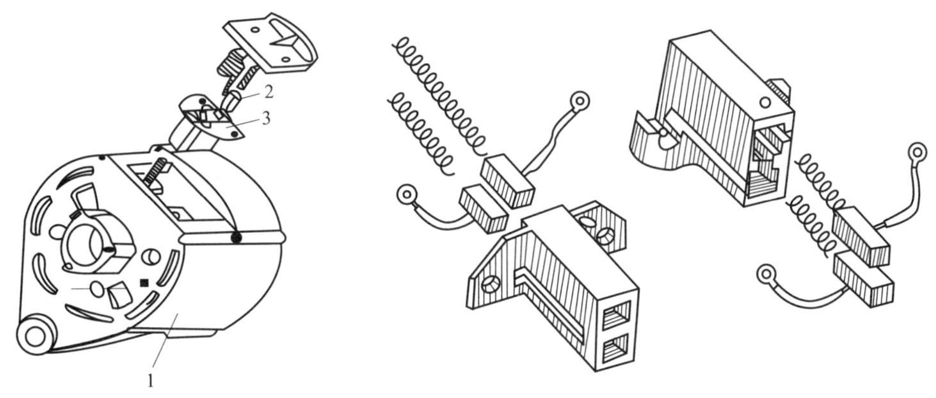

图 9—6　端盖及电刷组件

1—后端盖　2—电刷　3—电刷架

4. 交流发电机的工作原理

发电机定子的三相绕组按一定规律分布在发电机的定子槽中，内部有一个转子，转子上安装着爪极和励磁绕组。

如图 9—7 所示，当外电路通过电刷使励磁绕组通电时，便产生磁场，使爪极被磁化为 N 极和 S 极。当转子旋转时，磁通交替地在定子绕组中变化，根据电磁感应原理可知，定子的三相绕组中便产生交变的感应电动势。这就是交流发电机的发电原理。

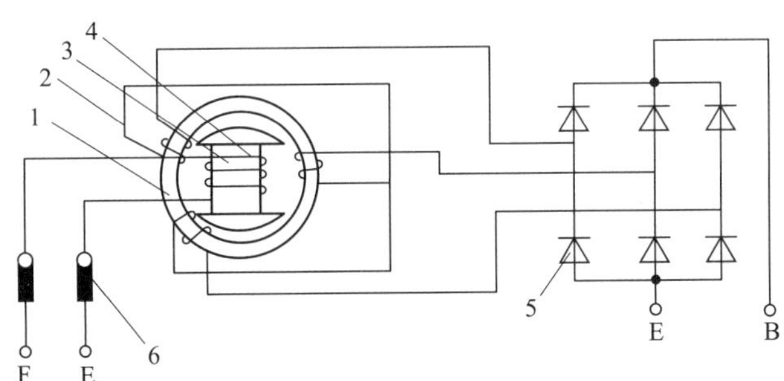

图 9—7　交流发电机的工作原理

1—定子铁芯　2—定子绕组　3—转子　4—励磁绕组　5—整流二极管　6—电刷

5. 整流原理

交流发电机定子绕组产生的三相交流电是靠 6 只二极管组成的三相桥式整流电路变成直流电的。二极管具有单向导电性，即当给二极管加上正极正向电压时，二极管导通，呈现低电阻状态；当给二极管加上反向电压时，二极管截止，呈现高电阻状态。利用二极管的单向导电性，便可把交流电变为直流电，如图 9—8 所示。

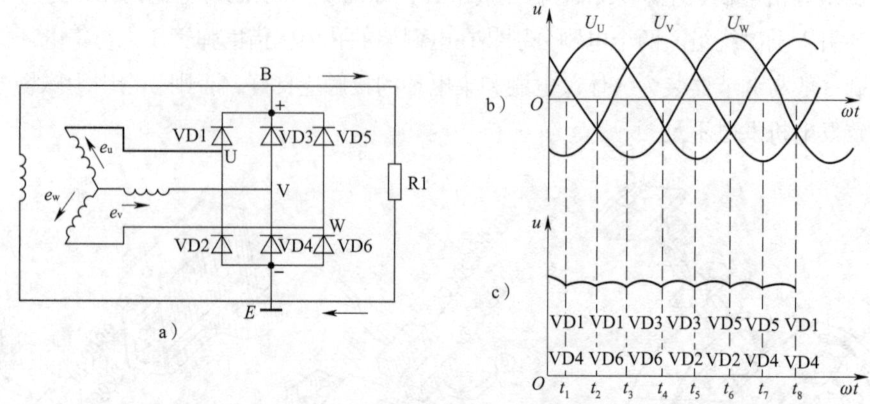

图 9—8　三相桥式整流电路及电压波形

a）三相桥式整流电路　b）三相电压波形　c）三相整流后波形

6. 交流发电机的励磁

除了永磁式交流发电机不需要励磁以外，其他形式的交流发电机都需要励磁，因为它们的磁场都是电磁场，必须给励磁绕组通电才会有磁场产生而发电；否则发电机将不能发电。

二、电子式电压调节器

交流发电机由发动机驱动，转速变化范围很大，致使发电机的输出电压不稳，无法满足用电设备的工作要求。电压调节器可以使交流发电机输出电压保持恒定。电子调节器体积小，调节精度高，可以装在发电机内部。

如图 9—9 所示，电压调节器通过开关晶体管控制发电机的励磁电流，保持发电机输出电压的稳定。开关晶体管的工作状态受到稳压管的控制，稳压管击穿导通时，开关晶体管关断，磁场电流切断。稳压管的工作状态受发电机电压的控制，发电机电压升高，经分压器（R1 和 R2）分压后加到稳压管上的电压升高，达到其击穿电压时稳压管导通。

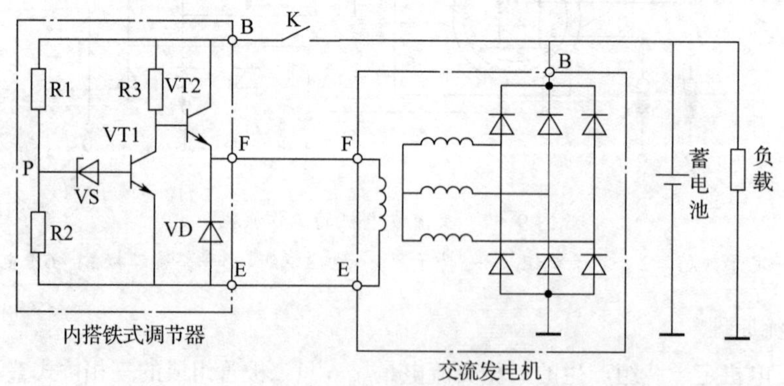

图 9—9　内搭铁式电压调节器基本电路

第二节 起动系统

发动机由静止状态进入工作状态，必须借助外力来带动曲轴旋转。起动系统就是用来带动曲轴旋转，使发动机起动运转的，它主要由钥匙起动开关、起动机、起动继电器等组成。这里主要介绍起动机的构造及工作原理。

一、起动机的构造及其分类

1. 起动机的作用

起动机的作用就是起动发动机，发动机起动后，起动机便立即停止工作。起动机在整车上的位置如图 9—10 所示。

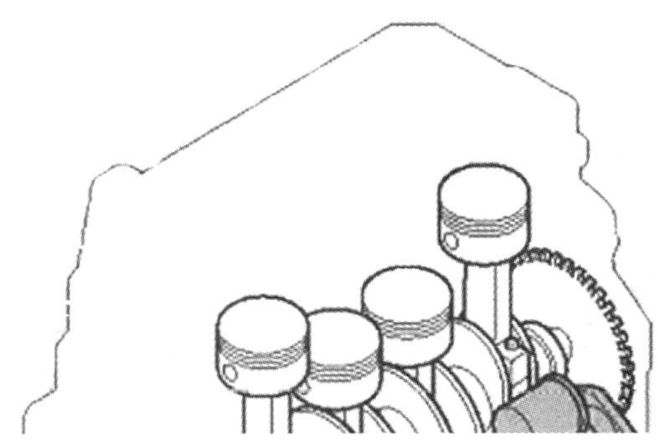

图 9—10 起动机的位置

2. 起动机的分类

起动机主要按传动机构啮入方式的不同可分为强制啮合式起动机、减速式起动机。

（1）强制啮合式起动机。强制啮合式起动机靠电磁力拉动杠杆，强制拨动驱动齿轮啮入飞轮齿环。其特点是啮合机构简单，动作可靠，操作方便，目前广泛使用，如图 9—11a 所示。

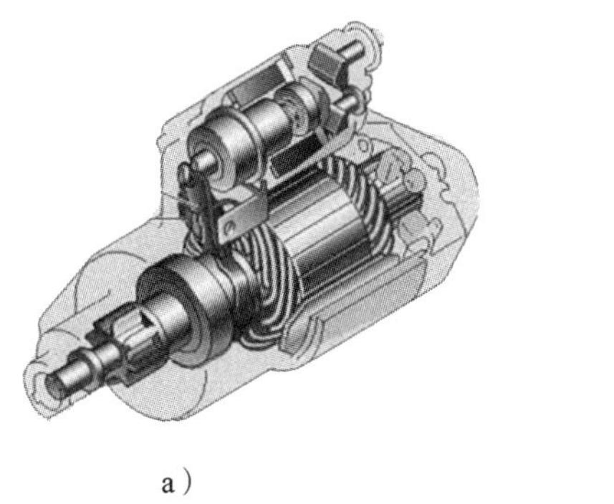

a）

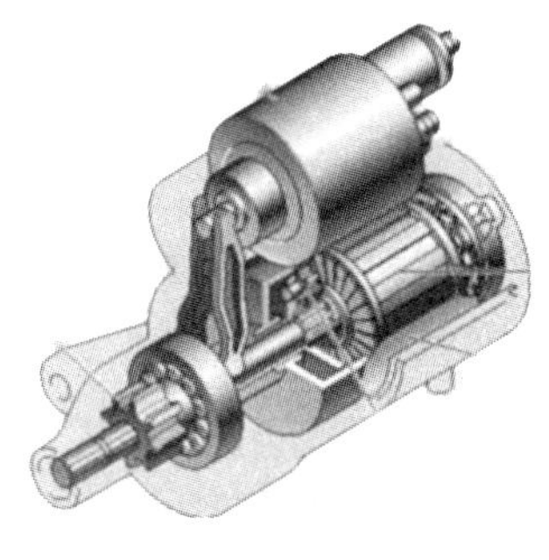

b）

图 9—11 起动机的分类
a）强制啮合式起动机 b）减速式起动机

（2）减速式起动机。减速式起动机采用高速、小型、低力矩电动机，在传动机构中设有减速装置。质量和体积可比普通起动机减小 30% ~ 35%，但结构和工艺比较复杂。其又分为外啮合减速式起动机、行星齿轮啮合式减速起动机，如图 9—11b 所示。

减速机中应用最广泛的为强制啮合式起动机，本节主要介绍强制啮合式起动机。

二、起动机的结构

起动机一般由直流电动机、传动机构（或称啮合机构）和控制装置（电磁开关）三部分组成，如图 9—12 所示。

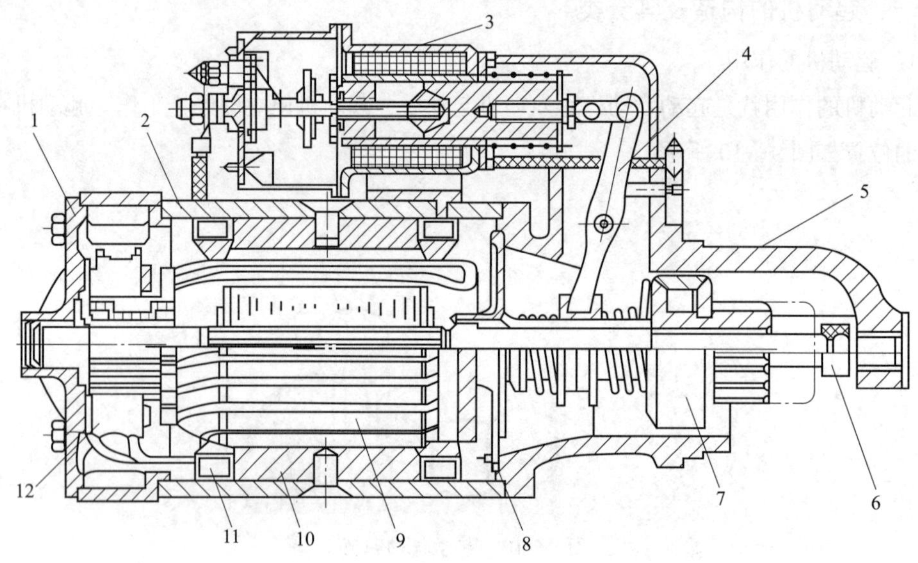

图 9—12　起动机的结构

1—前端盖　2—电动机壳体　3—电磁开关　4—拨叉　5—后端盖　6—限位螺母　7—单向离合器　8—中间支承板　9—电枢　10—磁极　11—磁场线圈　12—电刷

1. 直流电动机

直流电动机的作用是产生转矩。一般均采用直流串励式电动机。“串励”是指电枢绕组与励磁绕组串联。串励直流电动机主要由机壳、磁极、电枢、换向器和电刷等组成。

（1）机壳。机壳的作用是安装磁极，固定机件。机壳用钢管制成，一端开有窗口，用于观察及维护电刷和换向器，平时用防尘箍盖住。机壳上只有一个电流输入接线柱，并在内部与励磁绕组的一端相接。壳内壁固定有磁极铁芯和励磁绕组。

（2）磁极。磁极的作用是产生磁场。由固定在机壳上的磁极铁芯和励磁绕组组成，一般是四个，两对磁极相对交错安装在电动机定子内壳上。

（3）电枢。电枢的作用是产生电磁转矩。它主要由电枢轴、电枢铁芯、电枢绕组和换向器等组成。

（4）换向器。换向器装在电枢轴上，它由许多换向片组成。换向片嵌装在轴套上，各换向片之间用云母绝缘。

（5）电刷和电刷架。电刷和电刷架的作用是将电流引入电动机。一般有四个电刷和电刷架。电刷架固定在前端盖上，其中两个对置的电刷架与端盖绝缘，称为绝缘电刷架；另外两个对置的电刷架与端盖直接铆合而搭铁，称为搭铁电刷架。

（6）端盖。端盖有前、后之分。前端盖一般用钢板压制而成，其上装有四个电刷架，后端盖为灰铸铁浇铸而成。

2. 起动机的传动机构

传动机构的作用是把直流电动机产生的转矩传递给飞轮齿圈，再通过飞轮齿圈把转矩传递给发动机的曲轴，使发动机起动后，飞轮齿圈与驱动齿轮自动打滑而脱离。传动机构一般由驱动齿轮、单向离合器、拨叉、啮合弹簧等组成，如图 9—13 所示。传动机构中，结构和工作情况比较复杂的是单向离合器，它的作用是传递电动机转矩，起动发动机，而在发动机起动后又自动打滑，保护起动机电枢不致飞散。常用的单向离合器主要有滚柱式、摩擦片式和弹簧式等几种。

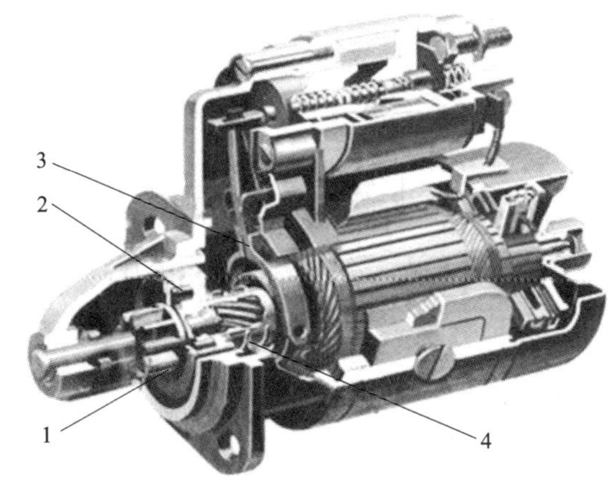

图 9—13　起动机传动机构

1—驱动齿轮　2—单向离合器　3—拨叉　4—啮合弹簧

3. 起动机的控制装置

控制装置的作用是控制驱动齿轮和飞轮的啮合与分离，并且控制电动机电路的接通与切断。常用的控制装置有机械式和电磁式，现代汽车上广泛使用电磁式控制装置（电磁开关），如图 9—14 所示。电磁式控制装置主要由吸引线圈、保持线圈、回位弹簧、可动铁芯、接触盘等组成。其中，端子 50 接点火开关，通过点火开关再接电源，端子 30 直接接电源。

三、起动机的工作原理

如图 9—15 所示，起动时，将点火开关 SW 打到 ST 挡，电磁开关通电，其电路如下：蓄电池正极→主接线柱 3 →点火开关 ST 挡→起动挡接线柱 5（电流流入起动挡接线柱 5 后，分为两路：一路经保持线圈 8 直接搭铁；另一路经吸引线圈 7 →主接线柱 2 →励磁绕

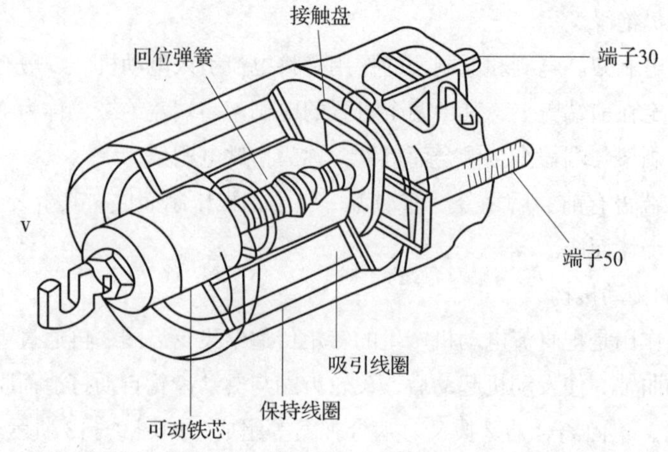

图 9—14　起动机控制装置

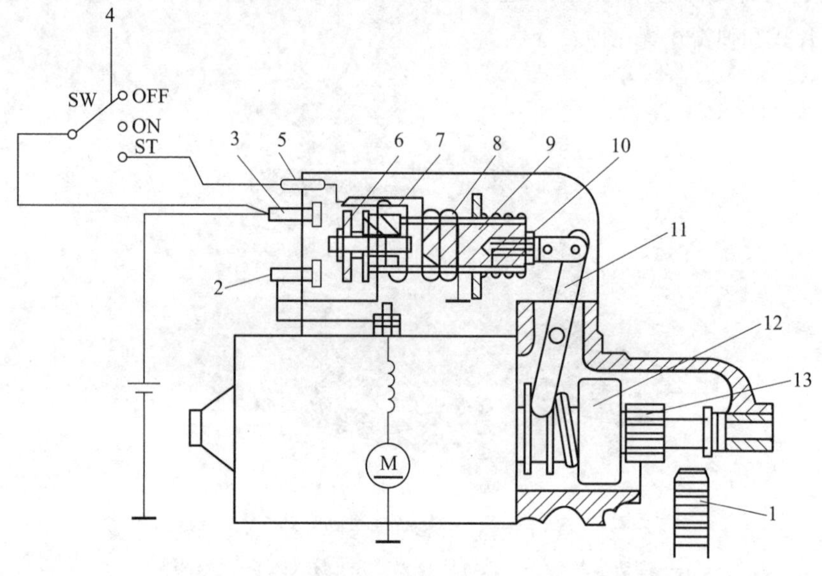

图 9—15　起动系统

1—飞轮　2、3—主接线柱　4—点火开关　5—起动挡接线柱　6—接触盘　7—吸引线圈　8—保持线圈　9—活动铁芯　10—调整螺钉　11—拨叉　12—单向离合器　13—驱动齿轮

组→电枢绕组→搭铁）。此时，吸引线圈 7 与保持线圈 8 的电流流向相同，磁场方向相同，活动铁芯 9 在两个线圈磁场力的共同作用下克服复位弹簧的作用向左移动，通过拨叉 11 使驱动齿轮 13 与发动机飞轮 1 啮合后，接触盘 6 将主接线柱 2 与 3 内侧触点接通，于是起动机的主电路接通。其电路如下：蓄电池正极→主接线柱 3→接触盘 6→主接线柱 2→励磁绕组→绝缘电刷→电枢绕组→搭铁电刷→搭铁→蓄电池负极。这时直流电动机产生电磁转矩，通过单向离合器带动曲轴旋转，起动发动机。

第三节　照明、信号系统及辅助电气设备

一、照明与信号系统

1. 照明装置的分类与作用

照明系统是车辆在夜间或恶劣环境中作业必不可少的工作系统，为了提高车辆的作业效率，并确保作业的安全，港口内燃装卸机械上装有多种照明设备。包括吊具灯、臂架灯、后照灯、前照灯、牌照灯、雾灯、仪表灯、顶灯、转向信号灯、制动信号灯。

前照灯（前大灯）装于车辆头部两侧，用于夜间行车时道路的照明。前照灯有两灯制和四灯制之分，功率一般为 40 ~ 60 W。

雾灯用于在雨雾天气行车时照明道路。雾灯的光色规定采用光波较长的黄色、橙色或红色。

仪表灯装于车辆仪表板上，用于仪表照明，以便于司机获取行车信息和进行正确操作，其数量根据仪表设计布局而定。

2. 前照灯

前照灯主要由灯泡、反射镜和配光镜三部分组成。前照灯按反射镜的结构形式可分为可拆卸式、半封闭式、封闭式二种。可拆卸式前照灯因气密性不良，反射镜易受潮气和灰尘污染而降低反射能力，现已被淘汰不用。半封闭式前照灯的前透镜和反射镜密封，可从反射镜后端拆装灯泡，普通前照灯灯泡有氙气灯泡、卤钨灯泡两种类型。

如图 9—16 所示，打开点火开关后，熔断器盒中的 10 A 前照灯熔丝处得电（24 V），通过 135 号导线到达变光开关，当变光开关处于断开状态时，202 与 203 号导线都不得电，左、右前照灯都不工作；当变光开关处于远光或近光挡时，202 或 203 号导线得电（24 V），左、右前照灯便工作在相应挡位。

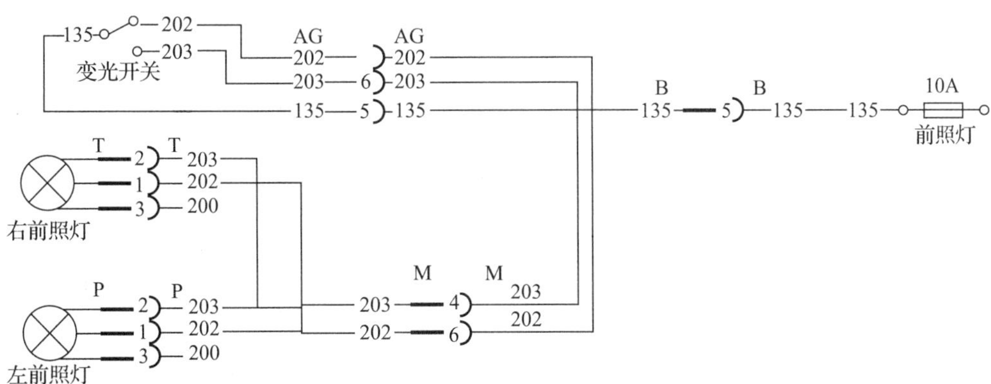

图 9—16　前照灯工作原理

3. 转向信号灯

转向信号灯是为机械转弯时提供转向信号所设置，由闪光继电器、转向开关和转向灯组成。车要转向时，由司机打开相应的转向灯开关，转向信号灯亮并按一定频率闪烁，以告知前后车辆司机、行人。闪光器是控制转向信号灯闪烁频率的装置，下面以电流型电容闪光器为例说明其工作过程，如图 9—17 所示。

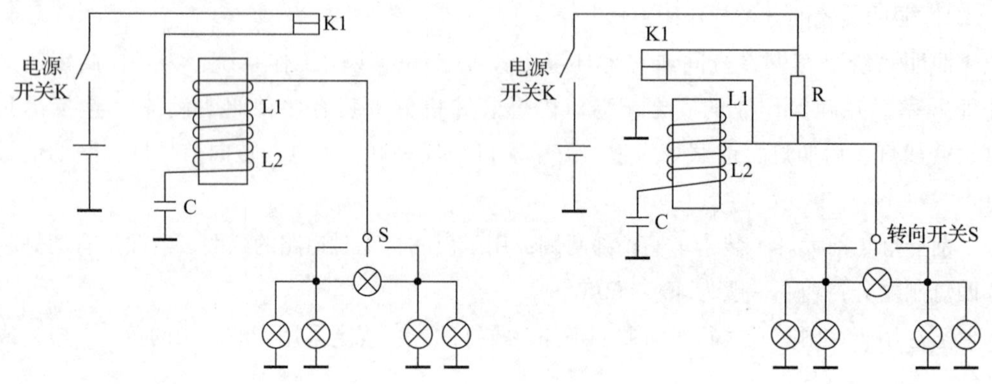

图 9—17 转向信号灯工作原理

当接通电源开关时，电流通过触点 K1 经线圈 L2 后向电容 C 充电。当转向开关接通转向信号灯时，电流通过串联线圈 L1 到转向信号灯和转向指示灯，由 L1 产生的电磁吸力，将常闭触点 K1 打开，灯泡就不亮。触点 K1 断开后，电容 C 开始放电，L1、L2 两线圈的吸力继续使触点 K1 断开，直至放电电流基本消失。放电电流消失后，触点 K1 在自身弹力作用下回复闭合状态，此时流过 L1 中的负荷电流与流过 L2 的充电电流方向相反，磁力互相抵消，K1 继续闭合，灯泡继续亮，当电容 C 接近充满电时，电流减小，两线圈产生的磁力失去平衡，吸下 K1，触点 K1 断开，灯泡熄灭。如此反复工作，故转向信号灯就以一定的频率闪烁。

4. 电喇叭

车用喇叭的用途是在行车过程中根据需要和规定发出必需的音响信号，警告行人与其他车辆，以保证行车安全，同时还可用于催行及传递信号。喇叭按发音动力的不同分为气喇叭和电喇叭两类；按声频分为高音喇叭和低音喇叭两种；按外形分为螺旋形喇叭、盆形喇叭、筒形喇叭三类，如图 9—18 所示。

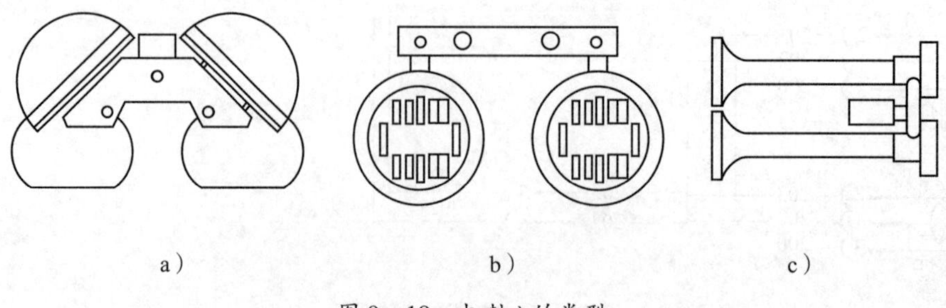

图 9—18 电喇叭的类型

a）螺旋形喇叭 b）盆形喇叭 c）筒形喇叭

盆形电喇叭的结构如图 9—19 所示。将一片薄钢板周围固定，中央放置电磁铁，当开关闭合时，电磁铁产生磁力吸引钢板；开关断开时，钢板由自身的弹性弹回产生振动，即可发出声波，如果使开关连续地闭合、断开，即可使钢板连续振动空气而发出声音。

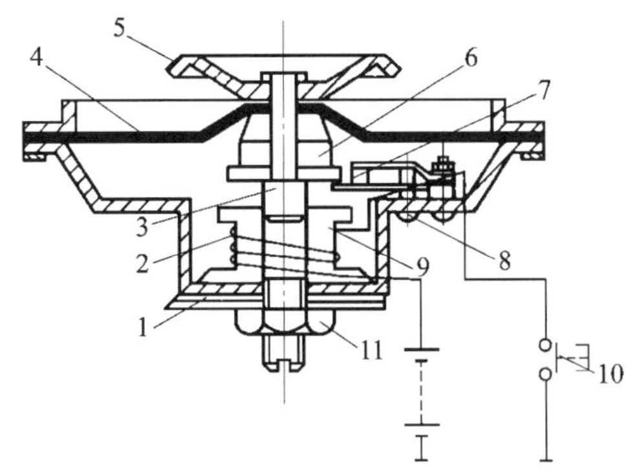

图 9—19　盆形电喇叭的结构

1—底座　2—线圈　3—上铁芯　4—膜片　5—共鸣盘　6—衔铁　7—触点

8—调整螺钉　9—下铁芯　10—按钮　11—锁紧螺母

二、辅助电气设备

1. 刮水器

刮水器的作用是用来清除风窗玻璃上的雨水、雪或尘土，以确保司机有良好的视野。它主要由刮水电动机、刮水片、控制及传动机构组成，如图 9—20 所示。

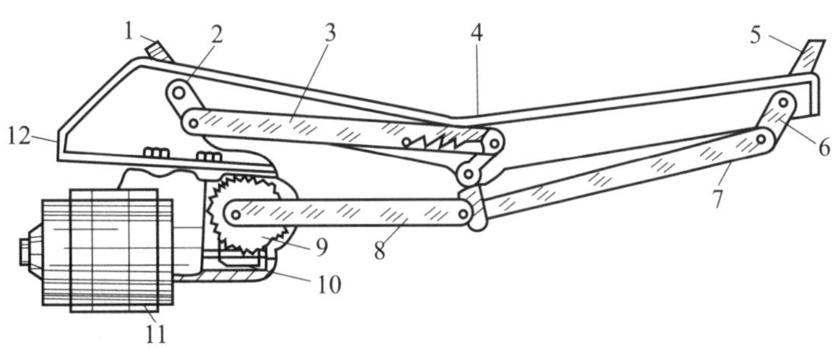

图 9—20　刮水器

1、5—刮片架　2、4、6—摆杆　3、7、8—连杆　9—减速蜗轮

10—蜗杆　11—电动机　12—底板

刮水器电动机的调速方法一般是采用改变电枢绕组磁通的方式进行的，如图 9—21 所示。从控制电路可以看出，电刷 B1 接通为低速回路，电刷 B2 接通为高速回路，B3 为公共电刷。

当刮水器开关推到 0 挡时，若刮水片没有停在规定的位置，由于触点与铜环接触，电流由蓄电池“+”→点火开关→熔断器→慢速电刷 B1 →电枢绕组→公共电刷 B3 →刮水器开关接线柱 2 →刮水器开关接线柱 1 →触点臂→触点→铜环→搭铁→蓄电池“–”形成电

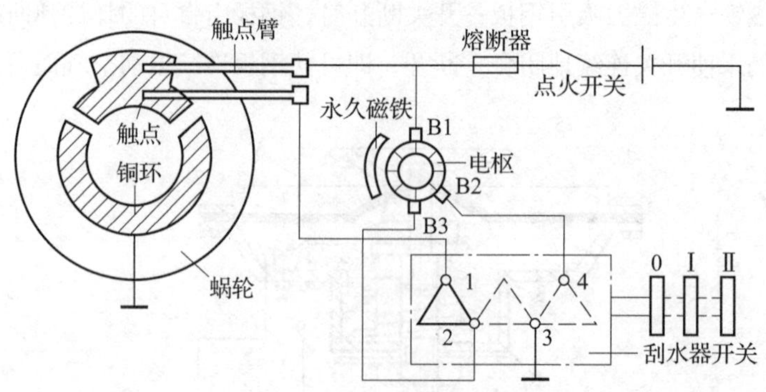

图 9—21　刮水器工作原理

流回路，电动机仍以低速运转，直至蜗轮转到特定位置时，铜环将两触点短接，电动机电枢绕组被短路，由于电动机存在惯性，不能立即停转，而是以发电机方式运行，产生很大的反电动势，产生制动力矩，电动机迅速停转，使刮水片停在指定位置。

2. 起升高度限制器（又称起升高度限位器）

该安全保护装置的功用是防止轮胎式起重机起升装置——起升滑轮组的吊钩上升超过极限位置，如图 9—22 所示。在实际操作中若起升装置超越既定的高度而与起升臂架顶部滑轮组相碰撞，将导致起升绳及滑轮组的断损事故发生。当起升装置在上升时碰到挡块并将其托起时，则吊块钢丝绳变松弛，此时警报器的控制开关便接通而发出报警呼叫（或震耳的铃声），起到安全警示作用，同时切断吊钩继续起升的控制回路电源（气压或液压控制回路），使其在此位置停止上升操作功能。而此时吊钩的动力下降操作控制功能依然有效（即只可实现下降的正常操作）。

图 9—22　高度限制器

3. 仪表和报警系统

仪表包括发动机转速表、计时器、燃油表、水温表、电压表、机油压力表等；报警系统包括各种报警指示灯及控制器，如图 9—23 所示。其作用是显示内燃装卸机械运行参数及交通信息，报警运行中机械故障，确保行车及停车的安全、可靠。

图 9—23　仪表和报警面板

第十章　内燃装卸机械的维护及保养作业

第一节　例行保养

例行保养是指为保持港口机械设备技术性能经常处于良好状态及保证设备正常运行，在作业前、作业中和作业后由司机按规定要求对设备进行的检查、紧固、润滑、调整、清洁和补给工作，并随时检查设备各部位的技术状态，消除所发现的一般性异常、缺陷和故障的维护工作，工作重点是清洁和检查。此项工作必须按制度执行。

内燃装卸机械的品牌、机型较多，例行保养作业内容、标准、要求及重点部位等要严格遵照机械产品说明书和本企业的操作规范执行。各种机型常规例行保养要求见下述内容。

一、内燃叉车

内燃叉车例行保养项目见表10—1。

表10—1　　内燃叉车例行保养项目

序号	项目	内容及要求	备注
1	发动机	1. 工作平稳，不渗，不漏，无异响，不过热 2. 润滑油、冷却液、燃油等油位符合技术要求 3. 动力性能良好，符合技术要求 4. 发动机燃烧情况良好，排烟颜色正常	
2	底盘部分	1. 液力变矩器和变速器 （1）工作平稳，不渗，不漏，无异响，不过热 （2）换挡自如，不脱挡	
		2. 制动器和换向器 （1）驻车制动、行车制动及转向效果性能良好，符合技术要求 （2）各连接杆件不松旷。转向盘自由转动量不超限 （3）紧急制动时两轮必须同时拖印，不偏斜 （4）坡道停车时驻车制动有效可靠 （5）制动液、转向油充足，符合技术要求	
		3. 前、后桥无渗漏，轴头螺栓紧固正常	
		4. 轮胎气压正常，紧固螺栓无松动，无缺失	

续表

序号	项目	内容及要求	备注
3	工作装置	1. 液压缸、液压泵、液压阀、管路等工作正常，密封良好，无渗漏，无油垢，液压油油位符合技术要求	
		2. 门架、链条、货叉等起重装置紧固正常，无开焊、裂纹、变形、破损	
		3. 门架升降、倾斜性能正常	
4	电器和仪表	1. 各种灯、仪表、开关、喇叭、倒车蜂鸣器、刮水器等齐全并符合技术要求	
		2. 线束整洁、美观，绝缘符合技术要求	
		3. 各报警、指示、显示装置及接触器等灵活、可靠	
		4. 发电机、起动机工作正常，蓄电池充、放电性能良好，电解液充足，通气性好，无腐蚀现象	
5	其他	1. 附件、工具及灭火装置等按要求配备齐全	
		2. 车身整洁，无油垢、泥垢	
		3. 全车涂装良好，无开焊、裂纹、变形、破损、残缺	

二、装载机

装载机例行保养项目见表10—2。

表10—2 装载机例行保养项目

序号	项目	内容及要求	备注
1	发动机	1. 工作平稳，不渗，不漏，无异响，不过热 2. 润滑油、冷却液、燃油等油位符合技术要求 3. 动力性能良好，符合技术要求 4. 发动机燃烧情况良好，排烟颜色正常	
2	底盘部分	1. 液力变矩器和变速器 （1）工作平稳，不渗，不漏，无异响，不过热 （2）换挡自如，不脱挡	
		2. 制动器和转向机构 （1）驻车制动、行车制动及转向效果性能良好，符合技术要求 （2）各连接杆件不松旷。转向盘自由转动量不超限 （3）紧急制动时两轮必须同时拖印，压重印 （4）坡道停车时驻车制动有效可靠 （5）制动液、转向油充足，符合技术要求	
		3. 前、后桥无渗漏，轴头螺栓紧固正常	
		4. 轮胎气压正常，紧固螺栓无松动，无缺失	
3	工作装置	1. 液压缸、液压泵、液压阀、管路等工作正常，密封良好，无渗漏，无油垢，液压油油位符合技术要求	
		2. 臂架、铲斗等起重装置紧固正常，无开焊、裂纹、变形，各铰接点等润滑良好，紧固正常	

续表

序号	项目	内容及要求	备注
3	工作装置	3. 举升、下降、铲斗翻转等性能可靠	
4	电器和仪表	1. 各种灯、仪表、开关、喇叭、倒车蜂鸣器、刮水器等齐全并符合技术要求	
		2. 线束整洁、美观，绝缘符合技术要求	
		3. 各报警、指示、显示装置及接触器等灵活、可靠	
		4. 发电机、起动机工作正常，蓄电池充、放电性能良好，电解液充足，通气性好，无腐蚀现象	
5	其他	1. 附件、工具及灭火装置等按要求配备齐全	
		2. 车身整洁，无油垢、泥垢	
		3. 全车涂装良好，无开焊、裂纹、变形、破损、残缺	

三、轮胎式起重机

轮胎式起重机例行保养项目见表 10—3。

表 10—3　　轮胎式起重机例行保养项目

序号	项目	内容及要求	备注
1	发动机	1. 工作平稳，不渗，不漏，无异响，不过热 2. 润滑油、冷却液、燃油等油位符合技术要求 3. 动力性能良好，符合技术要求 4. 发动机燃烧情况良好，排烟颜色正常	
2	底盘部分	1. 液力变矩器和变速器 （1）工作平稳，不渗，不漏，无异响，不过热 （2）换挡自如，不脱挡	
		2. 制动器和换向器 （1）驻车制动、行车制动及转向效果性能良好，符合技术要求 （2）各连接杆件不松旷。转向盘自由转动量不超限 （3）紧急制动时两轮必须同时拖印，压重印 （4）坡道停车时驻车制动有效可靠 （5）制动液、转向油充足，符合技术要求	
		3. 前、后桥无渗漏，轴头螺栓紧固正常	
		4. 轮胎气压正常，紧固螺栓无松动，无缺失	
3	工作机构	1. 液压缸、液压泵、液压阀、管路等工作正常，密封良好，无渗漏，无油垢，液压油油位符合技术要求	
		2. 吊杆金属结构局部变形不超限，位移、波浪变形不超限，无开焊，无裂纹	
		3. 滑轮组、卷筒、钢丝绳润滑良好，紧固正常。钢丝绳符合技术要求	
		4. 离合器、制动器运行正常，效能灵敏、可靠	

续表

序号	项目	内容及要求	备注
3	工作机构	5. 减速器外表清洁，无渗漏，无异响，不过热。油位符合标准	
		6. 起升、变幅、回转机构及支腿等性能正常	
4	电器和仪表	1. 各种灯、仪表、开关、喇叭、倒车蜂鸣器、刮水器等齐全并符合技术要求	
		2. 线束整洁、美观，绝缘符合技术要求	
		3. 各报警、指示、显示装置及接触器等灵活、可靠	
		4. 发电机、起动机工作正常，蓄电池充、放电性能良好，电解液充足，通气性好，无腐蚀现象	
5	其他	1. 附件、工具及灭火装置等按要求配备齐全	
		2. 车身整洁，无油垢、泥垢	
		3. 全车涂装良好，无开焊、裂纹、变形、破损、残缺	

四、内燃牵引车与运输车

内燃牵引车与运输车例行保养项目见表10—4。

表10—4　　　　内燃牵引车与运输车例行保养项目

序号	项目	内容及要求	备注
1	发动机	1. 工作平稳，不渗，不漏，无异响，不过热 2. 润滑油、冷却液、燃油等油位符合技术要求 3. 动力性能良好，符合技术要求 4. 发动机燃烧情况良好，排烟颜色正常	
2	底盘部分	1. 液力变矩器和变速器 （1）工作平稳，不渗，不漏，无异响，不过热 （2）换挡自如，不脱挡	
		2. 制动器和转向机构 （1）驻车制动、行车制动及转向效果性能良好，符合技术要求 （2）各连接杆件不松旷。转向盘自由转动量不超限 （3）紧急制动时两轮必须同时拖印，压重印 （4）坡道停车时驻车制动有效可靠 （5）制动液、转向油充足，符合技术要求	
		3. 前、后桥无渗漏，轴头螺栓紧固正常	
		4. 轮胎气压正常，紧固螺栓无松动，无缺失	
		5. 液压缸、液压泵、液压阀、管路等工作正常，密封良好，无渗漏、无油垢	
		6. 拖挂装置性能正常，无开焊、裂纹、变形	
3	电器和仪表	1. 各种灯、仪表、开关、喇叭、倒车蜂鸣器、刮水器等齐全并符合技术要求	
		2. 线束整洁、美观，绝缘符合技术要求	
		3. 各报警、指示、显示装置及接触器等灵活、可靠	

续表

序号	项目	内容及要求	备注
3	电器和仪表	4. 发电机、起动机工作正常，蓄电池充、放电性能良好，电解液充足，通气性好，无腐蚀现象	
4	其他	1. 附件、工具及灭火装置等按要求配备齐全	
		2. 车身整洁，无油垢、泥垢	
		3. 全车涂装良好，无开焊、裂纹、变形、破损、残缺	

五、集装箱正面吊

集装箱正面吊例行保养项目见表 10—5。

表 10—5　　集装箱正面吊例行保养项目

序号	项目	内容及要求	备注
1	发动机	1. 工作平稳，不渗，不漏，无异响，不过热 2. 润滑油、冷却液、燃油等油位符合技术要求 3. 动力性能良好，符合技术要求 4. 发动机燃烧情况良好，排烟颜色正常	
2	底盘部分	1. 液力变矩器和变速器 （1）工作平稳，不渗，不漏，无异响，不过热 （2）换挡自如，不脱挡	
		2. 制动器及转向机构 （1）驻车制动、行车制动及转向效果性能良好，符合技术要求 （2）各连接杆件不松旷。转向盘自由转动量不超限 （3）紧急制动时两轮必须同时拖印，压重印 （4）坡道停车时驻车制动有效可靠 （5）制动液、转向油充足，符合技术要求	
		3. 前、后桥无渗漏，轴头螺栓紧固正常	
		4. 轮胎气压正常，紧固螺栓无松动，无缺失	
3	工作机构	1. 液压缸、液压泵、液压阀、液压马达、管路等工作正常，密封良好，无渗漏，无油垢，液压油油位符合技术要求	
		2. 吊臂、吊具金属结构局部变形不超限，无开焊，无裂纹	
		3. 吊臂伸缩、仰俯性能正常	
		4. 旋锁开、闭锁灵活可靠；吊具伸缩及旋转性能正常；开锁、闭锁、着床指示灯显示正常	
4	电器和仪表	1. 各种灯、仪表、开关、喇叭、倒车蜂鸣器、刮水器等齐全并符合技术要求	
		2. 线束整洁、美观，绝缘符合技术要求	
		3. 各报警、指示、显示装置及电磁阀等灵活、可靠	
		4. 发电机、起动机工作正常，蓄电池充、放电性能良好，电解液充足，通气性好，无腐蚀现象	

续表

序号	项目	内容及要求	备注
5	其他	1. 附件、工具及灭火装置等按要求配备齐全	
		2. 车身整洁，无油垢、泥垢	
		3. 全车涂装良好，无开焊、裂纹、变形、破损、残缺	

六、集装箱堆高机

集装箱堆高机例行保养项目见表10—6。

表10—6　　集装箱堆高机例行保养项目

序号	项目	内容及要求	备注
1	发动机	1. 工作平稳，不渗，不漏，无异响，不过热 2. 润滑油、冷却液、燃油等油位符合技术要求 3. 动力性能良好，符合技术要求 4. 发动机燃烧情况良好，排烟颜色正常	
2	底盘部分	1. 液力变矩器和变速器 （1）工作平稳，不渗，不漏，无异响，不过热 （2）换挡自如，不脱挡	
		2. 制动器和转向机构 （1）驻车制动、行车制动及转向效果性能良好，符合技术要求 （2）各连接杆件不松旷。转向盘自由转动量不超限 （3）紧急制动时两轮必须同时拖印，压重印 （4）坡道停车时驻车制动有效可靠 （5）制动液、转向油充足，符合技术要求	
		3. 前、后桥无渗漏，轴头螺栓紧固正常	
		4. 轮胎气压正常，紧固螺栓无松动，无缺失	
3	工作机构	1. 液压缸、液压泵、液压阀、管路等工作正常，密封良好，无渗漏，无油垢，液压油油位符合技术要求	
		2. 门架、链条等装置的金属结构局部变形不超限，无开焊，无裂纹；链条、链轮等润滑良好，紧固正常	
		3. 门架升降、倾斜性能正常	
		4. 旋锁开、闭锁灵活可靠；吊具伸缩性能正常	
4	电器和仪表	1. 各种灯、仪表、开关、喇叭、倒车蜂鸣器、刮水器等齐全并符合技术要求	
		2. 线束整洁、美观，绝缘符合技术要求	
		3. 各报警、指示、显示装置及电磁阀等灵活、可靠	
		4. 发电机、起动机工作正常，蓄电池充、放电性能良好，电解液充足，通气性好，无腐蚀现象	

续表

序号	项目	内容及要求	备注
5	其他	1. 附件、工具及灭火装置等按要求配备齐全	
		2. 车身整洁，无油垢、泥垢	
		3. 全车涂装良好，无开焊、裂纹、变形、破损、残缺	

第二节　定期保养

定期保养是指按一定间隔期有计划地对设备进行的强制维护工作。港口企业普遍实行三级保养制度，一般按一级保养、二级保养、三级保养（小修）的周期执行，并遵守相应级别的保养规范和技术标准。

一级保养（简称“一保”），一般由司机和维修工共同进行，其主要内容为检查、清洁、紧固、润滑等工作。

二级保养（简称“二保”），一般以维修工为主，操作人员参加维护，其主要内容是在“一保”的基础上，进行局部拆检、调整、更换、修复等工作。

三级保养（简称“三保”或“小修”），一般由修理工进行维护，其主要内容是在“二保”的基础上，按设备各机构或部件的自然磨损规律及技术状态，调整、修复或更换修理间隔期内失效的或即将失效的零部件。

一、内燃叉车

内燃叉车定期保养项目见表10—7。

表10—7　　内燃叉车定期保养项目

部位	项目	序号	内容	“一保”	“二保”
整机性能	车容车貌	1	清扫机械各部卫生	○	○
	整机性能	2	听查发动机各转速运转情况，检查离合器、变矩器、变速器、转向、制动及液压等机构在运转过程中的工作情况	○	○
	各部位渗漏	3	检查整机各部位渗漏情况	○	○
	各部位紧固	4	检查各部位螺栓紧固情况	○	○
	各部位润滑	5	检查各部位润滑情况	○	○
	金属结构	6	检查金属结构技术状况	○	○
	通风孔	7	检查发动机曲轴箱、变速器、主减速器、液压油箱、转向机通风孔	○	○

续表

部位	项目	序号	内容	“一保”	“二保”
发动机	曲轴连杆机构	8	听查本机构运转情况	○	○
		9	紧固缸盖螺栓，按需更换气缸垫		○
		10	检查飞轮、齿圈的技术状况		○
	配气机构	11	检查、调整气门间隙		○
	润滑系	12	更换发动机润滑油	●	○
		13	更换机油滤清器	●	○
		14	清洗机油散热器外表	●	○
	冷却系	15	检查冷却液量	○	○
		16	检查风扇传动带张紧度及磨损情况	○	○
		17	清扫散热器外表	○	○
		18	清扫空气滤清器及滤芯，按需更换	○	○
	供给系	19	清洗燃油滤清器滤芯，按需更换	○	○
		20	清洗输油泵滤芯		○
		21	检查燃油泵万向节，调整供油提前装置		○
		22	检查及调整喷油泵		○
		23	清洗燃油箱		●
转动系统	变速器及管路	24	检查变矩器、变速器运转情况	○	○
		25	检查油量	○	○
		26	检查压力表		○
		27	检查行走操纵杆及阀		○
		28	调整微动踏板行程		○
		29	更换变速器油，清扫滤清器，按需更换		●
	传动轴	30	检查万向节、轴承、花键与键槽的磨损情况		○
	主减速器	31	检查油位	○	○
		32	检查主减速器运行状况		○
		33	疏通通气孔	○	○
	轮边减速器	34	检查轮边减速器运行状况	○	○
制动系统	行车制动	35	检查齿轮磨损情况		○
		36	检查制动液量	○	○
		37	检查制动踏板自由行程	○	○

续表

部位	项目	序号	内容	“一保”	“二保”
制动系统	行车制动	38	检查制动效果	○	○
		39	检查各制动油管及气管	○	○
		40	检查制动总泵工作情况	○	○
		41	检查制动分泵及活塞		○
		42	检查制动鼓与蹄片间隙		○
		43	检查蹄片、制动鼓及轮毂轴承磨损情况		○
		44	检查支承销		○
		45	检查复位弹簧的损伤		○
		46	检查空气压缩机技术状况		○
		47	检查真空增压器技术状况		○
	真空泵	48	检查真空泵技术状况		○
	驻车制动	49	检查驻车制动技术状况	○	○
转向系统	转向机	50	检查转向机油量	○	○
		51	检查转向机技术状况		○
	转向拉杆及球头	52	检查横拉杆、直拉杆及球头的配合		○
	三叉盘	53	检查三叉盘中心轴与轴承的配合及三叉盘球头座孔		○
	转向桥	54	检查转向桥技术状况		○
	万向节	55	检查万向节及立轴轴承		●
	液压缸及油管	56	检查转向液压缸及其油管	○	○
	油泵及控制阀	57	检查转向泵及控制阀的工作情况		○
	转向控制阀	58	检查转向控制阀技术状况		●
	转向轮	59	检查轮毂轴承磨损情况		○
工作装置	油泵及油管	60	检查油泵的泄漏和异响	○	○
	控制阀（分配器）	61	检查控制阀（分配器）的工作情况		○
	液压缸	62	检查各液压缸渗漏情况	○	○
	起升链条及滚轮	63	检查起升链条技术状况	○	○
		64	检查各滚轮磨损情况		○
	门架	65	检查门架、属具架及保护架	○	○
		66	检查货叉及止锁销	○	○
		67	检查吊具情况		○
	油箱	68	清洗或更换滤清器		●

续表

部位	项目	序号	内容	“一保”	“二保”
电气部分	照明及信号装置	69	检查照明系统工作状况及固定部位有无松动	○	○
		70	检查前后转向灯、前后示宽灯、制动灯、倒车灯工作状况及固定部位有无松动	○	○
	音响	71	检查喇叭、倒车报警装置是否完好有效	○	○
	仪表	72	检查各仪表、仪表灯和传感装置、开关是否完好有效	○	○
	刮水器、暖风机	73	检查刮水器、暖风机、电风扇工作状况	○	○
	预热装置	74	检查预热器装置	○	○
	发电机	75	检查发动机（调节器）充电功能	○	○
		76	拆卸发电机分解检查		●
	起动机	77	检查起动机工作情况	○	○
		78	拆解起动机分解检查		○
	蓄电池	79	检查蓄电池电解液相对密度、液面高度，清洁外表	○	○
	线束	80	检查、整理、清洁电气线路，更换损伤、老化、黏合的导线及电气部件		○
其他	底架	81	检查底架各部位状况	○	○
	驾驶室	82	检查驾驶室各部位固定情况及损坏情况	○	○
		83	检查驾驶室内装置	○	○

注：“○”为必做项，“●”为可选项。

二、装载机

装载机定期保养项目见表 10—8。

表 10—8　　装载机定期保养项目

部位	项目	序号	内容	“一保”	“二保”
整机性能	车容车貌	1	清扫机械各部位	○	○
	整机性能	2	听查发动机各转速运转情况，检查离合器、变矩器、变速器、转向、制动及液压等机构在运转过程中的工作情况	○	○
	各部位渗漏	3	检查整机各部位渗漏情况	○	○
	各部位紧固	4	检查各部位螺栓紧固情况	○	○
	各部位润滑	5	检查各部位润滑情况	○	○

续表

部位	项目	序号	内容	“一保”	“二保”
整机性能	金属结构	6	检查金属结构技术状况	○	○
	通风孔	7	检查发动机曲轴箱、变速器、主减速器、液压油箱、转向机通风孔	○	○
发动机	曲轴连杆机构	8	听查本机构运转情况	○	○
		9	紧固缸盖螺栓，按需更换气缸垫		○
		10	检查飞轮、齿圈的技术状况		○
	配气机构	11	检查、调整气门间隙		○
	润滑系	12	更换发动机润滑油	●	○
		13	更换机油滤清器	●	○
		14	清洗机油散热器外表	●	○
	冷却系	15	检查冷却液量	○	○
		16	检查风扇传动带张紧度及磨损情况	○	○
		17	清扫散热器外表	○	○
		18	清扫空气滤清器及滤芯，按需更换	○	○
	供给系	19	清洗燃油滤清器滤芯，按需更换	○	○
		20	清洗输油泵滤芯		○
		21	检查燃油泵万向节，调整供油提前装置		○
		22	检查及调整喷油泵		○
		23	清洗燃油箱		●
转动系统	传动轴	24	检查传动轴工作情况	○	○
	主减速器	25	换油并检查油质		○
行走系统	前、后桥	26	检查轮毂轴承是否松旷	○	○
		27	检查车轮及充气压力	○	
制动系统	气泵	28	检查气泵工作情况		○
	总泵	29	检查及调整制动踏板自由行程	○	○
	制动器	30	检查制动效果	○	○
	驻车制动器	31	检查驻车制动技术状况		○
转向系统	转向机	32	检查转向盘自由行程	○	○
	拉杆	33	检查转向拉杆	○	○
	中心铰轴	34	检查中心铰轴间隙		○

续表

部位	项目	序号	内容	"一保"	"二保"
工作装置	液压缸	35	检查各液压缸渗漏情况		○
	臂架	36	检查铲斗大、小臂		○
电气部分	照明灯	37	检查照明系统工作状况及固定部位有无松动	○	○
	指示灯	38	检查前后转向灯、前后示宽灯、制动灯、倒车灯工作状况及固定部位有无松动	○	○
	音响	39	检查喇叭、倒车报警装置是否完好有效	○	○
	仪表	40	检查各仪表、仪表灯和传感装置、开关是否完好有效	○	○
	刮水器	41	检查刮水器工作状况	○	○
	预热装置	42	检查预热器装置	○	○
	发电机	43	检查发动机（调节器）充电功能	○	○
		44	拆卸发电机分解检查		●
	起动机	45	检查起动机工作情况	○	○
		46	拆解起动机分解检查		○
	蓄电池	47	检查蓄电池电解液相对密度、液面高度，清洁外表	○	○
	线束	48	检查、整理、清洁电气线路，更换损伤、老化、黏合的导线及电气部件		○
其他	驾驶室	49	检查驾驶室各部位固定情况及损坏情况	○	○
		50	检查驾驶室内装置	○	○

注："○"为必做项，"●"为可选项。

三、轮胎式起重机

轮胎式起重机定期保养项目见表 10—9。

表 10—9　　轮胎式起重机定期保养项目

部位	项目	序号	内容	"一保"	"二保"
整机性能	车容车貌	1	清扫机械各部位	○	○
	整机性能	2	听查发动机各转速运转情况，检查离合器、变矩器、变速器、转向、制动及液压等机构在运转过程中的工作情况	○	○
	各部位渗漏	3	检查整机各部位渗漏情况	○	○
	各部位紧固	4	检查各部位螺栓紧固情况	○	○

续表

部位	项目	序号	内容	“一保”	“二保”
整机性能	各部位润滑	5	检查各部位润滑情况	○	○
	金属结构	6	检查金属结构技术状况	○	○
	通风孔	7	检查发动机曲轴箱、变速器、主减速器、液压油箱、转向机通风孔	○	○
发动机	曲轴连杆机构	8	听查本机构运转情况	○	○
		9	紧固缸盖螺栓，按需更换气缸垫		○
		10	检查飞轮、齿圈的技术状况		○
	配气机构	11	检查、调整气门间隙		○
	润滑系	12	更换发动机润滑油	●	○
		13	更换机油滤清器	●	○
		14	清洗机油散热器外表	●	○
	冷却系	15	检查冷却液量	○	○
		16	检查风扇传动带张紧度及磨损情况	○	○
		17	清扫散热器外表	○	○
		18	清扫空气滤清器及滤芯，按需更换	○	○
	供给系	19	清洗燃油滤清器滤芯，按需更换	○	○
		20	清洗输油泵滤芯		○
		21	检查燃油泵万向节，调整供油提前装置		○
		22	检查及调整喷油泵		○
		23	清洗燃油箱		●
动力装置	变矩器	24	检查变矩器运转情况	○	○
		25	检查油量	○	○
工作机构	减速器	26	检查减速器油量和油质	○	○
		27	清洗减速器外表	○	○
		28	检查减速器运转情况		○
		29	检查减速器有无异常磨损		○
	传动轴及万向节	30	检查传动轴固定螺栓		○
		31	检查万向节、弹性圈及柱销磨损情况	○	○
	制动器	32	检查及调整制动器	○	○
		33	检查制动轮磨损及完好情况		○

续表

部位	项目	序号	内容	“一保”	“二保”
工作机构	制动器	34	检查制动带及摩擦片厚度		○
		35	检查及调整制动器各连杆及锁定装置		○
	离合器	36	检查离合器摩擦片厚度，按需更换离合器分泵密封圈		○
		37	检查及调整离合器间隙		○
		38	检查离合器鼓磨损情况		○
	滑轮组	39	检查滑轮组磨损情况		○
	卷筒	40	检查卷筒磨损、变形情况		○
	钢丝绳	41	清洁、润滑钢丝绳		○
		42	检查钢丝绳和夹头完好情况，按需更换钢丝绳	○	○
	吊杆	43	检查吊杆焊缝及连接销	○	○
	钩头	44	检查钩头磨损情况	○	○
		45	检查、紧固钩头螺母及螺栓	○	○
	辅杆	46	检查辅杆是否变形或有损伤	○	○
	人字架	47	检查人字架是否变形		○
		48	检查人字架连接销是否牢固		○
		49	检查人字架滑轮轴磨损情况		○
	小齿轮及大齿圈	50	检查润滑、磨损情况	○	○
		51	检查运转情况	○	○
		52	检查固定大齿圈螺栓	○	○
	中心滑环	53	检查中心滑环是否漏油		○
走行机构	行走减速器	54	检查行走减速器油量及油质	○	○
		55	检查运转情况		○
		56	检查、消除漏油情况		○
		57	检查齿轮磨损情况		○
	行走变速器	58	更换变速器油，清扫滤清器		●
	驻车制动	59	检查及调整驻车制动器		○
	行车制动	60	检查及调整行车制动效能		○
		61	排出储气筒中的水	○	○
		62	检查制动系统气压及是否漏气	○	○

续表

部位	项目	序号	内容	"一保"	"二保"
走行机构	行车制动	63	检查制动踏板自由行程		○
		64	检查制动鼓、摩擦片		○
		65	检查制动加力器是否漏油、漏气		○
		66	检查制动分泵是否漏油		○
		67	检查空气干燥器		○
	前、后桥	68	检查及紧固轮毂及轴头螺栓		○
	轮胎	69	检查轮胎气压	○	○
		70	检查轮胎有无损伤或异物	○	○
	轮辋	71	检查轮辋是否有裂纹、变形、腐蚀		○
		72	检查螺栓是否松旷		○
	行走链条	73	检查链条是否松弛		○
		74	检查链条及链齿磨损情况		○
	离合器	75	调整离合器间隙	○	○
		76	检查离合器摩擦片厚度		○
		77	检查离合器分泵是否漏油		○
		78	检查离合器鼓磨损情况		○
液压转向机构	转向机	79	检查转向机油量，看其是否漏油		○
		80	检查转向机固定螺栓		○
		81	检查转向机技术状况		○
	转向拉杆	82	检查、调整转向拉杆		○
		83	检查、调整转向拉杆机构		○
	转向液压缸	84	检查转向液压缸及其油管		○
	液压泵	85	检查、调整转向泵压力		○
	油箱	86	检查、清洗各系统滤清器		○
		87	检查液压油量		○
		88	检查、清洗液压油箱		○
电气部分	照明灯	89	检查照明系统工作状况及固定部位有无松动	○	○
	指示灯	90	检查前后转向灯、前后示宽灯、制动灯、倒车灯工作状况及固定部位有无松动	○	○
	音响	91	检查喇叭、倒车报警装置是否完好有效	○	○

续表

部位	项目	序号	内容	"一保"	"二保"
电气部分	仪表	92	检查各仪表、仪表灯和传感装置，开关是否完好有效	○	○
	刮水器、暖风机	93	检查刮水器、暖风机、电风扇工作状况	○	○
	发电机	94	检查发动机（调节器）充电功能	○	○
		95	拆卸发电机分解检查		●
	起动机	96	检查起动机工作情况	○	○
		97	拆解起动机分解检查		○
	蓄电池	98	检查蓄电池电解液相对密度、液面高度，清洁外表	○	○
	电磁阀	99	检查电磁阀工作状况		○
	限位器	100	检查、调整吊钩限位器、变幅限位器	○	○
	线束	101	检查、整理、清洁电气线路，更换损伤、老化、黏合的导线及电气部件		○
其他	上、下转台	102	检查是否有裂纹、变形现象		○
	支腿	103	检查支腿	○	○
	支腿座	104	检查支腿座	○	○
	配重	105	检查配重螺栓	○	○
	驾驶室	106	检查驾驶室各部位固定情况及损坏情况	○	○
		107	检查驾驶室内装置	○	○

注："○"为必做项，"●"为可选项。

四、内燃牵引车与运输车

内燃牵引车与运输车定期保养项目见表10—10。

表10—10　　内燃牵引车与运输车定期保养项目

部位	项目	序号	内容	"一保"	"二保"
整机性能	车容车貌	1	清扫机械各部位	○	○
	整机性能	2	听查发动机各转速运转情况，检查离合器、变矩器、变速器、转向、制动及液压等机构在运转过程中的工作情况	○	○
	各部位渗漏	3	检查整机各部位渗漏情况	○	○
	各部位紧固	4	检查各部位螺栓紧固情况	○	○
	各部位润滑	5	检查各部位润滑情况	○	○

续表

部位	项目	序号	内容	“一保”	“二保”
整机性能	金属结构	6	检查金属结构技术状况	○	○
	通风孔	7	检查发动机曲轴箱、变速器、主减速器、液压油箱、转向机通风孔	○	○
发动机	曲轴连杆机构	8	听查本机构运转情况	○	○
		9	紧固缸盖螺栓，按需更换气缸垫		○
		10	检查飞轮、齿圈的技术状况		○
	配气机构	11	检查、调整气门间隙		○
	润滑系	12	更换发动机润滑油	●	○
		13	更换机油滤清器	●	○
		14	清洗机油散热器外表	●	○
	冷却系	15	检查冷却液量	○	○
		16	检查风扇传动带张紧度及磨损情况	○	○
		17	清扫散热器外表	○	○
		18	清扫空气滤清器及滤芯，按需更换	○	○
	供给系	19	清洗燃油滤清器滤芯，按需更换	○	○
		20	清洗输油泵滤芯		○
		21	检查燃油泵万向节，调整供油提前装置		○
		22	检查、调整喷油泵		○
		23	清洗燃油箱		●
转动系统	离合器	24	检查离合器工作状况	○	○
		25	检查离合器踏板自由行程	○	○
		26	检查离合器分离轴承与分离杠杆间隙		○
	变速器	27	检查变速器工作状况		○
	传动轴	28	检查传动轴工作情况	○	○
	主减速器	29	检查主减速器工作情况		○
行走系统	前、后桥	30	检查钢板弹簧	○	○
		31	检查及更换前、后钢板弹簧销套		○
		32	检查减振器		○
		33	检查轮毂轴承是否松旷	○	○
		34	检查车轮及充气压力	○	○

续表

部位	项目	序号	内容	"一保"	"二保"
制动系统	气泵	35	检查气泵工作情况		○
	总泵	36	检查、调整制动踏板自由行程	○	○
	制动器	37	检查制动效果	○	○
	驻车制动	38	检查驻车制动技术状况		○
转向系统	转向机	39	检查转向盘自由行程	○	○
	拉杆	40	检查转向拉杆	○	○
	万向节	41	检查万向节及主销销套		○
拖盘	整体	42	拖盘整体检查及保养	○	○
	支腿	43	检查支腿		○
	牵引销锁	44	检查牵引销锁		○
	臂架	45	检查拖盘中心牵引销		○
电气部分	照明灯	46	检查照明系统工作状况及固定部位有无松动	○	○
	指示灯	47	检查前后转向灯、前后示宽灯、制动灯、倒车灯工作状况及固定部位有无松动	○	○
	音响	48	检查喇叭、倒车报警装置是否完好有效	○	○
	仪表	49	检查各仪表、仪表灯和传感装置、开关是否完好有效	○	○
	刮水器、暖风机	50	检查刮水器、暖风机工作状况	○	○
	预热装置	51	检查预热器装置	○	○
	发电机	52	检查发动机（调节器）充电功能	○	○
		53	拆卸发电机分解检查		●
	起动机	54	检查起动机工作情况	○	○
		55	拆解起动机分解检查		○
	蓄电池	56	检查蓄电池电解液相对密度、液面高度，清洁外表	○	○
	线束	57	检查、整理、清洁电气线路，更换损伤、老化、黏合的导线及电气部件		○
其他	驾驶室	58	检查驾驶室各部位固定情况及损坏情况	○	○
		59	检查驾驶室内装置	○	○

注："○"为必做项，"●"为可选项。

五、集装箱正面吊

集装箱正面吊定期保养项目见表 10—11。

表 10—11　　集装箱正面吊定期保养项目

部位	序号	项目内容	"一保"	"二保"
发动机	1	检查空气滤清状况指示器	○	○
	2	更换空气滤清器滤芯	○	○
	3	更换机油及机油滤清器滤芯	○	○
	4	更换柴油滤清器滤芯	○	○
	5	检查冷却液质量和冷却液量	○	○
	6	清扫散热器外表	○	○
	7	检查传动带和带轮		○
	8	检查发动机起动、停止和运转情况		○
	9	检查是否有漏油和水的地方		○
	10	检查涡轮增压器和废气管是否有泄漏		○
	11	更换油水分离器滤芯		○
	12	清除油滤清器内的油污		○
变速器与传动轴	13	检查和添加传动油	○	○
	14	检查传动轴的固定螺栓是否松脱	○	○
	15	检查转速感应器	○	○
驱动桥与制动系统	16	检查驱动桥固定螺栓松紧度	○	○
	17	检查轮胎压板螺栓是否有松脱	○	○
	18	检查驱动桥与制动元件是否有漏油现象	○	○
	19	检查和添加驱动桥差速器及行星齿轮箱的油量	○	○
转向桥	20	检查转向轴元件是否有不正常间隙和损坏	○	○
	21	检查抗倾翻感应器	○	○
	22	检查轮胎压板螺栓是否有松脱	○	○
	23	检查轮胎是否有偏斜	○	○
吊具	24	检查旋锁和相关元件状况	○	○
	25	检查旋锁感应器和指示器状况	○	○
	26	检查及调校 20/40 链及限位	○	○
	27	检查吊具旋转减速器齿轮油和润滑油油量		○
伸缩和俯仰系统	28	检查基本臂上的固定座和销轴是否松脱及磨损	○	○
	29	检查俯仰液压缸上的固定座和销轴是否松脱及磨损	○	○
	30	检查基本臂上的滑块是否磨损至极限		○

续表

部位	序号	项目内容	“一保”	“二保”
液压系统	31	检查主液压油箱和制动油箱的油量	○	○
	32	检查蓄能器压力	○	○
电路	33	检查蓄电池电解液液面高度并清洁外表	○	○
	34	检查所有工作灯和指示灯	○	○
一般项目	35	检查轮胎状况和气压	○	○
	36	检查喇叭、倒车报警装置是否完好有效	○	○
	37	润滑所有滑块和润滑点	○	○
驾驶室	38	检查驾驶室各部位固定情况及损坏情况	○	○
	39	检查驾驶室内装置	○	○
性能测试	40	测试抗倾翻保护系统	○	○
	41	测试旋锁安全联锁装置系统	○	○
	42	测试液压系统整体功能	○	○
	43	检查及处理任何漏油和水的地方	○	○

注：“○”为必做项。

六、集装箱堆高机

集装箱堆高机定期保养项目见表 10—12。

表 10—12　　集装箱堆高机定期保养项目

部位	序号	项目内容	“一保”	“二保”
发动机	1	检查空气滤清状况指示器	○	○
	2	更换空气滤清器滤芯	○	○
	3	更换机油及机油滤清器滤芯	○	○
	4	更换柴油滤清器滤芯	○	○
	5	检查冷却液质量和冷却液量	○	○
	6	清扫散热器外表	○	○
	7	检查传动带和带轮		○
	8	检查发动机起动、停止和运转情况		○
	9	检查是否有漏油和水的地方		○
	10	检查涡轮增压器和废气管是否有泄漏		○
	11	更换油水分离器滤芯		○
	12	清除油滤清器内的油污		○

续表

部位	序号	项目内容	"一保"	"二保"
变速器与传动轴	13	检查和添加传动油	○	○
	14	检查传动轴的固定螺栓是否松脱	○	○
	15	检查转速感应器	○	○
驱动桥与制动系统	16	检查驱动桥固定螺栓松紧度	○	○
	17	检查轮胎压板螺栓是否有松脱	○	○
	18	检查驱动桥与制动元件是否有漏油现象	○	○
	19	检查和添加驱动桥差速器及行星齿轮箱的油量	○	○
转向桥	20	检查转向轴元件是否有不正常间隙和损坏	○	○
	21	检查抗倾翻感应器	○	○
	22	检查轮胎压板螺栓是否有松脱	○	○
	23	检查轮胎是否有偏斜	○	○
吊具	24	检查旋锁和相关元件状况	○	○
	25	检查旋锁感应器和指示器状况	○	○
	26	检查及调校 20/40 链及限位	○	○
升降和倾斜系统	27	检查门架、起升链条及滚轮的技术状况	○	○
	28	检查各滚轮磨损情况	○	○
	29	检查升降、倾斜液压缸的固定座和销轴是否松脱及磨损		○
液压系统	30	检查主液压油箱和制动油箱的油量	○	○
	31	检查蓄能器压力	○	○
电路	32	检查蓄电池电解液液面高度并清洁外表	○	○
	33	检查所有工作灯和指示灯	○	○
一般项目	34	检查轮胎状况和气压	○	○
	35	检查喇叭、倒车报警装置是否完好有效	○	○
	36	润滑所有滑块和润滑点	○	○
驾驶室	37	检查驾驶室各部位固定情况及损坏情况	○	○
	38	检查驾驶室内装置	○	○
性能测试	39	测试抗倾翻保护系统	○	○
	40	测试旋锁安全联锁装置系统	○	○
	41	测试液压系统整体功能	○	○
	42	检查及处理任何漏油和水的地方	○	○

注："○"为必做项。

第三节　柴油机的维护及保养

一、柴油机的保养规范

柴油机在使用过程中，由于零件磨损、紧固件松动、电气插接件松动、间隙变化、油料变质等，都会使柴油机的技术状况恶化，从而出现起动困难、功率下降、油耗增加等多种不正常现象，甚至不能正常工作。根据柴油机的技术状况以及工作时间或车辆行驶里程，定期对柴油机各部位进行清洁、检查、润滑、调整或更换某些零件等技术保养，是合理使用柴油机的重要内容。

二、柴油机的定期保养

根据柴油机各零部件技术状况恶化程度不同的规律，可将各项定期需要技术保养的操作分为每日技术保养、一级技术保养、二级技术保养。对发动机的定期维护和保养，一般按制造厂商的技术要求进行。下面以合力叉车发动机为例进行介绍。

1. 定期检查及维护内容

（1）检查柴油、冷却液和机油的液面高度，必要时按技术要求添加。

（2）清除蓄电池上的灰垢及溅出的电解液，保证通气小孔畅通。

（3）起动柴油机后检查有无漏油、漏水、漏气等现象。如发现“三漏”应及时排除。

（4）检查各附件装置的稳固情况。

（5）起动柴油机后，听其运转是否正常，查看其排气情况，并查看仪表的工作状况。

（6）保持柴油机清洁，特别是电气设备不得有油污，水箱散热器上不得附有异物。

（7）检查、紧固增压器与柴油机的连接，排除漏油、漏气等故障，并保持增压器外部清洁。

（8）从油水分离器中排水。

（9）对燃油系统排气。

2. 定期维护时间表

针对内燃装卸叉车，内燃机定期维护时间表（见表 10—13）列出的小时数是基于叉车一天工作 8 h，一个月工作 200 h 的情况而定的。该时间表是以标准的工作时间和作业条件设定的，如果叉车在恶劣条件下工作，可提前进行维护。（表中的“●”表示更换，“○”表示检查）。

3. 季节性技术保养

（1）每年在冬季到来前更换柴油机冷却系统中的防冻防锈液。

（2）进入冬季，润滑系统应及时换用冬季用润滑油。

（3）根据季节不同变更蓄电池电解液的浓度。

表 10—13　　定期维护时间表

检查项目	检查内容	工具	每天（8 h）	每月（200 h）	3 个月（600 h）	6 个月（1 200 h）	每年（2 400 h）
发动机	目视发动机运转情况		○	○	○	○	○
	发动机声音		○	○	○	○	○
	排气颜色		○	○	○	○	○
	清洁或更换空气滤清器滤芯			○	○	●	●
	检查曲轴箱，清除污垢				○	○	○
	检查、调整气门间隙	塞尺				○	○
	拧紧气缸螺栓	扭力扳手					○
	检查气缸压缩压力	压力表					○
曲轴通风装置	检查阀和管堵塞或损坏情况					○	○
调速器及喷油泵	检查空载最大转速						○
润滑系统	发动机是否漏油		○	○	○	○	○
	检查油量、清洁度		○	○	○	○	○
	更换发动机机油			●（初次 50 h）	●	●	●
	更换发动机机油滤清器滤芯			●（初次 200 h）	●	●	●
燃油系统	目视检查油管、油泵、油箱是否漏油		○	○	○	○	○
	检查燃油滤清器是否堵塞				○	○	○
	更换燃油滤清器				●	●	●
	检查喷嘴，调整压力、状态	喷射试验机				○	○
	喷射时刻						○
	燃油箱排水				○	○	○
	清洗燃油箱					○	○
	检查燃油量		○	○	○	○	○
冷却系统	冷却液量		○	○	○	○	○
	渗漏情况		○	○	○	○	○
	胶管老化情况				○	○	○

续表

检查项目	检查内容	工具	每天（8 h）	每月（200 h）	3 个月（600 h）	6 个月（1 200 h）	每年（2 400 h）
冷却系统	水箱盖的性能和安装情况			○	○	○	○
	清理、更换冷却液				●	●	●
	检查风扇传动带张紧力及损坏情况		○	○	○	○	○

第四节　发动机部件总成调整方法

一、气门间隙的概念及调整

1. 气门间隙的概念

气门在完全关闭时，气门杆尾端与气门传动组零件之间的间隙称为气门间隙。发动机工作时，气门因温度升高而膨胀，若在冷态时无间隙或间隙过小；则在热态时，气门及其传动件的受热膨胀势必引起气门关闭不严，造成发动机在压缩和做功行程中漏气，而使功率下降，严重时甚至不易起动。如果气门间隙过大，则使传动零件之间以及气门和气门座之间产生撞击响声，并加速磨损；同时，也会使气门开启的持续时间减少，气缸的充气以及排气情况变差。

气门间隙的数值与气门的大小、材料、工作温度有关，由发动机制造厂根据试验确定。由于排气门工作温度比进气门高，因此通常排气门间隙应稍大些。一般在冷态时，进气门的间隙为 0.25~0.35 mm，排气门的间隙为 0.30~0.35 mm。如果气门间隙过小，发动机在热态下可能因气门关闭不严而产生漏气，导致功率下降，甚至烧坏气门。

2. 气门间隙的调整

气门间隙的调整应在气缸盖螺母按规定力矩拧紧、摇臂座已紧固的情况下进行，检查和调整气门间隙时，该气门的挺杆应处于最低位置。

气门间隙检查及调整的部位如图 10—1 所示。用厚度符合规定间隙的塞尺插入气门杆尾端与摇臂之间，来回拉动时以感到有轻微阻力为合适。如间隙过大或过小，先旋松锁紧螺母，然后旋转调整螺钉，直到间隙合适为止，最后拧紧锁紧螺母。

调整气门间隙时可采用逐缸调整法或两次调整法。逐缸调整法就是转动曲轴，当某一缸活塞处于压缩行程终了时，即调整该缸的进气门和排气门间隙，然后转动曲轴，按点火次序逐缸进行调整。两次调整法是根据发动机的工作循环、点火次序和配气相位，当某缸处于压缩行程终了时，除调整该缸的进气门和排气门外，把其余各缸可以调整的气门间隙同时进行调整，这样，一台发动机只要两次就可以把全部气门间隙调整完毕。气门间隙调整好后，使用一段时间仍要检查和调整。

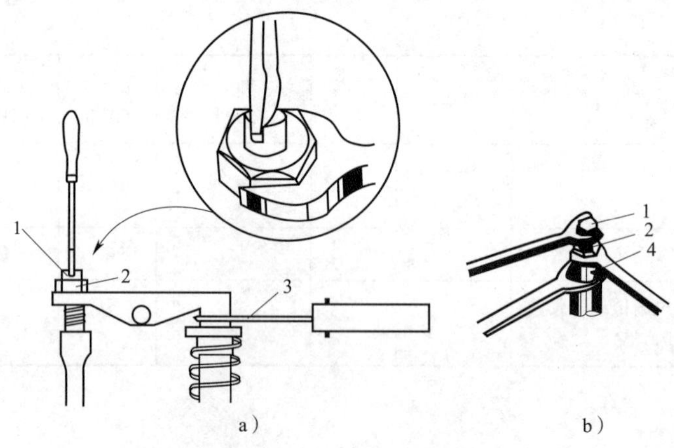

图 10—1　气门间隙的检查及调整

a）检查气门间隙　b）拧紧锁紧螺母

1—调整螺钉　2—锁紧螺母　3—塞尺　4—挺杆

新型发动机如型号为沃尔沃 1240VE 的电控泵喷嘴发动机，进行气门间隙的调整时，各缸工作状态可直接看凸轮轴上的记号，如图 10—2 所示。

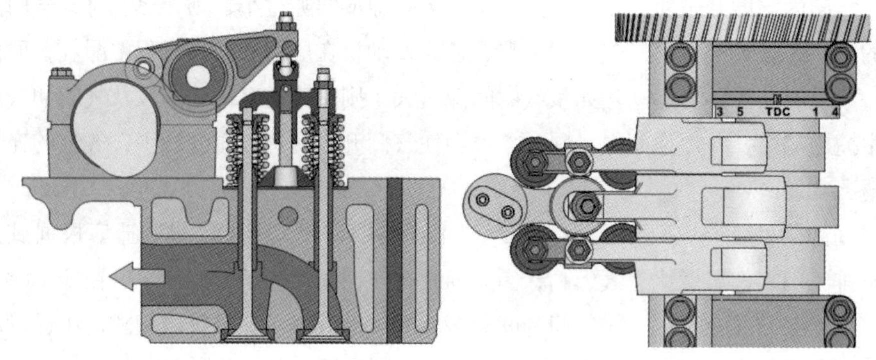

图 10—2　凸轮轴上的记号

有的发动机气门传动采用液力挺柱，如图 10—3 所示，挺柱的长度能自动变化，随时补偿气门的热膨胀量，故不需要预留气门间隙。

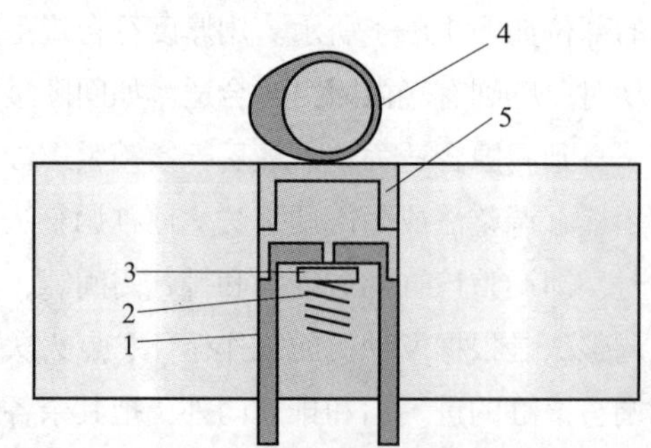

图 10—3　液力挺柱气门传动

1—柱塞　2—阀门弹簧　3—阀门　4—凸轮轴　5—挺柱体

二、供油正时的概念及调试

车辆行驶一定里程或喷油泵检修后，经过调试重新安装时，必须检查与调整供油正时。

1. 相关概念

（1）供油起始角和供油间隔角。供油起始角是指喷油泵开始供油时，柱塞中心线与凸轮轴对称中心线之间的夹角。由于出油阀开启时刻受柴油机转速的影响，供油起始角通常是指柴油机停车状态测得的静态值。

供油间隔角是指按供油顺序相邻两缸供油始点间隔的凸轮轴转角。供油间隔角保证了各缸供油起始角的相同性。

（2）供油提前角与喷油提前角。供油提前角是指喷油泵的出油阀打开时刻，该缸活塞距压缩上止点的曲轴转角。考虑到喷油泵速度特性的影响，产品说明书上给出的供油提前角数据是在静态下测得的。

喷油提前角是指喷油器针阀抬起时刻该缸活塞距压缩上止点的曲轴转角。

一般来说，喷油提前角比供油提前角滞后 8° ~ 10°。喷油提前角需要在动态下（即发动机运转时）检查，而且需要使用专门的仪器，所以很少使用。

（3）供油正时标记。为便于检查与调整供油提前角，柴油车辆通常在发动机和喷油泵上都有供油正时标记，标记位置因车型不同而异，一般分为以下三种：

1）喷油泵的第 1 分泵开始供油标记，一般在万向节从动盘与泵壳轴承盖上有一对对齐的刻线，其实也是对基准缸第 1 缸供油起始角的标定。

2）发动机供油提前角的标记，一般在飞轮或曲轴传动带轮上标有供油提前角标记或刻度。

3）喷油泵正时齿轮啮合标记。

对于新喷油泵，将以上供油正时标记对正即可。对于旧喷油泵，由于各机件有不同程度的磨损，供油时刻已发生变化，供油正时标记对正时，喷油泵并不供油，需要重新进行调试。

2. 供油正时的调试

供油正时的调试以静态调试为主，包括供油起始角的调试和供油提前角的调试两个方面。当发现供油提前角不符合要求时应进行动态调试。

（1）供油起始角和供油间隔角的调试。供油起始角的调试需要在专用的喷油泵试验台上进行。试验方法由产品说明书具体规定，常用方法有断油法和脉动法（又称溢油法）两种。

（2）供油提前角的调试。供油提前角的检查应在基准缸的供油起始角及各缸的供油间隔角正确的前提下进行。供油提前角的调试需要在发动机上进行。其方法如下：手摇转动曲轴，使第 1 缸处于压缩行程中，当飞轮或曲轴传动带轮上的供油提前角刻度对准固定标记时，停止摇转。查看万向节从动盘上的刻线与泵壳轴承盖上的正时刻线是否对齐，若两刻线正好对齐，说明第 1 缸供油时间正确。

若从动盘刻线未到达或超过泵壳轴承盖上的正时刻线，说明第 1 缸供油过晚或过早，可通过改变喷油泵凸轮轴与供油正时齿轮的相对转角（转动凸轮轴或转动泵体，视不同的车型而定）进行调整。

（3）动态调试。供油时刻的静态调试忽略了发动机转速、喷油器磨损等对喷油开始时间的影响，因此，调试结果应以发动机的动态检查为准，可以在发动机起动后，根据运转情况（主要是运转稳定程度、发出声响、排气是否正常）来判断喷油开始时间的早或迟，然后稍做调整即可。

第十一章　内燃装卸机械常见故障诊断

第一节　故障诊断概述

一、故障诊断原则

当港口机械设备或其系统发生丧失、降低原来技术规格书上明确规定的功能的事件或现象时，称港口机械设备发生了故障。在故障诊断过程中应遵循以下原则：

1. 先外后内

在发现故障时，先对外部的可能故障部位予以检查。以避免进行复杂且费时费力的检查，真正的故障可能是显而易见却又容易忽视。

2. 先简后繁

能以简单方法检查的可能故障部位先予以检查。可采用眼看、手摸、耳听及鼻闻等直观检查的方法，迅速找出故障部位。眼看，是否有松脱、断裂、漏油、漏气及排气颜色等；手摸，是否有连接松动、温度异常、接触不良等；耳听，有无异响、有无规律等；鼻闻，是否有异味。若直观检查未找出故障，需借助于仪器仪表或其他专用工具进行检查时，也应对较容易检查的项目先予以检查。

3. 先熟后生

应先对常见故障部位进行检查，再对不常见的故障部位进行检查，以便迅速地找到故障。

4. 代码优先

随着电子控制系统在港口机械上的普遍应用，一般都有故障自诊断功能。当电子控制系统出现某种故障时，故障自诊断系统会立刻监测到故障并发出故障警示，司机应经常关注，发现故障警示要立即停车检查。

5. 先思后行

应在了解了可能的故障原因有哪些的基础上再进行故障检查。既可避免故障检查的盲目性，又可避免对一些相关部位漏检。

6. 先备后用

应先准备好有关检修数据资料。除维修手册外，还可利用同种车型以往维修记录作参考，也可采用与正常车辆性能参数对比的方法。

总之，要运用科学的故障诊断方法对故障现象进行综合分析、判断，确定故障的性质及可能产生此类故障的原因和范围，制定合理的诊断程序进行深入诊断和检查。

二、故障检修的一般程序

1. 了解故障现象和出现故障前后机械的状况，包括机械动力、声响、异味、排气颜色、作业环境及负载情况等。
2. 依据先外后内、先简后繁的原则，对出现故障的部位进行全面仔细的检查。
3. 对故障现象进行综合分析和判断，确定故障的性质及可能产生故障的原因和范围。
4. 拆检找出故障点并进行维修。
5. 试车，确认故障排除。
6. 填写维修记录。

第二节　故障率曲线及主动维护理念

一、设备故障率曲线

大部分机械设备故障率曲线如图 11—1 所示。这种故障率曲线常被叫作浴盆曲线。按照这种故障率曲线，港口机械设备故障率随时间的变化大致分为早期故障期、偶发故障期和耗损故障期。

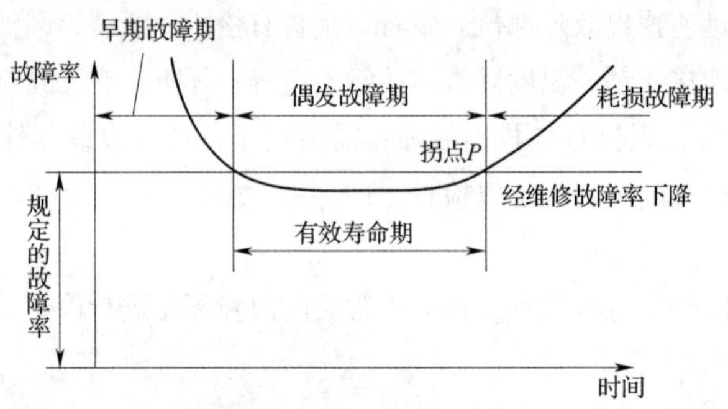

图 11—1　设备故障率曲线

早期故障期又称磨合期。在此期间，开始故障率很高，但随时间的推移，故障率迅速下降。此期间发生的故障主要是设计、制造上的缺陷所致，或使用不当所造成的。

偶发故障期又称有效寿命期。在此期间，故障率大致处于稳定状态，是港口机械设备的正常工作期或最佳状态期，但故障发生是随机的。在此期间发生的故障多是因为设计隐患、使用不当、维修不力或保养不到位产生的。实际工作中应提高使用管理水平、操作水平和维护水平，使故障率降到最低。

耗损故障期又称严重故障期。在港口机械设备使用后期，由于设备零部件的磨损、疲劳、老化、腐蚀等，故障率不断上升。在耗损故障期前采取更换零件或维修等措施，可有效地降低故障率，但若故障率太高，维修费用过多，应考虑报废。

二、机械设备主动维护的重要性

主动维护是继事后维修、定期维修、状态维修后国际上近年来提出的一种新的设备管理理念，是以积极主动的态度对导致设备损坏的根源性参数进行监测与控制，有效地防止失效的发生，显著延长元件及设备的使用寿命。

事后维修又称故障维修，是当机器损坏，发生故障，设备不再工作时才进行的维修，由于没有定期的维修计划，易造成意外停机、设备损坏严重、维修费用高等结果。

定期维修又称预防维修，是依据设备生产商推荐的周期或先前的管理经验定期拆卸、检查设备，更换部件及油液。它能有效地防止设备的突发失效，比事后维修费用低，但难免发生过剩维修。

状态维修又称预知维修，是通过油质分析、振动监测、性能检测等技术手段，对设备的工作状态进行检测，并预测可能发展的趋势，当出现工况异常时，借助于有效的手段对故障进行诊断，指导维修，使维修工作得以有计划的进行，有效避免突然停机，可使维修在尽可能小的范围内进行，节约效果明显，但其仍然是“事后维修的反应”，经常是针对问题的征兆采取行动，仍有局限性。

主动维护则是对应每种维修方式实施前要抓的关键性工作。主动维护与维修相比，是主动与被动、事前与事后的关系。实施主动维护的设备可使修理周期大幅度延长，故障率降低，提高设备运行的可靠性，获得最佳的经济效益。

第三节　发动机常见故障的排除方法

一、柴油机故障诊断与排除的原则和程序

柴油机出现各种故障时，都会伴随着产生各种不同的异常现象，如排气冒白烟、黑烟；漏水、漏气；运转不稳；有敲击声；水温过高（开锅）；水中有油，油中有水；有橡胶烧焦异味；耗油、耗水过多等。这些现象是柴油机产生故障的信号。检查时可通过自身的感官：眼看、耳听、手摸、鼻闻等接收各种故障信号，通过分析，识别故障，做出正确判断，及时排除故障。

一般检修原则：先想后做，由简到繁，从表及里，根除故障。

检修一般程序：把发动机看成整体，向使用者全面了解情况，做必要的检查和做正确的分析，进行正确的修理，核实所做的修理是否已解决问题。

正确诊断所需资料：发动机的使用状况，包括机械的运行记录；发动机的维修史，包括机械管理台账；对发动机的观察结果。

为能顺利排除故障，缩短排除故障的时间，应尽量遵循下列工作程序：

第一步，在着手排除故障前先要仔细地了解故障细节，如故障前柴油机工作条件，包括负载情况、海拔高度、环境温度高低、环境灰尘状况、车辆行驶道路状况等；故障性质，是逐渐恶化的还是突然发生的，或者是间歇性出现的，是否是在更换燃油或机油后发

生的等；故障现象，包括排气颜色、冷却液温度和消耗情况以及有无泄漏，机油温度和消耗情况以及有无泄漏，燃油消耗情况，柴油机噪声情况等。

第二步，进行初步检查，包括冷却液是否受污染，如有机油、铁锈、凝固的沉淀物等；机油是否受污染，如有水、燃油等；柴油机振动情况等。

第三步，对故障进行严密而系统的分析，将故障的征兆与柴油机系统和基本零部件建立有机联系，把最近的维修或修理与目前的故障相联系。

第四步，拆机维修。在开始拆检柴油机前要做耐心的检查。排除故障首先从最容易和最明显的问题着手，确定故障原因并进行彻底的修理。

第五步，修理结束后，开动柴油机运行，证实故障已经排除。

二、判断柴油机故障的几种方法

1. 耳听法

用耳朵仔细辨别柴油机是否有金属的敲击声以及其他不正常的声音。在检查时，根据响声的大小，发出的部位，振动的程序，声音的间断性、尖锐或钝哑，随转速和负荷的变化等，逐步掌握规律，判断机器的故障。

2. 触摸法

用手触摸柴油机各部位的温度、高压油管的振动情况等。

3. 部分停止法

停止故障怀疑部位，观察故障变化，若无变化，说明不是此怀疑部位，而是其他部位的故障。

4. 比较法

对某一部件有怀疑时，可用标准部件替换，比较换件前后工作情况。如果有变化，说明被替换下来的部件有问题，否则没问题。

5. 观察法

用眼睛观察柴油机各运转部件和接合部位有无松动情况，排气颜色是否正常，有无漏水、漏气、漏油等。

6. 试探反证法

怀疑某部位有问题但又不能肯定时，可通过改变该部位的工作条件或技术状态来判断故障。

三、排气颜色分析

柴油机正常工作时，排出的废气几乎是无色透明的。工作不正常时，排出的废气则呈黑色、白色、蓝色。认真分析冒烟原因，及时排除故障，不仅省油，也会降低磨损与消耗，而且能最大限度地提高工效。

1. 冒黑烟

主要是喷入气缸的柴油雾化不好或未燃尽，在高温、高压下变成黑色炭粒，夹杂在废气中排出。

故障原因如下：

（1）发动机负荷过大。

（2）喷油器雾化不良，喷油压力过低或有严重漏油现象。

（3）供油提前角太小，致使供油过晚。

（4）空气滤清器堵塞，进气量少，氧气供应不足。

（5）喷油泵供油太多。

2. 冒白烟

主要是柴油机温度过低，喷入气缸的柴油不能完全燃烧，柴油呈白色雾点或蒸气状随同废气排出。另外，喷入气缸的燃油含有水分，也会使排气呈白色。

故障原因如下：

（1）气缸盖螺母松动，气缸垫损坏以及气缸盖、气缸套、气缸体出现裂纹或阻水圈失效等，使冷却液窜入气缸。

（2）柴油中含水。

（3）供油提前角过大。

（4）气门间隙过小。

3. 冒蓝烟

主要是大量的机油进入燃烧室燃烧造成的。

故障原因如下：

（1）油底壳中机油过多。

（2）油环磨损严重，开口间隙过大，油环装反或有积炭胶结在槽内。

（3）活塞环开口未交错开。

（4）缸套与活塞间隙过大。

（5）空气滤清器（湿式）底壳油面过高。

（6）气门杆和导管配合间隙大。

四、柴油机重大事故前兆分析

柴油机在运行中若出现机械故障，轻者造成基础件损伤，重者导致重大机械事故的发生。通常情况下，柴油机发生故障前其转速、声音、排气、冷却液温度、机油压力等方面均会表现出某种异常迹象，即故障预兆特征。因此，操作人员应根据预兆的特征迅速做出正确判断，果断采取措施，避免事故的发生。

1. “飞车”故障

（1）预兆特征。转速突然升高，而且越来越快，不受油门控制，声音异常、刺耳，排气管冒出大量蓝烟或黑烟。“飞车”属于超速空转，在带负荷工作时不会发生，一般都是在刚起动或工作中突然卸载的情况下才有可能出现。其主要原因是喷油泵或调速器系统发生故障，使供油失去控制或由油底壳机油过量引起的。出现“飞车”预兆，如不立即采取紧急措施，最后会导致捣缸、断轴等重大事故。

（2）处理措施。当柴油机出现“飞车”时，应沉着冷静，果断地采取有效措施，通过断油或断气达到熄火目的。具体措施如下：

1）当设备静止，柴油机空转时，迅速用衣服或毛巾等紧紧包住空气滤清器的空气入口，让空气不能进入气缸而使柴油机熄火，用此法制止飞车最有效。

2）重负荷行车时，可加重柴油机负荷而使柴油机停车。

3）迅速拧松高压油管接头螺母，切断柴油供应。如果临时找不到扳手，可将高压油管砸掉，使柴油机熄火。

4）有减压装置的，可将减压手柄扳至减压位置，使柴油机熄火。有油箱开关的，可迅速将开关置于断油位置，迫使柴油机熄火。

5）设备在运行中，千万不要脱挡或踩下离合器，以防止转速继续升高，应紧急制动而迫使柴油机熄火。

2. 粘缸故障

（1）预兆特征。转速下降，运转无力，声音沉闷，冷却液温度超高，配有冷却液温度表的，其指示超过 100℃。此时，向机件洒一些水，会迅速蒸发。主要原因是严重缺水，水冷却系统失效，若此时立即熄火停机，可能产生粘缸现象。

（2）处理措施。怠速运转一段时间或熄火摇转曲轴帮助冷却，使冷却液温度降至 40℃左右，再缓慢加入冷却液。注意不要立即加冷却液，否则会导致机件因局部温度突然下降过快而变形或产生裂纹。

3. 捣缸故障

（1）预兆特征。曲轴箱部位有“嗒嗒”声，像锤子轻敲硬地板的声音，即俗称的“敲缸声”，此时机油压力下降，急加速时更明显。捣缸是破坏性较大的机械故障，主要原因是由于连杆螺栓拧紧不到位或螺栓受拉伸产生“缩颈”，连杆与轴瓦之间的配合间隙过大，造成螺栓松脱或折断所致。若有敲缸声，但机油压力正常，则不是捣缸的预兆，应从调整供油提前角方面考虑。

（2）处理措施。立即停机检修，更换新件。

4. 烧瓦故障

（1）预兆特征。声音发闷（类似负荷突然加重时），转速下降，机油压力下降，排气冒黑烟。严重烧瓦会导致轴瓦与轴颈抱死而熄火，主要原因是润滑不良或温度太高，轴瓦表面润滑油膜被破坏，轴瓦与轴颈表面金属直接接触、摩擦而使温度迅速上升，表面产生胶合所致。

（2）处理措施。立即停机，拆盖检查连杆、轴瓦，查明原因，维修或更换。

5. 断轴故障

（1）预兆特征。曲轴箱内产生沉闷的敲击声，加速则敲击声变大，怠速运行时机件抖动严重，排气冒黑烟。断轴主要是由曲轴颈轴肩处机械疲劳引起的，而且都有一个从裂到断的渐变过程。出现隐性裂变时，预兆特征不明显，随着裂纹扩大，预兆特征越来越明显，最后导致断轴熄火。若出现油门等抖动与敲击频率相吻合时停机，可能正处于断轴的临界点。此时拆盖检查，用手推动飞轮，如轴向间隙较大，且推动不费力，则表明曲轴已折断。

（2）处理措施。发现预兆立即停机检查，发现裂纹应及时更换曲轴。

6. 气门掉缸的故障

（1）预兆特征。气门掉入气缸，一般是由于气门杆折断、气门弹簧折断、气门弹簧座开裂、气门锁夹脱落等原因引起的。当缸盖部位发出“当当”敲击声（活塞碰气门）、“嚓嚓”摩擦声（活塞碰气门）或伴有其他不正常响声，发动机工作不稳时，往往是气门掉缸的前兆。

（2）处理措施。这时应立即停车熄火，否则将会打坏活塞、缸盖和缸套，甚至顶弯连杆，打破机体，折断曲轴。

7. 飞轮碎裂的故障

（1）预兆特征。当飞轮出现隐性裂纹时，用锤子敲击，会发出沙哑的响声，发动机工作时，飞轮会产生敲击声，且在转速变化时，响声增大，发动机颤动。

（2）处理措施。停车检查，否则很容易导致飞轮突然破裂，发生碎片飞出伤人等恶性事故。

第十二章　内燃装卸机械的生产作业技能

本章重点介绍与内燃叉车、轮胎式起重机、集装箱正面吊有关的生产作业技能训练内容，其他常用车型的有关生产作业技能训练内容可参照初级工相关内容，但要根据车型适当调整桩杆间距，提高操作质量标准，减少完成的时间。

第一节　内燃叉车

【训练】长货物通过弯道过窄门作业训练

1. 目的要求

通过搬运长货物的练习，掌握在特定条件下长货物搬运作业的操作技能和技巧。

2. 训练场地图（见图 12—1）

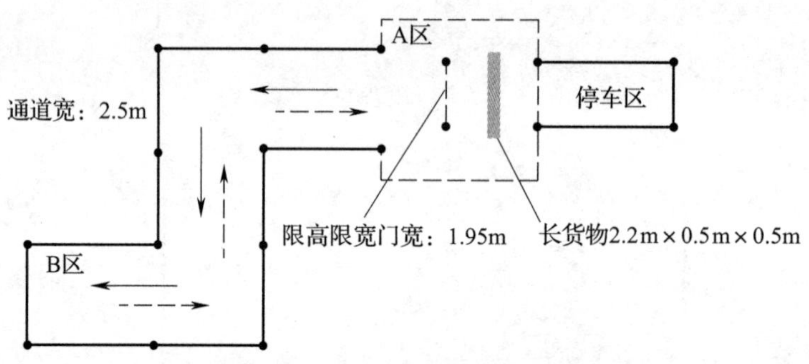

图 12—1　长货物通过弯道过窄门训练图

说明：实箭头为正车行走，虚箭头为倒车行走

3. 操作程序

叉车自停车区进入 A 区铲取货物，正向行驶通过限高限宽门和通道，到达 B 区。再倒车经过通道和限高限宽门，将货物摆放在指定位置，完成后将车返回停车区，停车熄火。

4. 技术要求

（1）货物要铲正、端平，离地高度合理，行车平稳，速度适当。

（2）通过窄门、通道时，货物和车体任何部位不刮、不碰桩杆，不出线。

（3）在规定的时间内完成。

5. 考核要点

开车前点检；起步平稳；方向控制；油门、制动使用；灯光使用；途中不熄火；无铲货过猛或不靠；行车中货物平、正度，离地距离适当；行车途中车身或货物不碰擦桩杆、不出线；作业中观察周边环境；一次性完成率及用时等。

第二节　轮胎式起重机

【训练】吊起水桶在桩杆内运行和击落木块

1. 目标

熟练掌握轮胎式起重机在作业中吊起货物定点停放，通过狭窄区域、不同高度障碍等的方法和技能。

2. 训练场地图（见图 12—2）

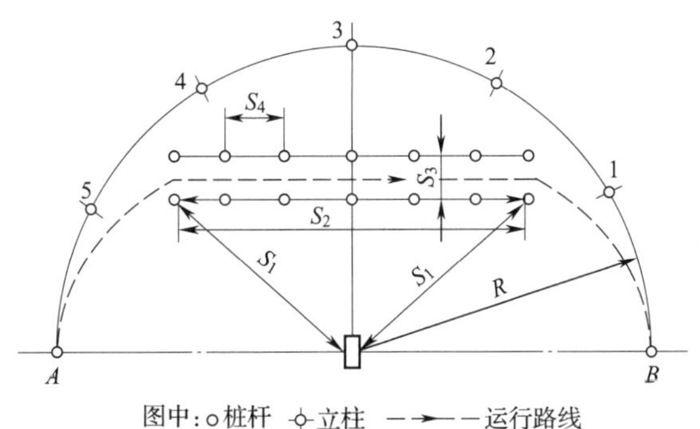

图 12—2　吊起水桶在桩杆内运行和击落木块训练图

说明：

（1）水桶，外径 58 cm，高 90 cm，水面距桶口 15 cm，吊钩距桶口 100 cm。

（2）桩杆，高 2 m；5 根立柱高度依次为 1 m、1.5 m、1.8 m、1.5 m、1 m；立柱顶端的木块高 20 cm。

（3）图 12—2 中现场布置尺寸见表 12—1，表中尺寸可根据起重机的不同规格任选一栏。

表 12—1　　**现场布置尺寸**　　mm

序号	R	S_1	S_2	S_3	S_4
1	10	8	12	1.4	2
2	8	6	9	1.4	1.5
3	5.5	3.5	5.4	1.3	0.9

3. 操作程序

将水桶由 A 处吊离地面 50 cm，按指定路线在桩杆内运行，至 B 处将水桶停放在指定区域内。再将水桶吊起，反向旋转，用水桶依次将立柱顶端的木块击落，最后将水桶放回起始位置 A 处。在击落木块途中不得倒车。

4. 技术要求

（1）吊物在指定的位置停放且摆正，不出区域线。

（2）吊物按指定的运行路线在桩杆内移动，依次击落立柱顶端的木块，途中不得倒车。

（3）合理控制吊物升降、移动速度，吊物移动平稳，无明显摆动，不刮、不碰桩杆和立柱。

5. 考核要点

吊物升降、移动速度适当，移动平稳，无明显摆动；在桩杆内运行顺畅、连贯，无停歇；定点停放，木块击落准确；途中不刮、不碰桩杆和立柱；作业中要注意观察周边环境；一次性完成率及用时等。

第三节　集装箱正面吊

【训练】集装箱换位作业训练

1. 目标

掌握在指定箱位抓取、码放集装箱的作业方法和技巧。

2. 训练场地图（见图 12—3）

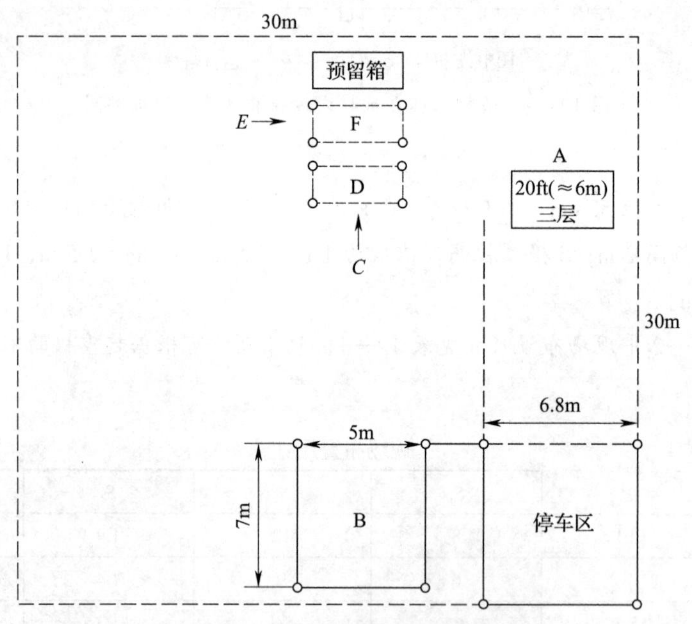

图 12—3　集装箱换位作业训练图

说明：“○”为桩杆。D、F 箱位桩杆距离集装箱 5~10 cm。

3. 操作程序

正面吊从停车区正车至 A 箱位，吊起第三层集装箱，倒车至 B 位，正车自 C 方向将集装箱放置在 D 箱位，倒车返回 B 位。再正车至 A 箱位吊起第二层集装箱，倒车至 B 位，正车自 *E* 方向将集装箱放置在 F 箱位，倒车返回 B 位。

正面吊正车自 *E* 方向吊起 F 箱位集装箱，倒车返回 B 位，正车将集装箱码放在 A 箱位的集装箱上，倒车返回 B 位。再正车自 *C* 方向吊起 D 箱位集装箱，倒车返回 B 位，正车将集装箱码放在 A 箱位集装箱上，倒车返回停车区，停车熄火。

4. 技术要求

（1）在指定箱位内，完成集装箱抓取、码放作业。

（2）吊具着床要轻，开锁、解锁时机要合理。

（3）集装箱码放要整齐。

（4）带箱行驶时，集装箱高度适当，不得影响行车视线。

（5）合理控制车速，保持匀速，中途不熄火，不停车。

（6）车体、箱体任何部位不刮、不碰桩杆，不出线。

5. 考核要点

起步平稳；转向、油门、制动使用正确；途中不熄火；行车途中不碰擦桩杆，车体不出线；吊具着床、开锁、解锁时机合理；集装箱码放要整齐；带箱行驶时，集装箱高度适当，返回停车后合理调整吊具高度；作业中要注意观察周边环境；一次性完成率及用时等。

第 3 部分

理论知识考试模拟试卷

理论知识考试模拟试卷（一）

一、判断题（下列判断正确的请打“√”，错误的打“×”。每题 0.5 分，共 20 分）

1. 根据有关标准和规定，绘制出物体的多面正投影图形称为视图。（　　）
2. 剖面线的间隔应按剖面区域的大小确定。剖面线的方向一般与主要轮廓或剖面区域的对称线成 30° 角。（　　）
3. 将物体的部分结构用大于原图形所采用的比例画出的图形称为局部放大图。（　　）
4. 为了便于装配和安全操作，轴或孔的端部应加工成倒角。（　　）
5. 极限尺寸是指允许尺寸变化的两个界限值。分为上极限尺寸和下极限尺寸。（　　）
6. 高速小转矩液压马达的特点是排量小，结构紧凑，质量轻。（　　）
7. 齿轮泵和齿轮马达在结构上是有区别的。（　　）
8. 起动机投入工作时，应先接通主电路，然后使齿轮啮合。（　　）
9. 减压阀主要用于降低系统某一支路的油液压力，它能使阀的出口压力基本不变。（　　）
10. 液压传动中，压力的大小取决于油液流量的大小。（　　）
11. 曲轴常用于实现旋转运动与往复直线运动转换的机械中。（　　）
12. 过盈配合的周向固定对中性好，可经常拆卸。（　　）
13. 装在轴上的滑移齿轮必须有轴向固定。（　　）
14. 键连接具有结构简单、工作可靠、装拆方便和标准化等特点。（　　）
15. 半圆键对中性较好，常用于轴端为锥形表面的连接中。（　　）
16. 导向平键常用于轴上零件移动量不大的场合。（　　）
17. 滑动轴承工作时的噪声和振动均小于滚动轴承。（　　）
18. 液力变矩器可以随着负载的变化而自动改变它的输出转矩。（　　）
19. 全液压转向器在性能上安全、可靠，操纵上灵活、轻便。（　　）
20. 常用的液压马达有齿轮式、叶片式、柱塞式。（　　）
21. 液压泵有噪声可能是有空气进入。（　　）
22. 飞轮与曲轴装配后应进行动平衡。（　　）
23. 曲轴不加限制，必会产生轴向窜动。（　　）
24. [符号]表示的是连接管路。（　　）
25. 连杆螺栓必须采用锁止装置，以防工作时自动松动。（　　）

26. 全浮式活塞销在发动机正常工作温度时，活塞销在连杆衬套内固定，在活塞销座孔中自由转动。（　　）

27. 活塞环是发动机中使用寿命最短的零件之一。（　　）

28. 活塞在温度变化时，尺寸和形状的变化要小。（　　）

29. 气缸套的下支承定位带直径略大，与缸套座孔配合较紧密。（　　）

30. 发动机弹性支承元件变形会引起发动机纵向移位，一般加装纵向拉杆，连接处装有橡胶垫块。（　　）

31. 进气提前角 α 是从进气门开始开启到上止点所对应的曲轴转角。（　　）

32. 排气提前角 γ 的益处是延长排气时间，在废气压力和废气惯性力的作用下使排气干净。（　　）

33. 机油中混有水或长期使用，会造成机油黏度下降，涡轮增压器轴承过度磨损。（　　）

34. 液力传动装置是以液体为工作介质的一种能量转换装置。（　　）

35. 涡轮与发动机飞轮通过驱动壳与齿轮刚性地连接在一起。（　　）

36. 变矩器泵轮与涡轮、发动机与变速器之间通过油作为介质相互柔性地连接在一起。（　　）

37. 发电机的转速等于发动机的转速。（　　）

38. 转向信号灯属于照明用的灯具。（　　）

39. 拆装集装箱作业时，成组货由进箱作业叉车直接进行拆装箱作业。（　　）

40. 故障检修一般依据先外后内、先简后繁的原则，对出现故障的部位进行全面仔细的检查。（　　）

二、单项选择题（下列每题的选项中，只有 1 个是正确的，请将其代号填在横线空白处。每题 0.5 分，共 80 分）

1. 根据有关标准和规定，绘制出物体的多面正投影图形称为________。

A. 视图　　B. 主视图　　C. 剖视图　　D. 局部视图

2. 在机械图样中，有________个基本视图。

A. 4　　B. 5　　C. 6　　D. 8

3. 国家标准规定用简明易画的平行细实线作为剖面符号，将其称为________。

A. 剖面线　　B. 投影线　　C. 平行线　　D. 尺寸线

4. 物体的一个视图画成剖视后，其他视图的完整性________。

A. 受其影响，不能完整画出　　B. 不受影响，但不应完整画出

C. 不受影响，应完整画出　　D. 以上选项均不正确

5. 当物体具有对称平面时，以对称平面为界，用剖切面剖开物体的一半所得的剖视图称为________。

A. 半剖视图　　B. 局部剖视图　　C. 断面图　　D. 全剖视图

6. 画在视图之外的断面图称为移出断面图。移出断面图的轮廓线用________绘制。

A. 粗实线　　B. 细实线　　C. 细点画线　　D. 细虚线

7. 为了避免因应力集中而产生裂纹，轴肩处应圆角过渡，称为________。

A. 起模斜度　　B. 铸造圆角　　C. 倒角　　D. 倒圆

8. ________是指零件在机器中或在加工测量时用以确定其位置的面或线。

A. 工艺基准　　B. 尺寸基准　　C. 制造基准　　D. 设计基准

9. 要合理标注尺寸，重要尺寸应直接注出。不属于重要尺寸的是________。

A. 有配合功能要求的尺寸　　B. 重要的相对位置尺寸

C. 影响零件使用性能的尺寸　　D. 总长度的每一段尺寸

10. 为保证零件的互换性，必须将零件的实际尺寸控制在允许变动的范围内，这个允许的尺寸变动量称为________。

A. 上极限偏差　　B. 下极限偏差　　C. 公差带　　D. 尺寸公差

11. ________是指公称尺寸相同的、相互结合的孔和轴可能具有间隙或过盈的配合。孔的公差带与轴的公差带相互交叠。

A. 间隙配合　　B. 过盈配合　　C. 过渡配合　　D. 公差配合

12. ________是基本偏差为一定的轴的公差带，与不同基本偏差的孔的公差带形成各种配合的一种制度。

A. 基孔制　　B. 配合制

C. 基轴制　　D. 极限与配合

13. 径向滑动轴承中，________滑动轴承装拆方便，磨损后轴承的径向间隙可以调整，应用广泛。

A. 整体式　　B. 剖分式

C. 调心式　　D. 整体式和调心式

14. 定轴轮系传动比的大小与轮系中惰轮的________。

A. 齿数无关　　B. 齿数有关，成正比

C. 齿数有关，成反比　　D. 直径有关

15. 下列不属于轮系应用特点的是________。

A. 只可做较近距离的传动　　B. 可获得很大的传动比

C. 可以方便地实现变速和变向要求　　D. 可以实现运动的合成与分解

16. 在轮系中两齿轮间若增加________个惰轮时，首、末两轮的转向相反。

A. 奇数　　B. 偶数　　C. 任意数　　D. 3

17. 气门头部是具有圆锥斜面的圆盘，其边缘保持一定厚度，一般为________mm。

A. 1 ~ 3　　B. 2 ~ 4　　C. 3 ~ 5　　D. 4 ~ 6

18. 气门座是进气、排气道口与气门密封锥面直接贴合的部位，其作用是________。

A. 密封、导向　　B. 导向、散热

C. 支承、传力　　D. 密封、散热

19. 进气门开启持续时间内曲轴转角为________。

A. $\alpha+180^\circ+\beta$　　B. $\gamma+180^\circ+\delta$

C. $\alpha+\delta$　　D. $\beta+\gamma$

20. 新车或大修修竣的机车，经过了生产磨合，机械________全负荷运行。

A. 可以　　B. 不可以

C. 必须进行　　D. 可以按生产需要决定是否

21. 自行车前轮轴是________。

A. 固定心轴　　B. 转动心轴　　C. 转轴　　D. 传动轴

22. 既支承回转零件，又传递动力的轴称为________。

A. 心轴　　B. 转轴　　C. 传动轴　　D. 挠性轴

23. 轴上各段用于连接轴头与轴颈的部分是________。

A. 轴头　　B. 轴颈　　C. 轴身　　D. 轴肩或轴环

24. 常用于轴上零件间距离较小的场合，但当轴的转速要求很高时，不宜采用的轴向固定是________。

A. 轴肩与轴环　　B. 轴端挡板　　C. 套筒　　D. 圆螺母

25. 对轴上零件起周向固定的是________。

A. 轴肩与轴环　　B. 平键连接

C. 套筒和圆螺母　　D. 弹性挡圈

26. 普通平键的标记为 GB/T 1096 键 $12\times8\times80$，其中 $12\times8\times80$ 表示________。

A. 键高 × 键宽 × 键长　　B. 键宽 × 键高 × 轴径

C. 键宽 × 键高 × 键长　　D. 键高 × 键宽 × 轴径

27. 键连接主要用于传递________的场合。

A. 拉力　　B. 横向力　　C. 转矩　　D. 摩擦力

28. 下列不属于花键连接特点的是________。

A. 多用于重载和要求对中性好的场合　　B. 键槽对轴的强度削弱较大

C. 对中性及导向性能好　　D. 加工需专用设备，成本高

29. 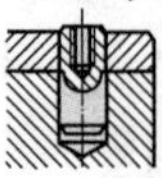 表示销连接的类型为________。

A. 普通圆柱销　　B. 内螺纹圆柱销

C. 普通圆锥销　　D. 带螺纹圆锥销

30. 在机器中，轴承的功用是________，并保持轴的正常工作位置和旋转精度。

A. 传递转矩　　B. 支承转动的轴及轴上零件

C. 轴向定位　　D. 径向定位

31. 主要承受径向载荷，外圈内滚道为球面，能自动调心的滚动轴承是________。

A. 角接触球轴承　　B. 调心球轴承

C. 深沟球轴承　　D. 推力圆柱滚子轴承

32. 圆锥滚子轴承的________可以分离，故其便于安装和拆卸。

A. 外圈与内圈　　B. 滚动体与内圈

C. 保持架与内圈　　D. 滚动体与保持架

33. 飞轮会将发动机的动力传给________。

A. 变速器　　B. 离合器　　C. 曲轴　　D. 配气机构

34. 发动机一般通过气缸体和飞轮壳或变速器壳体支承在车架上，支承方式按支承点的数目分为________两类。

A. 三点支承和四点支承　　B. 三点支承和五点支承

C. 三点支承和六点支承　　D. 四点支承和六点支承

35. 气门驱动组主要由________、气门挺柱、推杆、调整螺钉和锁紧螺母、摇臂、摇臂轴、摇臂轴支架等组成。

A. 正时齿轮、气门　　B. 气门弹簧、气门

C. 气门导管、气门座　　D. 正时齿轮、凸轮轴

36. 气门组主要由________、气门导管、气门座、气门弹簧座、气门锁片等组成，其功用主要是维持气门的关闭。

A. 正时齿轮、凸轮轴　　B. 气门弹簧、气门

C. 气门挺柱、推杆　　D. 摇臂、摇臂轴

37. 下列不属于柴油系统主要危害的是________。

A. 柴油中混入重油　　B. 柴油中含硫量过多

C. 喷射油量过多　　D. 空气滤清器滤芯过脏

38. 机油系统管理不良不会导致________。

A. 润滑能力下降　　B. 发动机内部机件加速磨损

C. 涡轮增压器损坏　　D. 燃烧效率下降

39. 柴油机活塞销与活塞销座孔的配合在常温下为________。

A. 间隙配合　　B. 过盈配合

C. 过渡配合　　D. 较大的过盈配合

40. 活塞顶有平顶、凹顶、凸顶和成型顶，柴油机活塞顶多是________。

A. 平顶　　B. 凹顶　　C. 凸顶　　D. 成型顶

41. 发动机产生的动力大部分经由________输出。

A. 曲轴后端的飞轮　　B. 凸轮轴上的凸轮

C. 曲轴前端的带轮　　D. 气门摇臂轴上的摇臂

42. 为减少材料上的浪费，目前多采用在气缸体内________，形成气缸工作表面的方法。

A. 一次铸成　　B. 镶入气缸套

C. 直接加工　　D. 安装活动气缸套

43. 一般气缸套的上支承定位带________。

A. 直径略大，与缸套座孔配合较紧密

B. 直径略大，与缸套座孔配合较松

C. 直径略小，与缸套座孔配合较紧密

D. 直径略小，与缸套座孔配合较松

44. 车用发动机按气缸排列形式常见的有________、V 型发动机、对置式发动机几种形式。

A. 直列式发动机　　B. 双列式发动机

C. 汽油发动机　　D. 柴油发动机

45. 气缸垫位于缸体顶面与缸盖底部之间，下列不属于其作用的是________。

A. 补偿接合面的不平度

B. 与气缸和活塞顶部共同构成燃烧室

C. 密封气缸内所产生的高温、高压气体

D. 密封贯穿气缸垫的冷却液及机油

46. 下列对活塞的描述不正确的是________。

A. 用来封闭气缸，并与气缸盖、气缸壁共同构成燃烧室

B. 应有足够的强度和刚度

C. 起到刮油、布油的辅助作用

D. 尽可能小，导热性能要好

47. ________是自油环槽下端面起至活塞底面的部分，其作用是为活塞在气缸内做往复运动做导向和承受侧压力。

A. 活塞顶部　　B. 活塞头部　　C. 活塞裙部　　D. 活塞环

48. 油环的功用是________的辅助作用。

A. 密封、散热兼刮油、布油　　B. 刮油、布油兼密封、散热

C. 密封、布油兼隔热　　D. 刮油、散热兼导向

49. ________是活塞和活塞环装入气缸后，活塞环背面与环槽底部间的间隙。

A. 开口间隙　　B. 端隙　　C. 侧隙　　D. 背隙

50. 在发动机正常工作温度时，活塞销与座孔浮动，与连杆小头固定，此活塞销的连接方式为________，大多数采用此固定方式。

A. 全浮式　　B. 半浮式　　C. 活塞销　　D. 活塞环

51. 连杆组件由杆身、连杆盖、连杆轴承和________等部分组成。

A. 活塞环　　B. 活塞销　　C. 连杆螺栓　　D. 活塞销座孔

52. 下列对曲轴描述不正确的是________。

A. 把活塞连杆组传来的气体压力转变为转矩并对外输出

B. 用来驱动发动机的配气机构

C. 在工作时需要很好的平衡

D. 不可用来驱动发动机其他各种辅助装置

53. 驻车制动器又称手制动器，下列不属于其功用的是________。

A. 使停驶的车辆驻留原地不动

B. 便于在坡道上起步

C. 配合行车制动装置进行紧急制动

D. 行车制动装置失效后不能用于应急制动

54. 小松 WA380—Ⅲ型装载机驻车制动器安装在变速器内的输出轴轴承上，使用________施加制动，并利用液压动力释放制动器。

A. 液压动力　　B. 弹簧推力　　C. 气压动力　　D. 锁止装置

55. 制动传动装置按传力介质的不同可分为液压式和气压式两类，两类相比较，液压传动装置________，常用于小型汽车。

A. 构成件少，灵敏度高，制动力较小

B. 构成件少，灵敏度低，制动力较小

C. 构成件多，灵敏度低，制动力大

D. 构成件多，灵敏度高，制动力大

56. 湿式多盘制动器制动阀的功用是实施制动时将蓄能器内的油引向________，同时根据踏板行程调节制动力的大小。

A. 前、后制动器　　B. 加注阀

C. 制动泵　　D. 制动踏板

57. 气压制动传动装置中，气顶油、四轮制动的双管路系统主要由空气压缩机、油水分离器、________、气制动阀、加力器、盘式制动器等组成。

A. 液压总泵、液压分泵　　B. 制动泵、加注阀

C. 压力控制器、空气罐　　D. 蓄能器、制动阀

58. 火车装卸完毕，要将成组工具、铺垫设备分别集中堆放在靠近货物一侧，离铁轨外侧________m 以外的地方。

A. 1　　B. 1.5　　C. 2　　D. 2.5

59. 叉车下舱作业时，舱内应有叉车作业________的足够余地。

A. 回转　　B. 避让　　C. A、B 都对　　D. A、B 都不对

60. 在运输、装卸和储存保管过程中，容易造成人身伤亡和财产损毁而需要特别防护的货物均属于________。

A. 特种货物　　B. 大型货物　　C. 危险货物　　D. 中型货物

61. 液力传动中，首先原动机带动泵轮旋转，使工作液体的速度和压力增加，实现________的转化。

A. 液体动能向机械能　　B. 机械能向液体动能

C. 热能向液体动能　　D. 液体动能向热能

62. 下列不属于液力传动特点的是________。

A. 与机械传动比较，机构复杂，造价高

B. 可使车辆的变速器减少挡位数

C. 与机械传动比较，效率高，经济性好

D. 防止内燃机熄火，改善车辆的通用性能

63. 单级单相三元件液力变矩器的“单相”是指________。

A. 导轮在壳体上单向旋转　　B. 导轮在壳体上双向旋转

C. 导轮在壳体上不动　　D. 泵轮在壳体上单向旋转

64. 典型的液力变矩器通常由三个或三个以上的带有叶片的工作轮构成，即________。

A. 泵轮、涡轮和导轮　　B. 泵轮、涡轮和齿轮

C. 一个泵轮、两个涡轮　　D. 一个泵轮、两个导轮

65. 液力变矩器的转矩增大工况是________。

A. 涡轮转速低时，导轮的反冲力增大涡轮上的转矩

B. 涡轮转速升高到某一数值，导轮的反冲力等于零

C. 涡轮转速再升高时，导轮的反冲力减小涡轮上的转矩

D. 泵轮转矩不变，当外载变化时，自动改变涡轮输出的转矩

66. 单向离合器可使变矩器在转矩减小工况下，________。

A. 导轮不固定　　B. 导轮固定　　C. 涡轮不固定　　D. 涡轮固定

67. 单排行星齿轮机构中，三个行星齿轮装在行星架上，可________。

A. 自转和公转　　B. 有自转无公转

C. 无自转只公转　　D. 固定不动

68. 轮边减速器是一个行星齿轮机构，齿圈与半轴套管固定，半轴传来的动力经太阳轮、行星齿轮、行星齿轮轴、行星架传给车轮，则________。

A. 齿圈固定，行星架为输入元件，太阳轮为输出元件

B. 太阳轮固定，齿圈为输入元件，行星架为输出元件

C. 齿圈固定，太阳轮为输入元件，行星架为输出元件

D. 太阳轮固定，行星架为输入元件，齿圈为输出元件

69. 整个全液压转向系统一般由泵、转向液压缸、转向器、________等组成。

A. 安全阀、缓冲阀、单向阀　　B. 转向盘、转向柱

C. 转向横拉杆、转向垂臂　　D. 转向盘、转向横拉杆

70. 司机停止转动转向盘，转阀阀芯处于新的平衡位置时，________。

A. 马达转子及转阀阀套同时转动

B. 转阀阀套转动，马达转子停止转动

C. 马达转子及转阀阀套的随动停止

D. 马达转子转动，转阀阀套停止转动

71. 液压传动的介质是________。

A. 空气　　B. 水　　C. 液压油　　D. 汽油

72. 液压油黏度过高会造成________。

A. 温度升高　　B. 温度下降　　C. 输油量增大　　D. 输油量不足

73. 在液压系统中代表液压能的参数是泵的________。

A. 转速　　B. 功率　　C. 转矩　　D. 压力和流量

74. 在系统中被称为动力元件的是________。

A. 液压泵　　B. 液压马达　　C. 液压缸　　D. 蓄能器

75. 液压系统________。

A. 可以方便地实现有级调速，调速范围大

B. 可以实现过载保护

C. 对调试和维修要求不高

D. 不易实现直线往复运动

76. 液压泵压力低的原因之一是________。

A. 进、出口通径过大　　B. 间隙过大

C. 出油口堵　　D. 出油管破损

77. 液压泵的额定压力是可连续使用的________压力。

A. 最高　　B. 最低　　C. 平均　　D. 瞬时

78. 新装配的齿轮泵如间隙过小会造成泵________。

A. 压力低　　B. 过热　　C. 流量大　　D. 排量大

79. 局部压力损失的主要原因是________。

A. 流量过大　　B. 流量过小

C. 方向和速度急剧变化　　D. 油液黏度

80. 在流动液体中，由于压力降低而有气泡形成的现象叫作________现象。

A. 液压冲击　　B. 空穴　　C. 气蚀　　D. 卸荷

81. 单向定量泵的职能符号是________。

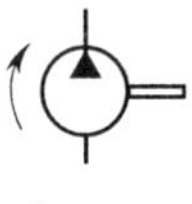

A. 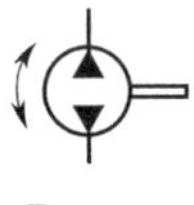　　B. 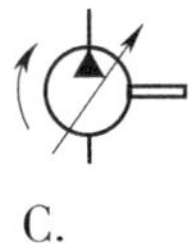　　C. 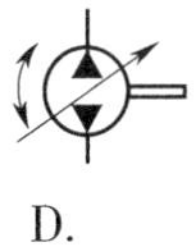　　D.

82. 下列选项中体现内啮合齿轮泵特点的是________。

A. 与外啮合齿轮泵一样存在困油现象

B. 流量脉动大

C. 噪声低

D. 噪声高

83. 下列关于叶片泵的说法正确的是________。

A. 与柱塞泵相比其工作压力较高

B. 自吸性能强

C. 对油液污染不敏感

D. 流量均匀，噪声较低

84. 平衡阀在液压传动起重机起升机构中起________作用。

A. 高度限位　　B. 控制起升压力

C. 安全、保险　　D. 省力、轻便

85. 液压泵的输出流量与转速________。

A. 成正比　　B. 成反比

C. 无关系　　D. 的平方成正比

86. 轴向柱塞泵内部泄漏的原因是________。

A. 油液黏度过高　　B. 间隙过大　　C. 吸油口堵　　D. 压油口堵

87. 吸油腔真空度越小，则泵的吸油高度________。

A. 越大　　B. 越小　　C. 不变　　D. 无关系

88. 表示的是________。

A. 粗滤器　　B. 精滤器　　C. 散热器　　D. 加热器

89. 顺序阀的主要作用是________。

A. 定压、溢流、过载保护

B. 背压、远程调压

C. 降低油液压力以供给低压部件

D. 根据回路的压力等控制油路的接通和断开

90. 调速阀不可以实现________。

A. 执行部件速度的调节

B. 执行部件的运行速度不因负载而变化

C. 其中节流阀两端的压差保持恒定

D. 以上选项均不正确

91. 液压缸的种类繁多，________只能作单作用液压缸。

A. 柱塞缸　　B. 活塞缸

C. 摆动缸　　D. 双出杆液压缸

92. 下列选项中可以构成差动连接油路，使单活塞杆液压缸的活塞增速的滑阀机能是________。

A. O 型　　B. P 型　　C. Y 型　　D. M 型

93. 压力控制回路包括________。

A. 换向和锁紧回路　　B. 调压、减压和卸荷回路

C. 调压与换向回路　　D. 节流和容积调速回路

94. 恒流阀由节流阀和溢流阀并联而成，用以________。

A. 优先保证转向系统的压力和流量

B. 优先保证工作系统的压力和流量

C. 优先保证制动系统的压力和流量

D. 以上选项均不正确

95. 囊式蓄能器充的是________。

A. 氦气　B. 氮气　C. 空气　D. 氖气

96. 液压泵吸油口一般________。

A. 安装粗滤器　B. 安装精滤器

C. 安装粗滤器和精滤器都可以　D. 不需要安装过滤器

97. 进油节流调速回路的特点是________。

A. 运动的平稳性好　B. 节流后的油液油温下降

C. 调速范围大　D. 回路无背压

98. 流量控制阀________。

A. 用于调控执行元件的运动速度

B. 用于调控执行元件的运动方向

C. 通过改变油压大小实现流量调节

D. 包括液压锁、节流阀等

99. 叶片泵振动、噪声严重的原因是________。

A. 油液黏度太低　B. 泵转速太低

C. 压油管堵塞　D. 油封不严，有空气进入

100. 下列关于锁紧回路正确的说法是________。

A. 锁紧回路可以使液压缸在指定位置上停留

B. 液压缸停留后会因外力作用而移动位置

C. 锁紧的精度主要取决于液压泵的泄漏

D. 平衡阀的锁紧回路中，当发动机熄火时，误动换向阀会使液压缸动作

101. 下列关于二级调压回路正确的说法是________。

A. 执行机构需要两种压力

B. 换向阀未换向时，泵的工作压力为低压

C. 换向阀换向时，泵的工作压力为低压

D. 回路组成中的换向阀至少是三位四通的

102. 下列关于液压冲击的说法正确的是________。

A. 液压系统工作时，系统长时间出现压力峰值

B. 发生液压冲击时，系统压力是正常压力的 2 倍

C. 缓慢换向和换速时容易发生液压冲击

D. 液压冲击会引起机械振动和产生强烈噪声

103. 液压油呈乳白色混浊状，表明液压油________。

A. 进了水　B. 进了空气　C. 进了切屑　D. 油温过高

104. 球阀芯和锥阀芯相比________。

A. 球阀芯结构比锥阀芯复杂　B. 球阀芯密封性不如锥阀芯好

C. 两者都在高压大流量系统中使用　　D. 两者的制造工艺都很复杂

105. 回油管不畅通，背压大时会产生振动和冲击，所以回油管尽量保持________。

A. 细且长　　B. 短且细　　C. 粗且长　　D. 短且粗

106. 普通单向阀作保压阀时，其开启压力一般________MPa。

A. 为 0.035 ~ 0.05　　B. 为 0.2 ~ 0.6

C. 为 0.5 ~ 1.0　　D. 大于 1

107. 对液控单向阀描述错误的是________。

A. 液控单向阀又称液压锁

B. 比普通单向阀多了一个控制油口

C. 可以实现油液双向流动

D. 一般应用在升降系统中保护系统安全

108. 液压系统中，利用液压油压力和弹簧力相平衡的原理工作的是________。

A. 液压泵　　B. 压力阀　　C. 液压马达　　D. 流量阀

109. 下列关于液压马达的说法正确的是________。

A. 液压马达属于动力元件

B. 液压马达输入的是压力和流量

C. 液压马达输出的是压力和流量

D. 液压马达的工作过程与液压泵相同

110. 下列关于排量的说法正确的是________。

A. 排量就是泵输出液体的体积　　B. 排量与泵的结构参数有关

C. 外啮合齿轮泵是变量泵　　D. 双作用叶片泵可以作变量泵

111. 下列关于千分尺测量工件时读数说法错误的是________。

A. 读出微分筒边缘在固定套管主尺的毫米整数和半毫米数

B. 看微分筒上哪一格与固定套管上基线对齐，并读出不足半毫米的数

C. 把两个读数加起来就是测得的实际尺寸

D. 读数时应估读到最小刻度的十分之一

112. 在使用游标卡尺前应进行的操作步骤是________。

A. 在润滑部分涂上润滑油

B. 检查测量爪是否变形，并进行调整

C. 当测量爪紧贴在一起时，检查零位是否对准

D. 检查游标是否松开，并通过拧紧止动螺钉进行调整

113. 百分表指针表示的长度单位是________mm。

A. 1　　B. 0.1　　C. 0.01　　D. 0.001

114. 锯割管子和薄板时，必须用________锯条。

A. 粗齿　　B. 中齿　　C. 细齿　　D. 无齿

115. 在零件图上用来确定其他点、线、面位置的基准称为________。

A. 设计基准　　B. 划线基准
C. 定位基准　　D. 以上选项均不正确

116. 锉削工件时，应注意锉刀的平衡，在前进锉削过程中，右手的压力应________。
A. 逐渐加大　　B. 逐渐减小
C. 保持不变　　D. 以上选项均不正确

117. 锯削加工时，用以锯削的线叫作________线。
A. 尺寸界线　　B. 加工余量线
C. 找正　　D. 以上选项均不正确

118. 发现精密量具有不正常现象时，应________。
A. 自己修理　　B. 及时送交计量检修单位修理
C. 继续使用　　D. 可以使用

119. 三相硅整流器中每只二极管在一个周期的连续导通时间为________周期。
A. 1/2　　B. 1/3　　C. 1/4　　D. 1/5

120. 交流发电机中产生磁场的装置是________。
A. 定子　　B. 转子　　C. 电枢　　D. 整流器

121. 交流发电机中定子的作用是________。
A. 产生三相交流电动势　　B. 产生磁场
C. 变交流为直流　　D. 以上选项均不正确

122. 发电机调节器通过调整________来调整发电机电压。
A. 发电机的转速　　B. 发电机的励磁电流
C. 发电机的输出电流　　D. 以上选项均不正确

123. 交流发电机采用的整流电路是________。
A. 单相半波　　B. 单相桥式　　C. 三相半波　　D. 三相桥式

124. 常见起动机驱动小齿轮与飞轮的啮合靠________强制拨动完成。
A. 拨叉　　B. 离合器　　C. 轴承　　D. 齿轮

125. 直流电动机旋转方向的判断法则为________。
A. 右手定则　　B. 左手定则　　C. 双手定则　　D. 安全法则

126. 电磁操纵式起动机主开关接通后，电磁开关中的铁芯被________线圈电磁力保持在吸合位置。
A. 吸引　　B. 保持
C. 吸引与保持　　D. 以上选项均不正确

127. 当发动机起动时，起动机需要强大的起动电流，汽油机一般为 200 ~ 600 A，柴油机一般为________A。
A. 100 ~ 300　　B. 200 ~ 600　　C. 400 ~ 600　　D. 500 ~ 1 000

128. 起动机空转试验的接通时间不得超过________。
A. 5 s　　B. 1 min　　C. 5 min　　D. 10 min

129. 下列关于雾灯的说法错误的是________。

A. 雾灯是保证雾天行驶作业车辆安全的装置

B. 前雾灯用于雨天和雾天道路照明，保证行车安全

C. 雾灯多为黄色、橙色或红色

D. 雾灯工作时是闪烁的

130. 内燃装卸机械在夜间或者恶劣环境中作业必不可少的系统是________。

A. 电源系统　　B. 起动系统

C. 照明装置　　D. 以上选项均不正确

131. 内燃装卸机械前照灯（前大灯）装于车的头部两侧，用于夜间行车时道路的照明。功率一般为________W。

A. 10 ~ 20　　B. 10 ~ 15　　C. 20 ~ 30　　D. 40 ~ 60

132. 制动灯要求其灯光在夜间能明显指示________m 以外。

A. 30　　B. 60　　C. 100　　D. 50

133. 倒车灯的灯光颜色为________色。

A. 红　　B. 黄　　C. 白　　D. 橙

134. 某一侧信号灯工作不正常时，可能的原因是________。

A. 闪光器损坏　　B. 闪光器的电源线或熔丝损坏

C. 该侧个别灯损坏或线路接触不良　　D. 传感器损坏

135. 打开点火开关，踩下制动踏板，制动信号灯不亮，________不是故障原因。

A. 线路断路或短路　　B. 发电机电压过低

C. 制动开关失效　　D. 制动灯损坏

136. 分度值为 0.02 mm 的游标卡尺，游标上 50 小格与尺身上________mm 对齐。

A. 49　　B. 39　　C. 19　　D. 50

137. 不是整数的毫米数，其值小于 1 时，应用________表示。

A. 分数　　B. 小数

C. 分数或小数　　D. 以上选项均不正确

138. 一般硅整流发电机都采用________联结，即每相绕组的首端分别与整流器的硅二极管相接，每相绕组的尾端接在一起，形成中性点 N。

A. 星形　　B. 串联　　C. 三角形　　D. 并联

139. 整流器的作用是把三相同步交流发电机产生的________电转换成直流电输出。

A. 交流　　B. 直流　　C. 低压　　D. 高压

140. 晶体三极管具有________作用。

A. 整流　　B. 放大　　C. 检波　　D. 调节

141. 下列关于梅花扳手的使用说法正确的是________。

A. 用起来对螺栓或螺母的棱角损坏程度小

B. 可以大力拆卸螺栓和螺母

C. 可以套上加力杆增大力矩

D. 以上选项均正确

142. 下列说法错误的是________。

A. 手动工具一般都放置在工具箱或工具车中，并保持工具清洁且分类放置

B. 游标万能角度尺是利用游标读数原理直接测量工件内、外角或进行划线的一种角度量具

C. 用游标万能角度尺测量工件时，要根据所测角度适当组合量尺

D. 锯割薄板零件宜选用粗齿锯条

143. 下列关于钻床的说法错误的是________。

A. 当材料强度、硬度低，钻头直径小时宜选用低转速

B. 钻床结构简单，但加工精度相对较高

C. 可对零件进行钻孔、扩孔、铰孔、锪平面和攻螺纹等加工

D. 通常钻头旋转为主运动，钻头轴向移动为进给运动

144. 钳工常用的锯条长度是________ mm。

A. 500　　B. 400　　C. 300　　D. 200

145. 电动机靠________部分输出机械转矩。

A. 转子　　B. 定子　　C. 接线盒　　D. 风扇

146. 常用的钻床有________。

A. 立钻、摇臂钻、手电钻　　B. 立钻、台钻、摇臂钻

C. 立钻、台钻、摇臂钻、手电钻　　D. 台钻、摇臂钻、手电钻

147. 下列属于呆扳手用途不当的是________。

A. 用于拧紧或拧松标准规格的螺栓或螺母

B. 可以从上、下或横向插入扳手的部位

C. 用于拧紧力矩较大的螺栓或螺母

D. 只能在一个有限的空间扳动螺栓或螺母

148. 当发电机低速运转，电压________蓄电池电动势时，蓄电池向调压器磁化线圈供电，同时进行他励发电。

A. 低于　　B. 高于　　C. 等于　　D. 大于等于

149. 交流发电机转子的作用是________。

A. 固定机身　　B. 产生交变电流

C. 产生旋转磁场　　D. 整流

150. 用数字式万用表测电压值时，黑表笔插入________孔。

A. V　　B. A　　C. COM　　D. mA

151. 起动机起动发动机时，每次起动时间限制为 5 s 左右，是因为________。

A. 蓄电池的端电压下降过快

B. 防止起动机过热

C. 防止电流过大，使点火开关烧坏

D. 防止电流过大，使起动电路的线束过热起火

152. 检查和调整气门间隙时，________。

A. 该气门应在打开位置　　B. 该气门应在关闭位置

C. 该气门的挺杆应处于中间位置　　D. 该气门的挺杆应处于最高位置

153. 信号系统的作用是通过________向其他车辆的司机和行人发出警示，使其引起注意，确保车辆行驶的安全。

A. 信号和灯光　　B. 声响和报警信号

C. 灯光和报警信号　　D. 声响和灯光

154. 下列说法错误的是________。

A. 整流器可以把三相同步交流发电机产生的交变电调整大小后对外输出

B. 车辆用交流发电机按整流二极管可分为 6、8、9、11 管几种类型

C. 内燃装卸机械发电机按励磁绕组搭铁方式不同，又分为外搭铁和内搭铁两种

D. 硅整流发电机由三相同步交流发电机和硅二极管整流器两大部分组成

155. 下列描述不正确的是________。

A. 起动机直流电动机的作用是将蓄电池输入的电能转换为驱动发动机转动的机械动力

B. 起动机均采用交流电动机

C. 起动机传动机构用于将电动机所产生的电磁转矩传递给发动机飞轮

D. 起动机电枢总成由电枢轴、铁芯、电枢绕组、换向器等组成

156. 下列不属于电磁控制式起动机组成部分的是________。

A. 直流电动机　　B. 传动机构　　C. 控制装置　　D. 整流器

157. 下列关于游标卡尺测量工件时读数说法错误的是________。

A. 读出游标上零线左面尺身的毫米整数

B. 读出游标上哪一条刻线与尺身刻线对齐并乘以分度值

C. 把尺身和游标上的尺寸相加即为测得尺寸

D. 以上选项均不正确

158. 柴油机在使用过程中，应根据柴油机的________，定期对柴油机各部位进行清洁、检查、润滑、调整或更换某些零件等技术保养。

A. 技术状态　　B. 工作时间

C. 车辆行驶里程　　D. 以上选项均正确

159. 柴油机工作时喷入气缸的柴油雾化不好、喷油泵供油太多、进气量少都会造成柴油未燃尽，在高温、高压下变成黑色炭粒，夹杂在废气中排出，出现________现象。

A. 冒黑烟　　B. 冒无色透明烟

C. 冒蓝烟　　D. 冒白烟

160. 当柴油机出现转速突然升高，而且________，声音异常、刺耳，排气管冒出大量蓝烟或黑烟，就是柴油机出现了飞车故障。

A. 越来越慢，不受油门控制　　B. 越来越快，但油门可以控制

C. 越来越快，不受油门控制　　D. 越来越慢，但油门可以控制

理论知识考试模拟试卷（二）

一、判断题（下列判断正确的请打“√”，错误的打“×”。每题 0.5 分，共 20 分）

1. 视图主要用于表达物体的外部结构和形状，对物体中不可见的结构和形状在必要时才用细虚线画出。（ ）
2. 物体的一个视图画成剖视后，其他视图的完整性受其影响，一般无须完整画出。（ ）
3. 轴身是轴头与轴端之间的过渡部分，其直径值不一定要取标准值。（ ）
4. 为了避免因应力集中而产生裂纹，轴肩处应圆角过渡。（ ）
5. 实际尺寸是指通过测量所得的尺寸，它也只是接近真实尺寸。（ ）
6. 平键连接中，键的上表面与轮毂键槽底面应紧密配合。（ ）
7. 滑动轴承能获得很高的旋转精度。（ ）
8. 在轮系中，惰轮既可以是前级的从动齿轮，也可以是后级的主动齿轮。（ ）
9. 气门弹簧的功用是关闭气门，使气门压紧在气门座上，防止发动机振动时产生跳动。（ ）
10. 出现进气门、排气门同时开启的现象时，重叠的曲轴转角称为气门叠开角。（ ）
11. 飞轮与曲轴之间应有严格的相对位置，用定位销或不对称布置的螺栓予以保证。（ ）
12. 轴端挡板主要适用于轴上零件的轴向固定。（ ）
13. 为了防止机油沿曲轴轴颈外漏，在曲轴前端装有甩油盘。（ ）
14. 气缸套的上支承密封带与缸套座孔配合较松，常装有 1 ~ 3 道耐热、耐油橡胶密封圈来封水。（ ）
15. 曲轴上钻有贯穿主轴承、曲柄和连杆轴承的油道。（ ）
16. 连杆轴承也称连杆轴瓦（俗称小瓦），装在连杆小头内。（ ）
17. 全液压转向器是一种靠转阀式的伺服阀来控制计量马达的装置。（ ）
18. 在发动机正常工作温度下，全浮式活塞销在连杆衬套内自由转动，在活塞销座孔中固定。（ ）
19. 活塞的基本结构可分为顶部、头部和裙部三个部分。（ ）
20. 分开式气缸盖，即一缸一盖、二缸一盖或三缸一盖。（ ）
21. 双作用叶片泵可为变量泵。（ ）
22. 液压马达与液压泵从能量转换观点上看是互逆的，因此所有的液压泵均可以作为

液压马达使用。 ( )

23. 液压泵的实际输出流量小于其理论流量。 ( )
24. 因液控单向阀关闭时密封性能好，故常用在保压回路和锁紧回路中。 ( )
25. 增速回路的主要元件是增压阀。 ( )
26. 轮边减速器常见的故障是发热，行星齿轮轴套抱死。 ( )
27. 液体静压力沿内法线方向作用于承压面，静止液体内任意点的压力在各方向相等。 ( )
28. 液压传动中，活塞面积一定时，作用在活塞上的推力越大，活塞运动的速度越快。 ( )
29. 实际工作时，溢流阀开口的大小是通过压力的变化来自动调整的。 ( )
30. 调速阀与节流阀的调速性能一样。 ( )
31. 使用扳手时，力矩不足可以加装套管以增加臂长，达到增加力矩的效果。( )
32. 定期保养是指按一定间隔期有计划地对设备进行的强制维护工作。 ( )
33. 液力变矩器可以利用液压的功能，平稳而没有冲击地传递动力。 ( )
34. 典型的液力变矩器通常由三个或三个以上带有叶片的工作轮构成。 ( )
35. 当游标卡尺两量爪贴合时，尺身和游标的零线要对齐。 ( )
36. 对超限箱进行拆箱作业时，根据不同的货类，合理选择机械和工属具，同时要有专人指挥。 ( )
37. 交流发电机的励磁方法为先他励，后自励。 ( )
38. 扳手偶尔可以代替撬棍使用。 ( )
39. 起动机开关断开而停止工作时，继电器的触点张开，保持线圈的电路便改道，经吸引线圈、电动机开关回到蓄电池的正极。 ( )
40. 照明系统主要由灯具、电源和电路三大部分组成。 ( )

二、单项选择题（下列每题的选项中，只有 1 个是正确的，请将其代号填在横线空白处。每题 0.5 分，共 80 分）

1. 视图主要用于表达物体的外部结构和形状，对物体中不可见的结构和形状在必要时用________画出。

A. 粗实线　　B. 细虚线　　C. 细点画线　　D. 剖面线

2. 六个基本视图保持“长对正、高平齐、宽相等”的三等关系，实际画图时，若无特殊情况，优先选用________。

A. 主、仰、右视图　　B. 主、俯、左视图

C. 俯、左、右视图　　D. 俯、左、后视图

3. 绘制剖面线时，同一机械图样中同一零件的剖面线应________。

A. 方向相同、间隔相等　　B. 方向不同、间隔相等

C. 方向不同、间隔不等　　D. 方向相同、间隔不等

4. 画剖视图时，剖切面后的可见结构一般________。

A. 无须全部画出　　B. 不能全部画出　　C. 部分画出　　D. 应全部画出

5. 用剖切面局部地剖开物体所得的剖视图称为________。

A. 半剖视图　　B. 局部剖视图　　C. 断面图　　D. 全剖视图

6. 将断面图形画在视图之内的断面图，称为重合断面图。重合断面的轮廓线用________绘制。

A. 粗实线　　B. 细实线　　C. 细点画线　　D. 细虚线

7. 为了便于装配和安全操作，轴或孔的端部应加工成圆台面，称为________。

A. 起模斜度　　B. 铸造圆角　　C. 倒角　　D. 倒圆

8. ________是确定零件在部件中工作位置的基准面或线。

A. 工艺基准　　B. 尺寸基准　　C. 制造基准　　D. 设计基准

9. 表面结构是表面粗糙度、表面波纹度、表面缺陷、表面纹理和________的总称。

A. 零件材料　　B. 零件强度

C. 表面几何形状　　D. 外形尺寸

10. ________是指公称尺寸相同的、相互结合的孔和轴具有间隙（包括最小间隙为零）的配合。孔的公差带在轴的公差带之上。

A. 间隙配合　　B. 过盈配合

C. 过渡配合　　D. 以上选项均正确

11. 在机床设备中，最常用的轴是________。

A. 传动轴　　B. 转轴　　C. 曲轴　　D. 挠性轴

12. 转轴在工作中既要传递动力，又要支承传动零件。轴上各段按其作用主要分为________。

A. 轴端、轴身和轴尾　　B. 轴头、轴颈和轴身

C. 轴端、轴颈和轴身　　D. 轴头、轴身和轴尾

13. 轴上截面尺寸变化的部分是________。

A. 轴头　　B. 轴颈　　C. 轴身　　D. 轴肩或轴环

14. 接触面积大、承载能力强、对中性和导向性都好的周向固定是________。

A. 紧定螺钉连接　　B. 花键连接　　C. 平键连接　　D. 销钉连接

15. 轴上零件最常用的轴向固定方法是________。

A. 套筒　　B. 轴肩与轴环　　C. 平键连接　　D. 花键连接

16. ________普通平键多用在轴的端部。

A. C 型　　B. A 型　　C. B 型　　D. A 型和 B 型

17. 平键连接主要应用在轴与轮毂之间________的场合。

A. 沿轴向固定并传递轴向力　　B. 沿周向固定并传递转矩

C. 安装与拆卸方便　　D. 连接

18. 下列选项中不属于花键连接特点的是________。

A. 齿浅，对轴的强度削弱小　　B. 适用于经常滑动的连接

C. 多齿承载，承载能力高　　D. 适用于锥形轴与轮毂的连接

19. 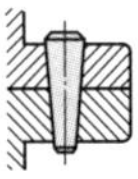 表示销连接的类型为________。

A. 普通圆柱销　　B. 内螺纹圆柱销

C. 普通圆锥销　　D. 带螺纹圆锥销

20. 滚动轴承内圈通常装在轴颈上，与轴________转动。

A. 一起　　B. 相对　　C. 反向　　D. 不会一起

21. 主要承受径向载荷，也可同时承受少量双向轴向载荷，应用最广泛的滚动轴承是________。

A. 推力球轴承　　B. 圆柱滚子轴承

C. 深沟球轴承　　D. 推力调心滚子轴承

22. 滚动轴承安装时，对其内、外圈都要进行必要的轴向固定，以防止运转中产生轴向窜动。常用的轴承外圈的轴向固定形式有________。

A. 利用轴肩的单向固定　　B. 利用轴肩和弹性挡圈的双向固定

C. 利用轴肩和轴端挡圈的双向固定　　D. 利用轴承盖的单向固定

23. 用来承受轴向载荷的滑动轴承称为________。

A. 径向滑动轴承　　B. 止推滑动轴承

C. 径向止推滑动轴承　　D. 整体式径向滑动轴承

24. 轮系采用惰轮的主要目的是使机构具有________的功能。

A. 变速　　B. 变向　　C. 变速和变向　　D. 增加转矩

25. 轮系中各齿轮轴线相互平行时，若外啮合齿轮的对数是________，则首轮与末轮的转向相同。

A. 奇数　　B. 偶数　　C. 任意数　　D. 3 个

26. ________花键形状简单，加工方便，应用较为广泛。

A. 矩形齿　　B. 渐开线　　C. 三角形　　D. 特殊

27. 国家标准规定的，用来确定公差带相对于零线位置的上极限偏差或下极限偏差，一般为靠近零线的那个偏差，称为________。

A. 一般公差　　B. 基本偏差　　C. 标准公差　　D. 公差配合

28. 柴油系统管理不良，不会导致________。

A. 高压泵柱塞与套的磨损加大　　B. 喷油器针阀磨损

C. 涡轮增压器损坏　　D. 出油阀磨损

29. 冷却系统管理不良，不会产生的缺陷是________。

A. 水道生锈、水垢、腐蚀　　B. 水泵损坏

C. 发动机过热　　D. 燃油喷射量过多

30. 曲轴连杆机构的功用是把燃烧气体作用在________上的力转变为曲轴的转矩，并

通过曲轴对外输出机械能。

A. 活塞顶　　B. 活塞销　　C. 活塞环　　D. 连杆

31. 曲柄连杆机构由________三部分组成。

A. 活塞连杆组、曲轴箱和气门组

B. 机体组、活塞连杆组和曲轴飞轮组

C. 气门组、气门传动组和活塞连杆组

D. 气缸体、曲轴箱和曲轴飞轮组

32. 气缸套有________两种形式。

A. 干式和湿式　　B. 干式和综合式

C. 湿式和综合式　　D. 直接冷却和间接冷却

33. 一般气缸套的________，常装有 1 ~ 3 道耐热、耐油橡胶密封圈来封水。

A. 下支承密封带与座孔配合较紧

B. 下支承密封带与座孔配合较松

C. 上支承密封带与座孔无接触

D. 上支承密封带与座孔配合松紧度无关

34. 双列式发动机左、右两列气缸中心线的夹角 $\gamma<180°$ 则称为________发动机。

A. 直列式　　B. V 型

C. 对置式　　D. 单列式

35. 气缸盖的结构中________。

A. 有冷却液套，有机油通道，有进排气通道

B. 有冷却液套，有机油通道，无进排气通道

C. 有冷却液套，无机油通道，有进排气通道

D. 无冷却液套，无机油通道，有进排气通道

36. 下列选项中对活塞的描述不正确的是________。

A. 承受气缸中气体压力并通过活塞销和连杆传给曲轴

B. 活塞裙部用以安装活塞环

C. 要有良好的耐热性、耐磨性

D. 温度变化时，尺寸及形状的变化要小

37. 活塞上________的作用是隔断从活塞顶部传向第一道活塞环的热流，迫使热流方向折转，以消除第一道活塞环过热后产生积炭和卡死在环槽上的可能性。

A. 活塞销　　B. 膨胀槽　　C. 活塞环　　D. 隔热槽

38. 活塞环的间隙有开口间隙、侧隙与________。

A. 端隙　　B. 边隙　　C. 缸壁间隙　　D. 背隙

39. ________的功用是连接活塞与连杆小头，将活塞承受的气体作用力传给连杆。

A. 活塞裙部　　B. 活塞头部　　C. 活塞销　　D. 活塞环

40. 连杆组件由杆身、连杆盖、________等部分组成。

A. 活塞销、活塞环　　B. 活塞销、连杆衬套

C. 活塞销、座孔　　D. 连杆螺栓和连杆轴承

41. 连杆大头在安装时，必须紧固可靠，还必须采用锁止装置，不可采用的锁止方式是________。

A. 防松胶　　B. 开口销

C. 自锁螺母　　D. 增加拧紧力矩

42. 对曲轴描述不正确的是________。

A. 曲轴上钻有贯穿主轴承、曲柄和连杆轴承的油道

B. 一般都在曲柄的相反方向设置平衡重

C. 自身不会轴向窜动

D. 用来驱动发动机其他各种辅助装置

43. 在有足够转动惯量的前提下，尽可能减小飞轮的质量，应使飞轮的大部分质量都集中在________。

A. 轮中心　　B. 轮中心与轮缘之中

C. 距轮中心 1/3 处　　D. 轮缘上

44. 发动机支承除了起支承作用外，还要求具有________功能。因此发动机在车架上用弹性支承。

A. 锁紧　　B. 隔振　　C. 防止位移　　D. 便于拆卸

45. 气门驱动组主要由正时齿轮、凸轮轴、________、调整螺钉和锁紧螺母、摇臂、摇臂轴、摇臂轴支架等组成。

A. 气门挺柱、气门　　B. 气门弹簧、气门

C. 气门弹簧座、气门锁片　　D. 气门挺柱、推杆

46. 气门组主要由气门弹簧、气门、________、气门弹簧座、气门锁片等组成，其功用主要是维持气门的关闭。

A. 正时齿轮、凸轮轴　　B. 气门导管、气门座

C. 气门挺柱、推杆　　D. 摇臂、摇臂轴

47. 气门锥面与气门顶平面的夹角称为气门锥角。常用的气门锥角为________。

A. 20° 和 30°　　B. 30° 和 45°　　C. 45° 和 60°　　D. 60° 和 75°

48. 气门弹簧的形式有________、变螺距圆柱弹簧、内外弹簧。

A. 等距螺旋弹簧　　B. 异形弹簧　　C. 扭力弹簧　　D. 拉伸弹簧

49. 排气门开启持续时间内曲轴转角为________。

A. $\alpha+180°+\beta$　　B. $\gamma+180°+\delta$

C. $\alpha+\delta$　　D. $\beta+\gamma$

50. 走合期实际上是在使用中对________进行磨合加工的工艺过程。

A. 相互配合的摩擦表面　　B. 相互连接件

C. 传动机构　　D. 各个系统

51. 液力传动中，首先机械能向液体动能转化，然后具有动能的工作液体冲击涡轮，使涡轮转动将动力输出，实现________。

A. 能量传递　　B. 机械传动　　C. 液压传动　　D. 热能传递

52. 不属于液力传动特点的是________。

A. 增加了车辆变速器的挡位数

B. 良好的自动适应能力

C. 操作的舒适性好

D. 使机器起动平稳、加速均匀，延长零件寿命

53. 单级单相三元件液力变矩器的“三元件”是指________。

A. 一个泵轮、两个涡轮　　B. 一个导轮、两个涡轮

C. 一个泵轮、两个导轮　　D. 泵轮、涡轮、导轮各一个

54. 典型的液力变矩器中泵轮与输入轴（发动机曲轴）一同旋转，是________。

A. 被动轮　　B. 主动轮　　C. 惰轮　　D. 齿轮

55. 液力变矩器的转矩减小工况是________。

A. 涡轮转速低时，导轮的反冲力增大涡轮上的转矩

B. 涡轮转速升高到某一数值，导轮的反冲力等于零

C. 涡轮转速再升高时，导轮的反冲力减小涡轮上的转矩

D. 泵轮转矩不变，当外载变化时，自动改变涡轮输出的转矩

56. 变矩器工作油流，有一部分油从变速器输入轴与机体的间隙，通过出口传送到________。

A. 油箱　　B. 回油管　　C. 冷却器　　D. 机油滤清器

57. 单排行星齿轮机构中，三元件中任意一个制动，其余两个分别为输入或输出元件，可得到________种不同的传动比。

A. 3　　B. 4　　C. 5　　D. 6

58. 轮边减速器可使驱动桥中主减速器尺寸________。

A. 减小　　B. 增大　　C. 无关　　D. 可大可小

59. 当转向器转阀阀芯处于中间位置时，来自泵的油液经单向阀后，通过转阀返回油箱，液压泵卸荷，这时车辆________行驶。

A. 沿直线　　B. 沿直线或以一定的转弯半径

C. 以一定的转弯半径　　D. 在转弯半径变化中

60. 小松 WA380- Ⅲ型装载机，行车制动器为________制动器，位于驱动桥内，制动力强，免维护。

A. 全盘式　　B. 全密封、湿式多盘

C. 鼓式车轮　　D. 钳盘式

61. 一般多数机械的驻车制动器安装在________，传动机构是独立的。

A. 变速器或分动器之后　　B. 主减速器主动轴的前端

C. 驱动桥内　　　　　　　　D. 以上选项均不正确

62. 小松 WA380–Ⅲ型装载机驻车制动器安装在变速器内的输出轴轴承上，使用弹簧推力施加制动，并利用________释放制动器。

A. 液压动力　　B. 弹簧推力　　C. 气压动力　　D. 锁止装置

63. 制动传动装置按传力介质的不同可分为液压式和气压式两类，两类相比较，气压传动装置________，常用于大、中型汽车。

A. 构成件少，灵敏度高，制动力较小

B. 构成件少，灵敏度低，制动力较小

C. 构成件多，灵敏度低，制动力大

D. 构成件多，灵敏度高，制动力大

64. 蓄能器使用的气体为________。

A. 氢气　　B. 氮气　　C. 氦气　　D. 氧气

65. 气压制动传动装置中，气顶油、四轮制动的双管路系统主要由空气压缩机、油水分离器、压力控制器、空气罐、________、盘式制动器等组成。

A. 液压总泵、液压分泵　　　　B. 制动泵、加注阀

C. 气制动阀、加力器　　　　　D. 蓄能器、制动阀

66. 连杆的断面形状多为________。

A. "口"字形　　B. "人"字形　　C. "工"字形　　D. "凹"字形

67. 装车作业时，应根据________及质量，装严、码紧、装平。

A. 货类　　B. 货物规格　　C. A、B 都不对　　D. A、B 都对

68. 在运输、装卸和储存保管过程中，容易造成________和财产损毁而需要特别防护的货物均属于危险货物。

A. 人身伤亡　　B. 包装破损　　C. 机械损坏　　D. 货物泄漏

69. 检查和调整气门间隙时，________。

A. 该气门应在打开位置　　　　　B. 该气门应在关闭位置

C. 该气门的挺杆应处于最低位置　D. 该气门的挺杆应处于最高位置

70. 故障诊断的一般原则是________、先简后繁、先熟后生、代码优先、先思后行、先备后用。

A. 先内后外　　　　B. 先查后修

C. 先外后内　　　　D. 以上选项均不正确

71. 液压传动通过液体介质实现能量的转换，下列说法正确的是________。

A. 先由机械能转变为液压能，再由液压能转变为机械能

B. 先由液压能转变为机械能，再由机械能转变为液压能

C. 液压能转变成机械能

D. 机械能转变成液压能

72. 下列关于黏度的错误说法是________。

A. 温度升高，黏度值下降

B. 当工作装置运动速度较高时，宜选用黏度较高的液压油

C. 系统工作压力高时，宜选用高黏度的液压油

D. 黏度过低会导致系统泄漏加剧

73. 液压缸在系统中被称作________元件。

A. 执行元件　　B. 动力元件　　C. 辅助元件　　D. 控制元件

74. 下列选项中不是液压传动在港口装卸机械中得到广泛应用的原因的是________。

A. 液压元件的个性化

B. 组合式、集成式元件和新型密封装置使液压传动效率得到提高

C. 维修技术不断普及提高

D. 保证质量的前提下成本降低

75. 液压系统中压力和流量________。

A. 成正比　　B. 成反比

C. 既不成正比，也不成反比　　D. 以上选项均不正确

76. 减压阀不能减压的原因是________。

A. 阻尼孔堵　　B. 油液中有空气

C. 弹簧过软　　D. 进油口油压低

77. 油泵进口滤网堵塞会造成油泵________。

A. 压力过高　　B. 噪声

C. 发热　　D. 以上选项均不正确

78. 液压泵的最大压力是指泵在短时间内超载所允许的________压力。

A. 极限　　B. 额定　　C. 平均　　D. 最低

79. 沿程压力损失的主要原因是________。

A. 流量过大　　B. 流量过小

C. 方向和速度急剧变化　　D. 油液黏度

80. 压力继电器属于________。

A. 动力元件　　B. 控制元件

C. 执行元件　　D. 辅助元件

81. 外啮合齿轮泵常用作________。

A. 变量泵　　B. 高压泵　　C. 低压泵　　D. 双向泵

82. 下列关于单作用叶片泵的正确说法是________。

A. 定子和转子同心

B. 泵工作时，转子每转一周，形成两次吸油和两次压油

C. 可以通过改变定子和转子之间的的偏心距来调节泵的排量和流量

D. 叶片数取为偶数

83. 液压泵过热的原因之一是________。

A. 间隙过小　　B. 间隙过大　　C. 油液黏度小　　D. 油箱液面过高

84. （图形符号：P_2、P_1）表示的是________。

A. 单向阀　　B. 流量阀　　C. 限压阀　　D. 节流阀

85. 为保证负载变化时，节流阀的前后压力差不变，使通过节流阀的流量基本不变，往往将节流阀与________串联组成调速阀。

A. 减压阀　　B. 定差减压阀　　C. 溢流阀　　D. 压差式溢流阀

86. ________阀不工作时阀口是全开的。

A. 溢流　　B. 顺序　　C. 减压　　D. 节流

87. 单作用叶片泵________。

A. 定子内表面近似腰圆形

B. 转子与定子中心的偏心距可以改变，在重合时，可以获得稳定大流量

C. 可改变输油量，但不可以改变输油方向

D. 转子径向压力不平衡

88. ________是液压系统的储能元件，它能储存液体压力能，并在需要时释放出来供给液压系统。

A. 油箱　　B. 过滤器　　C. 蓄能器　　D. 压力计

89. 能形成差动连接的液压缸是________。

A. 单杆液压缸　　B. 双杆液压缸

C. 柱塞式液压缸　　D. 多级缸

90. 利用三位四通换向阀________的中位机能可以使液压泵卸荷。

A. O 型　　B. M 型　　C. P 型　　D. Y 型

91. 单向阀不能反向截止的原因________。

A. 阀芯错位　　B. 阀芯与阀体内径配合间隙过大

C. 阀芯卡住在打开位置　　D. 以上选项均正确

92. 强度高、耐高温、抗腐蚀性强、过滤精度高的过滤器是________。

A. 网式过滤器　　B. 线隙式过滤器

C. 烧结式过滤器　　D. 纸芯式过滤器

93. 为了避免因各种原因造成油温过高或过低，在液压系统中还应设有________。

A. 冷却器和加热器　　B. 隔板　　C. 回油管　　D. 放油阀

94. 下列关于油箱中间隔板的正确说法是________。

A. 吸油管和回油管在隔板同侧

B. 隔板的作用是进、出油口隔开，分离气泡，沉淀杂质，消散热量

C. 隔板高度为油箱内油面高度的 1/3

D. 油箱隔板设计时与油箱内壁接触要紧密

95. 旁路节流调速回路________。

A. 中的溢流阀可作安全阀使用

B. 可用于重载调速，旁路节流调速损失较小

C. 可用于功率较大的油压系统

D. 以上选项均正确

96. 齿轮泵吸不上油，无油输出的原因可能是________。

A. 吸油管破裂　　B. 泵安装的位置距油面太低

C. 油箱油液面过高　　D. 油液黏度过低

97. 关于梭阀的正确说法是________。

A. 梭阀是两个液控单向阀的组合阀　　B. 梭阀工作时，阀芯来回梭动

C. 梭阀又称液压锁　　D. 梭阀只能保证油液单向流动

98. 换向阀中的“位”是指________。

A. 阀接油管的数目

B. 阀与系统油路的连通数

C. 阀芯相对阀体的可变位置数

D. 阀芯相对阀体相对运动的形式

99. 关于恒流阀，下列说法正确的是________。

A. 恒流阀是由节流阀和溢流阀串联而成

B. 优先保证工作系统的压力和流量

C. 一般在流动机械的转向系统中使用

D. 系统设置恒流阀可以使整个系统恒速高速运行

100. 减少液压冲击可以采取下列选项中的________措施。

A. 在冲击源后安装适当的蓄能器

B. 减小油管直径或采用橡胶软管

C. 适当限制油液在管中的流速

D. 快速关闭或启动阀门

101. 在拧松螺栓的作业中，应选下列工具中的________。

A. 呆扳手　　B. 梅花扳手　　C. 套筒扳手　　D. 活扳手

102. 下列描述正确的是________。

A. 电动工具要使用三线插头并确保插座已经做好接地保护

B. 当需要更大的力量时，可用一根管子将扳手的手柄延长

C. 使用两用扳手紧固螺栓时，先用呆扳手后用梅花扳手

D. 使用活扳手时，可向任何一个方向转动

103. 紧固或者拆卸制动等液压管路时应选用________。

A. 呆扳手　　B. 专用扳手　　C. 套筒扳手　　D. 活扳手

104. 平面锉削时，左小臂与工件锉削面的________方向保持基本平行。

A. 左右　B. 前后　C. 上下　D. 东西

105. 台虎钳是用来夹持工件的夹具，其规格用钳口的________表示。

A. 厚度　B. 硬度　C. 长度　D. 平面度

106. 攻螺纹时，应先用________进行攻制。

A. 头锥　B. 二锥

C. 三锥　D. 以上选项均不正确

107. 经过划线确定加工时的最后尺寸，在加工过程中通过________来保证尺寸的准确性。

A. 测量　B. 划线　C. 加工　D. 观察

108. 分度值为 1/50 mm 的游标卡尺，游标上的第 50 格与主尺上的________ mm 对齐。

A. 49　B. 39　C. 19　D. 100

109. 在工具制造中的划线精度一般要求控制在________mm 之间。

A. 0.01 ~ 0.10　B. 0.10 ~ 0.25

C. 0.25 ~ 0.35　D. 以上选项均不正确

110. 发电机正常工作后，其充电指示灯熄灭，这时灯两端应________。

A. 电压相等　B. 电位相等

C. 电位差相等　D. 电动势相等

111. 当发电机低速运转，电压________蓄电池电动势时，蓄电池向调压器磁化线圈供电，同时进行他励发电。

A. 低于　B. 高于

C. 等于　D. 以上选项均不正确

112. 交流发电机转子的作用是________。

A. 产生三相交流电动势　B. 产生磁场

C. 变交流为直流　D. 以上选项均不正确

113. 发电机调节器是通过调整________来调整发电机电压的。

A. 发电机的转速　B. 发电机的励磁电流

C. 发电机输出电流　D. 都不对

114. 起动机无力起动时，短接起动开关两主接线柱后，起动机转动仍然缓慢无力，甲认为，起动机本身故障，乙认为电池电量不足，你认为________。

A. 甲对　B. 乙对

C. 甲、乙都对　D. 甲、乙都不对

115. 起动机在内燃装卸机械上的起动过程中是________。

A. 先接通起动电源，然后让起动机驱动齿轮与发动机飞轮齿圈正确啮合

B. 先让起动机驱动齿轮与发动机飞轮齿圈正确啮合，然后接通起动电源

C. 接通起动电源的同时，让起动机驱动齿轮与发动机飞轮齿圈正确啮合

D. 以上选项均不正确

116. 下列说法不正确的是________。

A. 交流发电机定子由定子铁芯和定子绕组组成

B. 整流器的作用是把三相同步交流发电机产生的交变电转换成直流电输出

C. 充电指示灯亮表明蓄电池正在放电

D. 硅整流发电机中定子的作用是产生三相直流电

117. 起动机空转的原因之一是________。

A. 蓄电池亏电　　B. 单向离合器打滑

C. 电刷过短　　D. 以上选项均不正确

118. 前照灯主要由灯泡、反射镜和________组成。

A. 灯罩　　B. 灯架　　C. 配光镜　　D. 灯口

119. 电喇叭音调的高低与铁芯气隙有关，铁芯气隙小，膜片的振动频率________。

A. 高　　B. 低　　C. 大　　D. 小

120. 下列关于照明系统的叙述不正确的是________。

A. 前照灯的光源是灯泡

B. 充气灯泡采用钨丝作灯丝，灯泡内充以氩和氮的混合惰性气体

C. 反射镜可使光线向较宽的路面散射

D. 配光镜也称散光玻璃，由透明玻璃压制而成，是透镜和棱镜的组合体

121. 电喇叭按外形可分为螺旋形、________和盆形。

A. 长形　　B. 筒形　　C. 短形　　D. 球形

122. 以下说法正确的是________。

A. 起动电流越大，起动机的转速就越高

B. 起动电流越大，起动机的转速就越低

C. 起动电流越小，起动机的转速就越高

D. 以上选项均不正确

123. 下列关于起动机离合器的正确说法是________。

A. 限制起动机的最大驱动转矩

B. 点火开关离开启动位置，离合器处于分离状态

C. 发动机起动后仍然传递动力

D. 以上选项均正确

124. 起动机电路断路，在起动时将造成________。

A. 起动机转矩小　　B. 起动机旋转不停

C. 起动机空转　　D. 起动机不转

125. 直流串励式电动机的起动转矩________，能在较________时间内输出最大功率。

A. 小；短　　B. 小；长　　C. 大；短　　D. 大；长

126. 起动机一般由直流串励式电动机、传动机构和________三大部分组成。

A. 电源　　B. 电磁开关

C. 控制装置　　D. 以上选项均不正确

127. 下列不属于内燃装卸机械外部灯具的是________。

A. 前照灯　　B. 顶灯　　C. 牌照灯　　D. 转向灯

128. 前照灯应能保证车前有明亮而均匀的照明，使司机能看清车前________的路面障碍物。

A. 10 m 内　　B. 50 m 内

C. 100 ~ 150 m 内　　D. 500 m 以上

129. 控制转向灯闪光频率的是________。

A. 转向灯开关　　B. 点火开关　　C. 蓄电池　　D. 闪光器

130. 下列故障中不会造成前照灯灯光暗淡的是________。

A. 用电设备漏电　　B. 整流充电装置故障

C. 发电机输出电压低　　D. 接触不良

131. 下列关于套筒扳手的使用，说法错误的是________。

A. 在螺母、螺栓的拆卸过程中，应优先选用套筒扳手

B. 套筒扳手使用相对灵活安全

C. 套筒扳手在特殊情况下可以套上加力杆

D. 以上选项均不正确

132. 下列关于扳手的说法正确的是________。

A. 使用套筒扳手时，用力方向应向外推，为的是防止滑脱造成手部受伤

B. 扳手的选用原则为套筒扳手、梅花扳手、呆扳手、活扳手

C. 扳手的选用原则为梅花扳手、活扳手、套筒扳手、呆扳手

D. 以上选项均正确

133. 下列关于旋具的错误说法是________。

A. 旋具型号规格的选择应以沟槽的宽度为原则，不可带电操作

B. 旋具型号规格的选择应以沟槽的形状为原则，可带电操作

C. 使用螺钉旋具时应垂直地顶在螺钉的头部，一边顶压着一边转动螺钉旋具

D. 旋具俗称改锥或起子，主要用于拧紧小力矩、头部开有凹槽的螺栓和螺钉

134. 防止液压油受污染的办法有________。

A. 换油时要彻底清洗系统

B. 直接加入新油

C. 油箱内壁不要涂油漆

D. 油箱底部沉淀物不能超过容量的 1%

135. 钻孔时，________由钻头直径所定。

A. 切削速度　　B. 背吃刀量　　C. 进给量　　D. 转速

136. 表示钻床的字母是________。

A. Z　　B. T　　C. B　　D. C

137. 下列关于呆扳手的选择，说法错误的是________。

A. 呆扳手的型号选择要适当，否则会产生打滑

B. 一般情况下梅花扳手可代替呆扳手

C. 米制（公制）扳手与英制扳手不能互换

D. 应优先选用呆扳手

138. 常见起动机驱动小齿轮与飞轮的啮合靠________强制拨动完成。

A. 拨叉　　B. 离合器　　C. 轴承　　D. 齿轮

139. 下列关于起动机各组成部分及作用说法不正确的是________。

A. 直流串励式电动机，用于将蓄电池的电能转换为电磁力矩

B. 传动机构，用于将电动机的电磁力矩传递给发动机；发动机起动后，则自动断开发动机向起动机逆向动力传递

C. 电磁开关，控制起动机驱动齿轮与发动机飞轮啮合 / 分离和电动机电路的通断

D. 以上选项均不正确

140. 起动系故障分析：点火开关在起动位置时，不能起动，但有磁吸声，用一字螺钉旋具短接电源接线柱与磁吸开关接线柱，能起动着车，甲认为控制线电流过小，导致磁吸力不足，乙认为起动继电器触点接触不良或连接线接触不良。你认为________。

A. 甲对　　B. 乙对

C. 甲、乙都对　　D. 甲、乙都不对

141. 当发动机起动不着火时，下列说法错误的是________。

A. 可能是蓄电池容量低　　B. 可能是无高压电

C. 可能是不来油　　D. 可能是发电机有故障

142. 起动机空转试验的接通时间不得超过________。

A. 5 s　　B. 1 min　　C. 5 min　　D. 15 min

143. 刮水器的电动机一般为________。

A. 单向直流电动机　　B. 双向交流电动机

C. 永磁双向直流电动机　　D. 串励式直流电动机

144. 以下说法正确的是________。

A. 游标万能角度尺在使用前，应将测量尺和被测量工件擦干净，避免误差

B. 扩孔时的切削速度比钻孔时的切削速度高

C. 电动砂轮机的尺寸各不相同，但转速相同

D. 所有万用表在使用前，应先进行“机械调零”，即在两表笔短接时，使万用表指针指在零电压或零电流的位置上

145. 下列描述不正确的是________。

A. 内燃装卸机械发电机都采用内搭铁

B. 扩孔时的切削速度比钻孔时的切削速度低

C. 当材料强度、硬度低，钻头直径小时宜选用高转速

D. 当钻孔用直径很大的钻头时转速宜降低

146. 滑阀式阀芯的特点是________。

A. 其截面为圆形

B. 阀芯本体上开有若干个径向平衡槽

C. 密封性比锥阀芯差

D. 以上选项均正确

147. 下列描述不正确的是________。

A. 前照灯通常采用具有远光灯丝和近光灯丝的双丝灯泡

B. 转向信号装置由转向信号灯、转向信号指示灯、闪光继电器、开关等组成

C. 制动信号装置由制动信号灯、制动灯开关及连接线路组成

D. 闪光器是控制转向信号灯闪烁亮度的装置

148. 下列电源系统充电电流不稳的原因中说法错误的是________。

A. 励磁绕组局部短路　　B. 电刷压力不足，接触不良

C. 线圈电阻有故障　　D. 发电机转子集电环失圆

149. 液压系统中细长小孔一般用作________。

A. 阻尼孔　　B. 节流阀　　C. 单向阀　　D. 泄压阀

150. 下列关于起锯操作要点的说法不正确的是________。

A. 起锯角为 0°

B. 可以用拇指对锯条进行导向

C. 锯削速度一般在 30 次 /min，推进时速度稍慢

D. 压力大小应适当，保持匀速，回程时不加压力

151. 下列不属于转向信号电路组成部分的是________。

A. 闪光器　　B. 转向信号灯　　C. 转向灯开关　　D. 熔断器

152. 普通单向阀作保压阀时，其开启压力一般________。

A. 为 0.035 ~ 0.05 MPa　　B. 为 0.2 ~ 0.6 MPa

C. 为 0.5 ~ 1.0 MPa　　D. 大于 1 MPa

153. 换向阀每一个联阀的进油腔均与该阀之前的阀中位回油道相通，各联阀的回油腔又都直接与总回油口相通。这种换向阀组属于________连接。

A. 串联　　B. 并联

C. 串并联　　D. 以上选项均不正确

154. 先导式溢流阀中的遥控口直接通油箱，则主阀即被打开，此时系统________。

A. 锁紧　　B. 卸荷　　C. 浮动　　D. 制动

155. 柴油机正常工作时，排出的废气几乎是________的。

A. 黑色　　B. 无色透明　　C. 蓝色　　D. 白色

156. 当柴油机空转时出现“飞车”现象，________，使柴油机熄火。

A. 可迅速堵塞空气滤清器进气口，空气不能进入气缸

B. 可迅速拧松高压油管接头螺母，切断柴油供应

C. 可将减压手柄扳至减压位置

D. 以上选项均正确

157. 齿轮泵两侧端盖上的两个凹槽是________。

A. 卸荷槽　　B. 节流口　　C. 密封槽　　D. 泄油口

158. 下列关于滤油器旁通阀的说法中，正确的是________。

A. 旁通阀打开时，油液不再经过滤芯过滤

B. 旁通阀避免了冷起动时过滤器滤网因产生大的压差而破损

C. 旁通阀实际上就是个插装单向阀

D. 以上选项均正确

159. 溢流阀起限压作用时作________。

A. 调压阀　　B. 溢流阀　　C. 安全阀　　D. 排油阀

160. 液压油选择的理论依据是________。

A. 工作压力　　B. 工作温度

C. 工作速度　　D. 以上选项均正确

理论知识考试模拟试卷（三）

一、判断题（下列判断正确的请打“√”，错误的打“×”。每题 0.5 分，共 20 分）

1. 将物体的某一部分向基本投影面投射所得的视图称为剖视图，简称剖视。（　）
2. 半浮式活塞销是销与座孔固定和销与连杆小头固定。（　）
3. 在铸造零件毛坯时，为便于将木模从砂型中取出，在铸件的内、外壁沿起模方向应有（1∶20 ~ 1∶10）起模斜度。（　）
4. 尺寸公差是指最大极限尺寸与最小极限尺寸之差，简称为公差。也等于上极限偏差减去下极限偏差。（　）
5. 曲轴是实心轴，没有油道、油孔等。（　）
6. 连杆螺栓是一个要承受很大冲击力载荷的重要零件。（　）
7. 连杆组件由连杆小头、杆身和连杆大头（包括连杆盖）三部分组成。（　）
8. 轮系可以方便地实现变速和变向。（　）
9. 气门弹簧的功用是吸收或减缓气门开闭时气门杆和挺杆等机件所产生的惯性。（　）
10. 缸径较小、缸盖负荷较轻的发动机多采用整体式缸盖。（　）
11. 对于全密封、湿式多盘制动器，制动系统故障也可导致轮边减速器润滑不良而损坏。（　）
12. 转向器的操纵是全液压式，在转向柱和转向轮之间也会有机械连接。（　）
13. 单杆活塞式液压缸差动连接时，无杆腔压力必大于有杆腔压力。（　）
14. 液控单向阀的控制油口不通压力油时，其作用与单向阀相同。（　）
15. 在利用远程调压阀的远程调压回路中，只有在溢流阀的调定压力高于远程调压阀的调定压力时，远程调压阀才能起作用。（　）
16. 斜盘式轴向柱塞泵通过调节斜盘角度来调节泵的排量。（　）
17. 三位换向阀的阀芯未操纵时，其所处位置上各油口的连通方式就是它的滑阀机能。（　）
18. 与机械传动相比，液压传动的优点是可以得到严格的传动比。（　）
19. 单向阀用作背压阀时，应将其弹簧更换成软弹簧。（　）
20. 液压传动中功率等于流量和压力的乘积。（　）
21. 使用万用表测量前，一定要保证量程开关正确，以免外电路受损。（　）
22. 使用气动工具时，在没有风动套筒的情况下，可以使用普通套筒代替。（　）
23. 百分表盘面刻有 100 刻度，两条刻线之间代表 0.01 mm。（　）

24. 箱内堆码作业时，叉车进箱后应与作业人员保持一定距离。 ( )

25. 主动维护是以积极主动的态度对导致设备损坏的根源性参数进行监测与控制，有效地防止失效的发生，显著地延长元件及设备的使用寿命。 ( )

26. 可用机械加工方法制作的零件，都可由钳工完成。 ( )

27. 发电机全部是负极搭铁。 ( )

28. 充电指示灯灭说明发电机有故障。 ( )

29. 起动机保持线圈中的电流可以经吸引线圈获得。 ( )

30. 盆形喇叭当电路接通时，线圈产生吸力，上铁芯被吸下并与下铁芯碰撞，产生较低的基本频率。 ( )

31. 心轴在实际应用中都是固定的。 ( )

32. 轴上截面尺寸变化的部分称为轴肩或轴环。 ( )

33. C 型普通平键一般用于轴端。 ( )

34. 花键连接分为矩形花键连接和渐开线花键连接。 ( )

35. 飞轮与曲轴之间不需要有严格的相对位置。 ( )

36. 空气系统管理不良，容易导致进气不足、冒黑烟，发动机动力下降。 ( )

37. 为了防止机油向后漏出，常采用甩油盘、油封和回油螺纹等封油装置。 ( )

38. 变矩器三元件是指泵轮、涡轮、导轮各一个。 ( )

39. 泵轮与变速器输入轴通过花键轴刚性地连接在一起。 ( )

40. 采用液力变矩器，机器受到很大振动与冲击时，冲击会附加到传动系的齿轮和轴上。 ( )

二、单项选择题（下列每题的选项中，只有 1 个是正确的，请将其代号填在横线空白处。每题 0.5 分，共 80 分）

1. 视图分为________四种。

A. 主视图、俯视图、左视图、右视图

B. 平面图、立体图、剖面图、投影图

C. 基本视图、向视图、局部视图和斜视图

D. 剖视图、斜视图、断面图、放大图

2. 将物体的某一部分向________投射所得的视图称为局部视图。

A. 正投影面　　B. 水平投影面　　C. 侧投影面　　D. 基本投影面

3. 剖面线的间隔应按剖面区域的大小确定。剖面线的方向一般与主要轮廓或剖面区域的对称线成________。

A. 30° 角　　B. 45° 角　　C. 60° 角　　D. 90° 角

4. 剖视图标注的三要素是________。

A. 高平齐、长对正、宽相等　　B. 剖切位置、投射方向、对应关系

C. 尺寸线、尺寸界限、尺寸数字　　D. 全标、不标和省标

5. 假想用剖切面将物体的某处切断，仅画出其断面的图形，称为________。

A. 半剖视图　　B. 局部剖视图　　C. 断面图　　D. 全剖视图

6. 绘制局部放大图时，除螺纹牙型及齿轮和链轮的齿形外，应用________圈出被放大部位。

A. 粗实线　　B. 细实线　　C. 细点画线　　D. 细虚线

7. 为防止起模或浇铸时砂型在尖角处脱落和避免铸件冷却收缩时在尖角处产生裂缝，铸件各表面相交处作成圆角，称为________。

A. 起模斜度　　B. 铸造圆角　　C. 倒角　　D. 倒圆

8. 切削加工时，为了便于退出刀具或砂轮，以及在装配时保证与相邻零件靠紧，常在待加工面的轴肩处先车出________。

A. 退刀槽或越程槽　　B. 凸台和凹坑　　C. 倒角　　D. 倒圆

9. ________是零件在加工、测量时的基准面或线。

A. 工艺基准　　B. 尺寸基准　　C. 制造基准　　D. 设计基准

10. 属于表面结构的是________。

A. 零件材料、表面缺陷、表面纹理

B. 表面粗糙度、表面波纹度、表面几何形状

C. 表面几何形状、外形尺寸、表面波纹度

D. 零件强度、外形尺寸、表面缺陷

11. 车床的主轴是________。

A. 传动轴　　B. 心轴　　C. 转轴　　D. 曲轴

12. 具有固定可靠、装拆方便等特点，常用于轴上零件距离较大处及轴端零件的轴向固定的是________。

A. 圆螺母　　B. 圆锥面　　C. 轴肩与轴环　　D. 轴端挡圈

13. 加工容易、装拆方便，应用最广泛的周向固定是________。

A. 平键连接　　B. 过盈配合　　C. 花键连接　　D. 轴端挡板

14. 在键连接中，________的工作面是两个侧面。

A. 普通平键　　B. 切向键　　C. 楔键　　D. 花键

15. 根据平键________的不同，平键可分为 A 型、B 型、C 型三种。

A. 截面形状　　B. 尺寸大小　　C. 端部形状　　D. 制作材料

16. 导向平键比普通平键长，紧定螺钉固定在键槽中，键与轮毂槽采用________。

A. 过盈配合　　B. 过渡配合　　C. 间隙配合　　D. 螺钉连接

17. 不属于半圆键特点的是________。

A. 工作面为键的两侧面

B. 可在轴上的键槽中绕槽底圆弧摆动

C. 多齿承载，承载能力高

D. 键槽对轴的强度削弱较大，只适用于轻载连接

18. 不属于销连接用途的是________。

A. 用于定位，即固定零件间的相对位置

B. 作为组合加工和装配时的辅助零件

C. 用于重载和要求对中性好的场合

D. 用于轴与毂的连接

19. 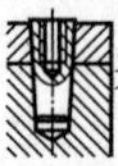 表示销连接的类型为________。

A. 普通圆柱销　　B. 内螺纹圆柱销

C. 普通圆锥销　　D. 带螺纹圆锥销

20. 圆柱滚子轴承与深沟球轴承相比，其承载能力________。

A. 大　　B. 小　　C. 相同　　D. 不确定

21. 滚动轴承一般由内圈、外圈、滚动体和保持架组成，外圈通常装在机座的轴承孔内________。

A. 旋转　　B. 与内圈同时转动

C. 固定不动　　D. 与内圈相对不动

22. 滚动轴承安装时，对其内、外圈都要进行必要的轴向固定，以防止运转中产生轴向窜动。常用的轴承内圈的轴向固定形式有________。

A. 利用弹性挡圈和座孔台肩的双向固定

B. 利用轴肩的单向固定

C. 利用轴承盖和座孔台肩的双向固定

D. 利用轴承盖的单向固定

23. 当两轴相距较远，且要求瞬时传动比准确时，应采用________传动。

A. 带　　B. 链　　C. 轮系　　D. 机械

24. ________当轮系运转时，所有齿轮的几何轴线位置相对于机架固定不变。

A. 周转轮系　　B. 混合轮系

C. 定轴轮系　　D. 周转轮系和混合轮系

25. 轮系中各齿轮轴线相互平行时，若外啮合齿轮的对数是________，则首轮与末轮的转向相反。

A. 奇数　　B. 偶数　　C. 任意数　　D. 4 个

26. 轴上各段用于装配轴承的部分是________。

A. 轴头　　B. 轴颈　　C. 轴身　　D. 轴肩或轴环

27. ________是指公称尺寸相同的、相互结合的孔和轴，具有过盈（包括最小过盈为零）的配合。孔的公差带在轴的公差带之下。

A. 间隙配合　　B. 过盈配合

C. 过渡配合　　D. 以上选项均不正确

28. 柴油系统管理不良，不会导致________。

A. 发动机功率不足　　B. 喷射压力下降

C. 发动机内部机件加速磨损　　D. 燃烧效率下降

29. 发动机正常工作过程中，进气门开启的角度________ 180°。

A. 大于　　B. 小于

C. 等于　　D. 以上选项均正确

30. 活塞环能起密封作用是因为________。

A. 本身的弹性　　B. 润滑油

C. 气体压力　　D. 发动机温度

31. 气缸体下部为支承曲轴的曲轴箱，其内腔为________的空间。

A. 活塞运动　　B. 气门运动

C. 曲轴运动　　D. 冷却液循环

32. 干式缸套，________与冷却液接触。

A. 壁厚一般为 1 ~ 3 mm，不直接　　B. 壁厚一般为 5 ~ 9 mm，不直接

C. 壁厚一般为 1 ~ 3 mm，直接　　D. 壁厚一般为 5 ~ 9 mm，直接

33. 气缸套的支承密封形式有两种，使用较广泛的一种是________，使具有一定弹性的密封圈装入环槽内。

A. 将下支承密封环槽开在气缸套上

B. 将下支承密封环槽开在气缸体上

C. 将上支承密封环槽开在气缸套上

D. 将上支承密封环槽开在气缸体上

34. 双列式发动机左、右两列气缸中心线的夹角 γ=180° 则称为________发动机。

A. 直列式发动机　　B. V 型发动机

C. 对置式发动机　　D. 单列式发动机

35. 气缸盖有分开式和整体式，________多采用整体式缸盖。

A. 缸径较小、缸盖负荷较大的发动机

B. 缸径较小、缸盖负荷较轻的发动机

C. 缸径较大、缸盖负荷较轻的发动机

D. 缸径较大、缸盖负荷较大的发动机

36. ________是燃烧室的组成部分，用来承受气体压力。

A. 活塞顶部　　B. 活塞头部　　C. 活塞裙部　　D. 活塞环

37. 活塞环是在________的条件下工作的，它是发动机中寿命最短的零件之一。

A. 高温、高压、高速和易于润滑　　B. 高温、高速、高压和润滑困难

C. 高温、高速、常压和易于润滑　　D. 高温、高压、低速和易于润滑

38. ________又称端隙，是活塞冷状态下装入气缸后开口处的间隙。

A. 开口间隙　　B. 边隙　　C. 侧隙　　D. 背隙

39. 在发动机正常工作温度时，活塞销能在连杆衬套和活塞销座孔中自由转动，此活

塞销的连接方式为________。

A. 全浮式　　B. 半浮式　　C. 固定式　　D. 转动式

40. 连杆组件由________、连杆螺栓和连杆轴承等部分组成。

A. 活塞销、活塞环　　B. 杆身、连杆盖

C. 活塞销、座孔　　D. 活塞销、连杆衬套

41. 连杆大头在安装时，必须紧固可靠，且必须采用锁止装置，不可采用的锁止方式是________。

A. 双螺母　　B. 增加拧紧力矩

C. 自锁螺母　　D. 螺纹表面镀铜

42. 对曲轴描述不正确的是________。

A. 在工作时，无须很好的平衡

B. 在曲轴前端装有甩油盘

C. 曲轴后端有安装飞轮用的凸缘

D. 曲轴必须用止推片以限制轴向窜动

43. 飞轮是通过________来提高发动机运转的均匀性及改善发动机克服短暂的超负荷能力。

A. 输出转矩　　B. 储存和释放能量

C. 降低发动机转速　　D. 传递动力

44. 为了防止弹性支承元件变形引起发动机纵向移位，一般加装________。

A. 纵向拉杆和弹簧垫圈　　B. 纵向拉杆和橡胶垫块

C. 限位螺钉和橡胶垫块　　D. 限位螺钉和弹簧垫圈

45. 气门驱动组主要由正时齿轮、凸轮轴、气门挺柱、推杆、________、摇臂、摇臂轴、摇臂轴支架等组成。

A. 调整螺钉、气门　　B. 气门弹簧、气门

C. 气门弹簧座、气门锁片　　D. 调整螺钉和锁紧螺母

46. 气门组主要由气门弹簧、气门、气门导管、气门座、________等组成，其功用主要是维持气门的关闭。

A. 正时齿轮、凸轮轴　　B. 气门弹簧座、气门锁片

C. 气门挺柱、推杆　　D. 摇臂、摇臂轴

47. 气门杆身与头部制成一体，装在气门导管内，主要起________作用。

A. 散热　　B. 传力　　C. 密封　　D. 导向

48. 气门弹簧的形式有等距螺旋弹簧、变螺距圆柱弹簧、________。

A. 内外弹簧　　B. 异形弹簧　　C. 扭力弹簧　　D. 拉伸弹簧

49. 气门叠开是进气门在上止点前开启，排气门在上止点后关闭，出现了进、排气门同时开启的现象，重叠的曲轴转角为________。

A. $\alpha+180^\circ+\beta$　　B. $\gamma+180^\circ+\delta$

C. $\alpha+\delta$　　D. $\beta+\delta$

50. 港口装卸机械走合期里程一般规定为 1 500 km，相当于 40 ~ 50 工作小时。走合期内应________运行。

A. 重载限速　B. 减载限速　C. 减载高速　D. 重载高速

51. 液力传动中，将离心泵工作轮（泵轮）和涡轮机工作轮（涡轮）靠近，去掉连接管路，从而形成________。

A. 液压泵　B. 液力变速器　C. 液力变矩器　D. 液压离合器

52. 港口内燃装载机的液力变矩器一般采用________变矩器。

A. 二级四元件　B. 单级四元件　C. 单级三元件　D. 二级五元件

53. 采用液力变矩器，泵轮与涡轮、发动机与变速器之间通过________地连接在一起。

A. 油作为介质，柔性　B. 油作为介质，刚性

C. 机械传动，刚性　D. 机械传动，柔性

54. 典型的液力变矩器中涡轮与输出轴（变速器输入轴）相连，是可旋转的________。

A. 被动轮　B. 主动轮　C. 惰轮　D. 齿轮

55. 工作油液必须采用黏度适合的变矩油。油的黏度太大，泵轮甩向涡轮的油液________。

A. 速度增高，油温升高　B. 速度增高，油温降低

C. 速度降低，油温降低　D. 速度降低，油温升高

56. 单排行星齿轮机构中，三元件中任何一个都不受制动，则行星排________。

A. 有一个自由度　B. 不起传力作用

C. 起传力作用　D. 各元件没有相对运动

57. 轮边减速器在保证驱动桥有足够的离地间隙的同时，可得到________主传动比。

A. 较小的　B. 相同的

C. 可大可小的　D. 较大的

58. 转动转向盘，带动转阀阀芯相对于转阀阀套偏转，马达转子便旋转，转子转动，________，从而消除了转阀阀芯相对于转阀阀套的转角，使转阀阀芯又处于中位。

A. 转阀阀套不转动　B. 转阀阀套是固定的

C. 带动转阀阀套同步旋转　D. 带动转阀阀套不同步旋转

59. 湿式多盘行车制动器，踩下制动踏板时，________的压力油经过制动阀作用在制动液压缸中的活塞上，使主、从动摩擦片紧紧压在一起。

A. 蓄能器中　B. 油箱中

C. 制动泵中　D. 液压油散热器中

60. 驻车制动器制动机构有盘式、鼓式、带式和________等形式。

A. 齿轮式　B. 链式

C. 行星齿轮式　　D. 弹簧作用式

61. 小松 WA380—Ⅲ型装载机驻车制动器是由液压控制的，如果变速器电气或液压出现故障，则不能将驻车制动器释放，这时________，把机械移开。

A. 可用其他设备拖动　　B. 可用手动方法释放

C. 可用附加装置释放　　D. 没有办法

62. 小松 WA380—Ⅲ型装载机制动器为湿式多盘制动器，通过抱住前、后桥的________而实现制动。

A. 太阳轮轮轴　　B. 齿圈

C. 行星齿轮　　D. 行星齿轮架

63. 不属于蓄能器作用的是________。

A. 辅助动力源　　B. 充当控制阀

C. 系统保压　　D. 吸收系统脉动，缓和液压冲击

64. 气压制动传动装置中，气顶油、四轮制动的双管路系统主要由空气压缩机、油水分离器、压力控制器、空气罐、气制动阀、________等组成。

A. 液压总泵、液压分泵　　B. 制动泵、加注阀

C. 加力器、盘式制动器　　D. 蓄能器、制动阀

65. 驻车制动的手动释放方法，只是为了从危险工作区把机械移开。除非机械已经发生故障，否则不要用这方法。操作前不正确的做法是________。

A. 把铲斗下降到地面　　B. 把楔块放在轮胎下

C. 把铲斗升至离地 40 cm　　D. 把发动机关闭

66. 气门弹簧座是通过________固定在气门杆尾端。

A. 锥形销片　　B. 开口销

C. 螺母　　D. 螺钉

67. 钢材类货物装车作业时，严禁________。

A. 碰撞　　B. 砸车帮

C. 急落勾　　D. 以上选项均正确

68. 在运输、装卸和储存保管过程中，容易造成人身伤亡和________而需要特别防护的货物均属于危险货物。

A. 包装破损　　B. 财产损毁

C. 机械故障　　D. 货物泄漏

69. 危险货物作业前，作业人员必须了解危险货物的品名、性质、包装、________和作业注意事项。

A. 消防方法　　B. 防护方法

C. A、B 都不对　　D. A、B 都对

70. 故障诊断的一般原则是先外后内、________、先熟后生、代码优先、先思后行、先备后用。

A. 先内后外　　B. 先查后修
C. 先简后繁　　D. 以上选项均不正确

71. 下列关于液压油的正确说法是________。
A. 液压油的黏性是油液内部产生的摩擦力和切应力的性质
B. 任何状态下液压油都具有黏性
C. 液压油的牌号是指它的凝点
D. 温度升高，液压油的黏度显著升高

72. 在液压系统中不属于辅助元件的零部件是________。
A. 油管　　B. 冷却器　　C. 蓄能器　　D. 压力继电器

73. 下列关于液压缸运行速度的正确说法是________。
A. 液压缸运行速度由进入液压缸液体的流量决定
B. 液压缸运行速度的大小由外负载决定
C. 液压缸运行速度的大小和系统压力成正比
D. 液压缸运行速度的大小和系统压力成反比

74. 液压泵的最大压力比额定压力________。
A. 稍低　　B. 稍高　　C. 相等　　D. 不确定

75. 新装配的齿轮泵如间隙过大会造成泵________。
A. 压力低　　B. 过热　　C. 流量大　　D. 排量大

76. 液压泵密封容积的变化量和变化频率决定泵的________。
A. 压力　　B. 流量　　C. 功率　　D. 转矩

77. 液压泵属于________。
A. 动力元件　　B. 控制元件　　C. 执行元件　　D. 辅助元件

78. 蓄能器属于________。
A. 动力元件　　B. 控制元件　　C. 执行元件　　D. 辅助元件

79. 下列关于液压泵的正确说法是________。
A. 将机械能转换成液压能
B. 将液压能转换成机械能
C. 靠密封的工作空间的容积进行工作
D. 输出的是转速和转矩

80. 外啮合齿轮泵退出啮合则________。
A. 密封空间变大，形成压油　　B. 密封空间变小，形成压油
C. 密封空间变大，形成吸油　　D. 密封空间变小，形成吸油

81. 下列选项中________不会影响外啮合齿轮泵寿命。
A. 泄漏　　B. 气穴
C. 径向力不平衡　　D. 困油

82. 只能成为单向定量泵的是________。

A. 齿轮泵 B. 单作用叶片泵

C. 双作用叶片泵 D. 柱塞泵

83. 摆线转子泵是________泵。

A. 内啮合齿轮泵 B. 内啮合叶片泵

C. 外啮合齿轮泵 D. 外啮合叶片泵

84. 液压泵供油压力低的原因之一是________。

A. 进油不畅 B. 油温过高

C. 间隙太小 D. 进油管太粗

85. 为保证负载变化时节流阀的前后压力差不变，使通过节流阀的流量基本不变，往往将节流阀与________并联组成调速阀。

A. 减压阀 B. 定差减压阀

C. 溢流阀 D. 压差式溢流阀

86. 下列选项中可以构成浮动连接油路，使单活塞杆液压缸的两侧均无压力的滑阀机能是________。

A. O 型 B. P 型 C. Y 型 D. M 型

87. 减压阀进口的压力为 10 MPa，调定压力为 5 MPa，出口压力为________。

A. 4 MPa B. 5 MPa C. 12 MPa D. 无合适答案

88. 拟定液压系统时，应对系统的安全性和可靠性予以足够的重视。为防止过载，________是必不可少的。

A. 溢流阀 B. 顺序阀 C. 平衡阀 D. 节流阀

89. 下列压力控制阀中，________的出油口直接通向油箱。

A. 顺序阀 B. 减压阀 C. 溢流阀 D. 压力继电器

90. 大流量的系统中，主换向阀应采用________换向阀。

A. 电磁 B. 电液 C. 手动 D. 机动

91. 要实现快速运动可采用________回路。

A. 差动连接 B. 调速阀调速

C. 大流量泵供油 D. 浮动

92. 利用三位四通换向阀________的中位机能可以使液压泵卸荷。

A. O 型 B. M 型 C. P 型 D. Y 型

93. 节流阀是控制油液的________。

A. 流量 B. 方向 C. 黏性 D. 压力

94. 蓄能器是液压系统中一种储存油液压力能的装置，其主要功能不包括________。

A. 作辅助动力源 B. 保压和补充泄漏

C. 吸收压力冲击 D. 控制流量

95. 调速阀可以实现________。

A. 执行部件速度的调节

B. 执行部件的运行速度不因负载而变化

C. 调速阀的节流阀两端压差保持恒定

D. 以上选项均正确

96. 回油节流调速回路的特点是________。

A. 调速范围大　　B. 低速轻载时功率损失较大

C. 有背压　　D. 以上选项均正确

97. 齿轮泵输出流量不够，系统压力上不去的原因是________。

A. 齿轮泵出油口滤油器堵塞　　B. 齿轮泵内部间隙太小

C. 密封圈损坏　　D. 油箱液面过高

98. 液动换向阀换向不正常的原因是________。

A. 主阀芯两端的控制油压力不够　　B. 阀体变形卡住阀芯

C. 主阀芯卡死　　D. 以上选项均有可能

99. 对于单杆双作用活塞式液压缸而言，活塞两侧油腔的________相同。

A. 体积　　B. 流量

C. 流速　　D. 油液有效作用面积

100. 恒流阀由节流阀和________并联而成，用以优先保证转向系统的压力和流量。

A. 顺序阀　　B. 液压锁　　C. 溢流阀　　D. 减压阀

101. 千分尺的制造精度分为 0 级和 1 级两种，0 级精度________。

A. 稍差　　B. 一般

C. 最高　　D. 以上选项均不正确

102. 内径千分尺刻线方向与外径千分尺刻线方向________。

A. 相同　　B. 相反

C. 相同或相反　　D. 以上选项均正确

103. 用百分表测量平面时，测头应与平面________。

A. 倾斜　　B. 垂直

C. 水平　　D. 一致

104. 尺寸偏差是________。

A. 正值　　B. 负值

C. 代数值　　D. 以上选项均正确

105. 锯削速度一般应控制在________次 /min 为宜。

A. 20 ~ 30　　B. 30 ~ 40　　C. 40 ~ 50　　D. 50 ~ 60

106. 允许尺寸变化的两个界限值称为________。

A. 公称尺寸　　B. 实际尺寸　　C. 极限尺寸　　D. 误差尺寸

107. 机床需变速时，应________变速。

A. 停车　　B. 旋转时

C. 高速旋转时　　D. 以上选项均不正确

108. 切削加工时，主运动有________个。

A. 一　　B. 两　　C. 三　　D. 四

109. 判断一只整流二极管的好坏时，红表笔接其管壳，黑表笔接中心引线，测得的电阻值约为9 Ω。对换表笔测得的电阻值为∞。该二极管________损坏，该二极管是________。

A. 没有；负极管　　B. 已；正极管

C. 没有；正极管　　D. 已；负极管

110. 晶体三极管的三个电极分别为发射极、集电极和________。

A. 控制极　　B. 基极　　C. 正极　　D. 负极

111. 汽车充电指示灯在发电机未起动或低速时________。

A. 熄灭　　B. 点亮　　C. 充电　　D. 放电

112. 起动机中直流串励电动机的功用是________。

A. 将电能转变为机械能　　B. 将机械能转变为电能

C. 将电能转变为化学能　　D. 以上选项均正确

113. 常见的起动机驱动小齿轮与飞轮的啮合靠________强制拨动完成。

A. 拨叉　　B. 离合器

C. 轴承　　D. 齿轮

114. 在永磁式电动刮水器系统中，改变电动机转速的方式是________。

A. 改变励磁强度　　B. 改变并联支路对数

C. 改变电枢的内阻　　D. 改变三个电刷位置

115. 起动机产生正常转矩是在________。

A. 打开启动开关　　B. 驱动齿轮运动前

C. 驱动齿轮运动中　　D. 驱动齿轮与飞轮齿环啮合后

116. 前照灯按反射镜的结构形式可分为________。

A. 可拆卸式　　B. 半封闭式

C. 封闭式　　D. 以上选项均正确

117. 电喇叭音量的大小与通过喇叭线圈的________大小有关。

A. 电流　　B. 电压

C. 电阻　　D. 以上选项均不正确

118. 为防止洗涤液冻结，可在洗涤器储液罐中加入________。

A. 甘醇　　B. 纯净水　　C. 热水　　D. 自来水

119. 平面划线要选择________个划线基准。

A. 1　　B. 2　　C. 3　　D. 4

120. 交叉锉锉刀运动方向与工件夹持方向约成________角。

A. 10° ~ 20°　　B. 20° ~ 30°　　C. 30° ~ 40°　　D. 40° ~ 50°

121. 判断柴油机故障的常用方法有________、部分停止法、观察法、试探反证法。

A. 耳听法 B. 触摸法

C. 比较法 D. 以上选项均正确

122. 下列装置中________不是风窗玻璃洗涤设备的。

A. 洗涤液缸 B. 电动机 C. 软管 D. 暖风机

123. 锉削工件时，应注意锉刀的平衡，在前进锉削过程中，右手的压力应________。

A. 逐渐加大 B. 逐渐减小

C. 保持不变 D. 以上选项不正确

124. 柴油发动机在起动时的转速通常为________ r/min。

A. 10 B. 100 ~ 200 C. 50 ~ 70 D. 1 200

125. 125 mm 台虎钳，表示台虎钳的________为 125 mm。

A. 钳口宽度 B. 高度 C. 长度 D. 夹持尺寸

126. 发现精密量具有不正常现象时，应________。

A. 自己修理 B. 及时送交计量检修单位修理

C. 继续使用 D. 可以使用

127. 交流发电机定子的作用是________。

A. 产生三相交流电动势 B. 产生磁场

C. 变交流为直流 D. 以上选项均不正确

128. 发电机调节器是通过调整________来调整发电机电压的。

A. 发电机的转速 B. 发电机的励磁电流

C. 发电机的输出电流 D. 以上选项均不正确

129. 交流发电机采用的整流电路是________。

A. 单相半波 B. 单相桥式

C. 三相半波 D. 三相桥式

130. 内燃装卸机械常见的刮水器种类为________。

A. 气压式、液压式 B. 气压式、电动式

C. 液压式、电动式 D. 气压式、手动式

131. 关于活扳手的使用，说法正确的是________。

A. 在螺母、螺栓的拆卸过程中，应优先选用套筒扳手

B. 活扳手使用起来比其他扳手灵活、安全

C. 活扳手在特殊情况下可以套上加力杆

D. 以上选项均不正确

132. 柴油机工作时喷入气缸的燃油含有水分，会使排气出现________现象。

A. 冒黑烟 B. 冒无色透明烟

C. 冒蓝烟 D. 冒白烟

133. 下列关于游标卡尺说法不正确的是________。

A. 游标卡尺不能直接读出尺寸，必须与钢直尺或其他刻线量具配合使用

B. 游标卡尺可以测量内外尺寸、深度、孔距、环形壁厚和沟槽

C. 使用游标卡尺和千分尺时应先将测量面擦净，并检查零位

D. 游标卡尺因精度不同，所以规格和型号也不同

134. 千分尺的微分筒转动一圈，测微螺杆移动________mm。

A. 1　　B. 0.5　　C. 0.01　　D. 0.001

135. 下列不属于手动工具的是________。

A. 扳手　　B. 钳子　　C. 电钻　　D. 手动铰刀

136. 关于呆扳手的使用要点，下列说法不正确的是________。

A. 呆扳手只能在一个有限空间扳动螺栓或螺母，在扳到极限位置后，再将扳手取出重复原先的过程

B. 扳动扳手的方向应朝胸前，而不应往外推，若必须向外推时，应将手掌张开去操作

C. 呆扳手的两个工作面需与螺母的两个面完全接触

D. 有拧紧力矩要求的螺栓或螺母，应用呆扳手做最后拧紧

137. 测量发动机曲轴磨损程度用________。

A. 直尺　　B. 游标卡尺　　C. 千分尺　　D. 内径千分尺

138. 小型乘用车的电气设备额定电压为________V。

A. 12　　B. 6　　C. 24　　D. 48

139. 起动机每次起动的时间不得超过________s，相邻两次起动之间应间隔________s。

A. 30，5　　B. 15，30　　C. 5，30　　D. 5，15

140. 起动机安装起动继电器的目的是为了________。

A. 保护起动开关　　B. 保护起动机

C. 保护发电机　　D. 保护蓄电池

141. 控制转向灯闪光频率的是________。

A. 转向开关　　B. 点火开关　　C. 闪光器　　D. 熔断器

142. 下列说法错误的是________。

A. 千分尺又称螺旋测微器，是一种精密量具

B. 千分尺的测量精度与游标卡尺一样

C. 百分表常用来测量机器零件的各种几何形状偏差和表面相互位置偏差

D. 厚薄规又称塞尺，主要用来测量两平面之间的间隙

143. 下列描述不正确的是________。

A. 严禁在被测电路带电的情况下测量电阻

B. 使用套筒扳手时，用力方向应朝向自己，防止滑脱造成手部受伤

C. 套筒套件中的可弯式接头由于中间为软连接，所以不能进行大扭矩螺栓、螺母的拆卸

D. 砂轮机工作时稍微超过最大转速，不会造成严重事故

144. 下列说法正确的是________。

A. 锉削精度可达到 0.01 mm

B. 碳素工具钢最适合作高速切削刀具用

C. 精密量具也可以用来测量粗糙的毛坯

D. 锯削软材料或锯缝较长的工件时，宜选用细齿锯条

145. 下列说法错误的________。

A. 从定子三相星形绕组中性点引出的接线柱叫中性点接线柱，记为“N”

B. 交流发电机的励磁分为他励和自励两种

C. 硅整流发电机利用硅二极管整流

D. 蓄电池要负极搭铁，发电机则不一定要负极搭铁

146. 下列不属于钳工必须掌握的操作有________。

A. 划线　　B. 錾削、锯削、锉削

C. 钻孔、扩孔　　D. 拆装

147. 造成电源系统充电电流过大的可能原因有________。

A. 蓄电池故障

B. 电压调节器失效

C. 蓄电池与发电机之间连接导线脱落

D. 以上选项均不正确

148. 下列属于起动机的分类方式的是________。

A. 按磁场的产生方式分

B. 按起动电流

C. 按电源分

D. 以上选项均不正确

149. 下列不是内燃装卸机械充电系统组成部分的是________。

A. 交流发电机　　B. 蓄电池　　C. 调节器　　D. 起动继电器

150. 下列不属于发动机对起动机传动机构要求的是________。

A. 驱动齿轮与飞轮啮合平稳

B. 起动后能自动打滑或脱离啮合

C. 发动机工作时，要有控制机构防止点火开关误动作使飞轮再啮合

D. 不用蓄电池供电

151. 液压系统中薄壁小孔一般用作________。

A. 阻尼孔　　B. 节流阀　　C. 单向阀　　D. 泄压阀

152. 关于液压传动，下列说法不正确的是________。

A. 液压传动是基于水力学中的动压原理

B. 是以液体为工作介质的一种能量转换装置

C. 液压传动的整个工作过程经历两次能量转换

D. 液压传动是液体传动的一种基本形式

153. 平衡阀________。

A. 可以防止运动失控

B. 用于平衡系统中某工作部件因自重产生下滑

C. 是内控单向顺序阀和外控单向顺序阀

D. 以上选项均正确

154. 关于油管布局，错误的说法是________。

A. 尽量减少管接头数量　　B. 尽量缩短管路长度

C. 靠近管接头有一段弯曲部分　　D. 弯曲长度要适量，不能斜交

155. 油箱常见的故障有________。

A. 油温严重升高　　B. 油液被污染

C. 振动和噪声　　D. 以上选项均正确

156. 液压系统中职能符号原理图规定________。

A. 原理图不能表示连接系统的通路

B. 符号表示元件的职能

C. 符号表示元件的具体结构和参数

D. 表示元件在机器中的实际安装位置

157. 常开式截止阀的职能符号是________。

A. 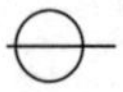　　B. 　　C. 　　D.

158. 单向节流阀________。

A. 正向节流时，反向起单向阀作用

B. 是一个组合阀

C. 节流阀和单向阀各有一个阀芯，也有共用一个阀芯的

D. 以上选项均正确

159. 滤油器中滤芯堵塞后无法清洗，只能更换的是________。

A. 网式滤芯　　B. 线隙式滤芯　　C. 纸式滤芯　　D. 磁性滤芯

160. 液压系统的工作压力主要取决于________。

A. 流量　　B. 外负载　　C. 速度　　D. 机械强度

理论知识考试模拟试卷（四）

一、判断题（下列判断正确的请打“√”，错误的打“×”。每题 0.5 分，共 20 分）

1. 绘制剖面线时，同一机械图样中的同一零件的剖面线应方向相同、间隔相等。（　）
2. 用剖切面局部地剖开物体所得的剖视图，称为断面图。（　）
3. 为防止起模或浇铸时砂型在尖角处脱落和避免铸件冷却收缩时在尖角处产生裂缝，铸件各表面相交处应作成圆角。（　）
4. 一般情况下，零件在长、宽、高三个方向都应有一个主要基准。（　）
5. 合理标注尺寸，应避免出现封闭尺寸链。（　）
6. 气门座有镶嵌式和缸盖加工式两种。（　）
7. 进气滞后角 β 的益处是延长进气时间，在大气压和气体惯性力的作用下，增加进气量。（　）
8. 燃油喷射量过多会造成气缸异常高压，发动机内部温度过高，从而造成内部关键零件的损坏。（　）
9. 发动机磨合后，润滑系不必彻底清洗，也不必重新加注润滑油。（　）
10. 行星齿轮式轮边减速器可以布置在轮毂内部而不增大车辆的外形尺寸。（　）
11. 转轴是在工作中既承受弯矩又传递转矩的轴。（　）
12. 轴头是轴的两端头部的简称。（　）
13. 轮系既可以传递相距较远的两轴之间的运动，又可以获得很大的传动比。（　）
14. 实际工作中，直轴一般采用阶梯轴，以便于轴上零件的定位和装拆。（　）
15. A 型键在键槽中不会产生轴向移动，应用最为广泛。（　）
16. 花键多齿承载，承载能力高，且齿浅，对轴的强度削弱小。（　）
17. 轴承性能的好坏对机器的性能没有影响。（　）
18. 滑动轴承的抗冲击能力比滚动轴承的抗冲击能力强。（　）
19. 泵轮与发动机飞轮通过驱动壳与齿轮刚性地连接在一起。（　）
20. 采用液力变矩器，机器受到很大振动与冲击时，冲击不会附加到传动系的齿轮和轴上。（　）
21. 机械工程图样上，常用的长度单位是 mm。（　）
22. 曲轴必须用止推片以限制其轴向窜动。（　）
23. 曲轴的基本组成包括前端轴、主轴颈、连杆轴颈、凸轮等。（　）
24. 为防止发生测量错误，测量者应对工件进行多次的测量。（　）

25. 连杆由杆身、连杆盖、连杆螺栓和连杆轴承等部分组成。 （ ）

26. 全浮式活塞销在发动机正常工作温度时，活塞销能在连杆衬套和活塞销座孔中自由转动。 （ ）

27. 活塞环是在高温、高压、高速和润滑困难的条件下工作的。 （ ）

28. 活塞导热性能要好，要有良好的耐热性、耐磨性。 （ ）

29. 缸径较大、缸盖负荷较重的发动机多采用整体式缸盖。 （ ）

30. 气门驱动组的功用是定时驱动气门使其开闭。 （ ）

31. 利用液压缸差动连接实现的快速运动回路，一般用于空载。 （ ）

32. 液压传动可方便地实现有级调速，调速范围大。 （ ）

33. 油液黏度过高会造成输油量不足。 （ ）

34. 齿轮泵多用于高压系统，柱塞泵多用于中压系统。 （ ）

35. 例行保养是指为保持港口机械设备技术性能经常处于良好状态和保证设备正常运行，在作业前、作业中和作业后由司机按规定要求对设备进行的检查、紧固、润滑、调整、清洁和补给工作。 （ ）

36. 全液压转向器可以用较小的操纵力实现较大的转向力控制。 （ ）

37. 拆装集装箱作业时，充满箱容的大件，可用吊挂绳扣拖拉的方法。但易损坏、易碎件、精密设备仪器严禁拖拉作业。 （ ）

38. 电流表应与铅蓄电池并联。 （ ）

39. 单向阀、溢流阀、节流阀都可以当作背压阀。 （ ）

40. 采用调速阀的回油节流调速回路，只有节流损失，没有溢流损失。 （ ）

二、单项选择题（下列每题的选项中，只有1个是正确的，请将其代号填在横线空白处。每题0.5分，共80分）

1. 将物体向基本投影面投射所得的视图称为________。

A. 向视图　B. 局部视图　C. 斜视图　D. 基本视图

2. 将物体向________的平面投射所得的视图称为斜视图。

A. 不平行于基本投影面　B. 平行于基本投影面

C. 不平行于正投影面　D. 平行于正投影面

3. 画剖视图时，剖切物体的剖切面必须________。

A. 垂直于相应的投影面　B. 垂直于水平投影面

C. 倾斜于正投影面　D. 倾斜于相应的投影面

4. 用剖切面完全地剖开物体所得的剖视图，称为全剖视图。全剖视图一般适用于________的物体。

A. 外形简单、内部结构简单　B. 外形复杂、内部结构简单

C. 外形简单、内部结构复杂　D. 外形复杂、材料要求复杂

5. 在铸造零件毛坯时，为便于将木模从砂型中取出，在铸件的内、外壁沿起模方向

应有一定的斜度，称为________。

A. 起模斜度　　B. 铸造圆角　　C. 倒角　　D. 倒圆

6. 为了使零件间表面接触良好和减小加工面积，常将两零件的接触表面作成________等结构。

A. 退刀槽或越程槽　　B. 凸台和凹坑　　C. 倒角　　D. 倒圆

7. 设计基准和工艺基准________。

A. 最好能重合　　B. 最好不要重合

C. 只可选择一个　　D. 概念是相同的

8. 评定表面结构常用的轮廓参数有________。

A. 算术平均偏差和轮廓的最大高度　　B. 最大轮廓峰高和取样长度

C. 最大轮廓谷深和取样长度　　D. 算术平均偏差和取样长度

9. 尺寸公差是一个没有符号的绝对值，尺寸公差越小，则________。

A. 尺寸精度越低　　B. 尺寸精度越高

C. 公差带越宽　　D. 公差带越长

10. 国家标准规定的，用来确定公差带大小的任一公差，称为________。

A. 一般公差　　B. 基本偏差　　C. 标准公差　　D. 公差配合

11. 传动齿轮轴是________。

A. 转轴　　B. 心轴　　C. 传动轴　　D. 挠性轴

12. 轴上各段用于装配回转零件（如带轮、齿轮）的部分是________。

A. 轴头　　B. 轴颈　　C. 轴身　　D. 轴肩或轴环

13. 具有结构简单、定位可靠、能承受较大的轴向力等特点，广泛应用于各种轴上零件的轴向固定的是________。

A. 紧定螺钉　　B. 轴肩与轴环

C. 紧定螺钉与挡圈　　D. 销钉连接

14. 同时具有周向和轴向固定作用，但不宜用于重载和经常装拆场合的固定方法是________。

A. 过盈配合　　B. 花键连接　　C. 销钉连接　　D. 平键连接

15. 钻床一般可完成________加工工作。

A. 钻孔　　B. 扩孔

C. 铰孔　　D. 以上选项均正确

16. 在普通平键的三种形式中，________平键在键槽中不会发生轴向移动，所以应用最广。

A. 圆头　　B. 平头　　C. 单圆头　　D. 尖头

17. 滑键与轮毂________，轮毂带动滑键在轴上的键槽中做轴向滑移。

A. 固定　　B. 过渡配合　　C. 间隙配合　　D. 分开

18. 不属于半圆键特点的是________。

A. 对轴的强度削弱小　　B. 有较好的对中性

C. 适用于锥形轴与轮毂的连接　　D. 工作面为键的两侧面

19. 不属于销连接用途的是________。

A. 作为组合加工和装配时的辅助零件　　B. 用于零件的连接

C. 用作安全装置中的过载剪断零件　　D. 适用于经常滑动的连接

20. 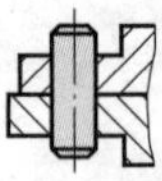 [图] 表示销连接的类型为________。

A. 普通圆柱销　　B. 内螺纹圆柱销

C. 普通圆锥销　　D. 带螺纹圆锥销

21. 可同时承受径向载荷和轴向载荷，一般成对使用的滚动轴承是________。

A. 深沟球轴承　　B. 圆锥滚子轴承

C. 单相推力球轴承　　D. 双向推力球轴承

22. 深沟球轴承的滚动轴承类型代号是________。

A. 4　　B. 5　　C. 6　　D. 7

23. 与滚动轴承相比，滑动轴承的承载能力________。

A. 大　　B. 小　　C. 相同　　D. 不能确定

24. 在轮系中，________对总传动比没有影响，起改变输出轴旋转方向的作用。

A. 惰轮　　B. 蜗轮蜗杆　　C. 锥齿轮　　D. 主动齿轮

25. 不属于轮系应用特点的是________。

A. 可做较远距离的传动

B. 可以方便地实现变速和变向要求

C. 可以实现运动的合成与分解

D. 不可改变传动比

26. 在轮系中两齿轮间若增加________个惰轮时，首、末两轮的转向相同。

A. 奇数　　B. 偶数　　C. 任意　　D. 4

27. ________是基本偏差为一定的孔的公差带，与不同基本偏差的轴的公差带形成各种配合的一种制度。

A. 基孔制　　B. 配合制　　C. 基轴制　　D. 极限与配合

28. 外啮合齿轮泵吸油腔的磨损比压油腔的磨损________。

A. 大　　B. 小　　C. 相等　　D. 不确定

29. 关于卸荷回路，下列说法不正确的是________。

A. 消耗功率大　　B. 卸荷回路会使增加油液发热

C. 延长泵的寿命　　D. 需要经常启闭原动机

30. 下列关于液压图形符号的正确说法是________。

A. 实线表示供油管路、工作压力管路、回油管路

B. 虚线表示控制管路、泄油管路、过滤器

C. 点画线表示元件组合框

D. 以上选项均正确

31. 要求液压缸在中位卸荷且换向平稳，三位换向阀中位机能应该用________。

A. K 型　　B. M 型　　C. H 型　　D. Y 型

32. 缩短油管长度的目的是________。

A. 减少管路压力损失和振动　　B. 减少漏油处

C. 避免管路热伸长　　D. 保持美观

33. 下列关于压力表的错误说法是________。

A. 用于观察和测定液压系统的压力

B. 压力表显示的是系统的绝对压力值

C. 一般系统压力为表量程的 2/3 ~ 3/4

D. 压力表通常装在泵出口的安全阀前面

34. 温度升高会导致液压油的黏度________。

A. 增大　　B. 减小

C. 不变　　D. 以上选项均不正确

35. 表压力是指________。

A. 绝对压力　　B. 相对压力

C. 真空度　　D. 大气压

36. 下列关于液压泵的排量的正确说法是________。

A. 每分钟油泵排出油液的体积　　B. 排量取决于泵的结构参数

C. 排量不可变的称为变量泵　　D. 排量可变的称为定量泵

37. 换向阀串联组成的多路换向阀________。

A. 各联阀所控制的执行元件同时工作

B. 油泵输出的油压要小于所有工作的执行元件两腔的压差

C. 阀的压力损失小

D. 压力油总是先进入压力较低的执行元件

38. 调压回路的主要元件是________。

A. 顺序阀　　B. 单向阀　　C. 减压阀　　D. 溢流阀

39. 游标卡尺按其测量精度，常用的有________mm。

A. 1/30　　B. 1/50　　C. 1/60　　D. 1/40

40. 系统压力不足，在溢流阀处的问题是________。

A. 阀芯胶粘在全开的位置上　　B. 先导阀与阀座之间密合不好

C. 调压弹簧折断　　D. 内泄漏量减小

41. ________是发动机各个机构和系统的装配基体，并由它来保持发动机各运动件相互之间的准确位置关系。

A. 气缸盖　　B. 曲轴　　C. 曲轴箱　　D. 气缸体

42. 湿式气缸套________与冷却液接触。

A. 壁厚一般为 1 ~ 3 mm，不直接　　B. 壁厚一般为 5 ~ 9 mm，不直接

C. 壁厚一般为 1 ~ 3 mm，直接　　D. 壁厚一般为 5 ~ 9 mm，直接

43. 大多数湿式气缸套装入座孔后，其顶面高出气缸体上平面________mm。这样当紧固气缸盖螺栓时，保证气缸更好地密封和气缸套更好地定位。

A. 0.5 ~ 1.5　　B. 0.3 ~ 0.5

C. 0.25 ~ 0.3　　D. 0.05 ~ 0.15

44. 气缸盖的作用是，________并与气缸和活塞顶部共同构成燃烧室。

A. 封闭气缸上部

B. 补偿接合面的不平度

C. 密封气缸内所产生的高温、高压气体

D. 密封冷却液及机油

45. 活塞连杆组由活塞、活塞环、________等主要机件组成。

A. 连杆和气门　　B. 活塞销和连杆

C. 气门、气门弹簧　　D. 曲轴和飞轮

46. ________是活塞环槽以上的部分，承受气体压力，并传给连杆。

A. 活塞顶部　　B. 活塞头部

C. 活塞裙部　　D. 活塞环

47. 气环的功用是________的辅助作用。

A. 密封、散热兼刮油、布油　　B. 刮油、布油兼密封、散热

C. 密封、布油兼隔热　　D. 刮油、散热兼导向

48. ________又称边隙，是环高方向上与环槽之间的间隙。

A. 开口间隙　　B. 端隙　　C. 侧隙　　D. 背隙

49. 在发动机正常工作温度时，活塞销与座孔固定，与连杆小头浮动，此活塞销的连接方式为________。

A. 全浮式　　B. 半浮式　　C. 活塞销　　D. 活塞环

50. 连杆组件由杆身、连杆盖、连杆螺栓和________等部分组成。

A. 连杆轴承　　B. 活塞销　　C. 活塞销座孔　　D. 活塞环

51. 目前大多数发动机所用的连杆轴承是由钢背和减磨层组成的________轴承。

A. 滚动　　B. 滚针　　C. 分开式薄壁　　D. 整体式薄壁

52. 对曲轴描述不正确的是________。

A. 在曲轴前端装有甩油盘

B. 后端常采用甩油盘、油封和回油螺纹等封油装置

C. 在工作时，无须很好的平衡

D. 曲轴上钻有贯穿主轴承、曲柄和连杆轴承的油道

53. 飞轮与曲轴装配后应进行动平衡，否则将引起________并加速主轴承的磨损。

A. 发动机的振动　　B. 发动机转速上升
C. 发动机转速下降　　D. 发动机停转

54. 配气机构主要由________两大部分组成。
A. 气门驱动组和气门组　　B. 活塞连杆组和曲轴飞轮组
C. 机体组和活塞连杆组　　D. 活塞连杆组和气门组

55. 气门驱动组主要由正时齿轮、凸轮轴、气门挺柱、推杆、调整螺钉和锁紧螺母、摇臂、________等组成。
A. 带轮、摇臂轴　　B. 气门弹簧、气门
C. 调整螺钉和锁紧螺母　　D. 摇臂轴、摇臂轴支架

56. 气门组主要由气门弹簧、________、气门座、气门弹簧座、气门锁片等组成，其功用主要是维持气门的关闭。
A. 正时齿轮、凸轮轴　　B. 气门、气门导管
C. 气门挺柱、推杆　　D. 摇臂、摇臂轴

57. 气门尾部制有凹槽（锥形槽或环形槽），用来________。
A. 连接摇臂　　B. 连接推杆
C. 安装锁紧件　　D. 散热

58. 气门弹簧的形式有等距螺旋弹簧、________、内外弹簧。
A. 变螺距圆柱弹簧　　B. 异形弹簧
C. 扭力弹簧　　D. 拉伸弹簧

59. ________是指在机械运行初期改善零件摩擦表面的几何形状和表面层物理机械性能的过程。
A. 故障期　　B. 走合期
C. 有效寿命期　　D. 严重故障期

60. 不属于柴油系统主要危害的有________。
A. 柴油中有水　　B. 机油变质
C. 柴油中有沙与灰尘　　D. 石蜡

61. 空气系统管理不良，不会导致________。
A. 涡轮增压器损坏　　B. 燃油喷射量不足
C. 气缸套磨损　　D. 气门与气门座损坏

62. 曲轴连杆机构的功用是把燃烧气体作用在________上的力转变为曲轴的转矩，并通过曲轴对外输出机械能。
A. 活塞顶　　B. 活塞销
C. 活塞环　　D. 连杆

63. 活塞连杆组零件中________磨损最快。
A. 活塞　　B. 活塞销
C. 活塞环　　D. 连杆

64. 连杆轴承与孔的配合是________配合。

A. 过盈　　B. 间隙　　C. 过渡　　D. 均可

65. 下列换向阀中依靠弹簧力恢复原位的是________。

A. 转阀　　B. 钢球定位式手动阀

C. 电磁阀　　D. 节流阀

66. 1 个大气压约等于________ MPa。

A. 0.1　　B. 1　　C. 10^5　　D. 10^6

67. 关于回油管端斜切 45° 的目的，不正确的是________。

A. 增大出油口截面积　　B. 减慢出油口处油流速度

C. 增大出油口处油流速度　　D. 切口面对箱壁，以利油液散热

68. 先导式溢流阀导阀弹簧比主阀弹簧________。

A. 刚度大　　B. 刚度小　　C. 刚度一样　　D. 开启压力大

69. 装卸易损、易碎及危险货物时，应轻搬轻放，________。

A. 要大不压小，重不压轻　　B. 要大压小，重压轻

C. 随意码放　　D. 以上选项均不正确

70. 在运输、________和储存保管过程中，容易造成人身伤亡和财产损毁而需要特别防护的货物，均属危险货物。

A. 堆垛　　B. 装船　　C. 装卸　　D. 摆放

71. 不属于液力传动特点的是________。

A. 非刚性连接，可吸收发动机和外界负载的冲击和振动

B. 与机械传动比较，机构简单，造价低

C. 具有防振、隔振性能

D. 与机械传动比较，效率低，经济性差

72. 单级单相三元件液力变矩器的“单级”是指________。

A. 泵轮的数目为 1　　B. 涡轮的数目为 1

C. 导轮的数目为 1　　D. 导轮的数目为 2

73. 下列不属于液力变矩器的功能的是________。

A. 利用流体的功能，平稳而没有冲击地传递动力

B. 机器受到很大冲击时，冲击不会附加到传动系的齿轮和轴上

C. 机器受到很大冲击时，离合器易被损坏

D. 随着负载大小的变化而自动改变输出转矩

74. 典型的液力变矩器中导轮与固定在壳体上的导轮固定套管________。

A. 配合滑动　　B. 配合移动　　C. 连接转动　　D. 固接不动

75. 液力变矩器的耦合工况是________。

A. 涡轮转速低时，导轮的反冲力增大涡轮上的转矩

B. 涡轮转速升高到某一数值时，导轮的反冲力等于零

C. 涡轮转速再升高时，导轮的反冲力减小涡轮上的转矩

D. 泵轮转矩不变，当外载变化时，自动改变涡轮输出的转矩

76. 单向离合器可使变矩器在转矩增大工况和耦合工况下，________。

A. 导轮不固定　　B. 导轮固定　　C. 涡轮不固定　　D. 涡轮固定

77. 基本行星排，即单排行星齿轮机构中________。

A. 太阳轮、行星架、齿圈三者同心　　B. 只太阳轮和行星架同心

C. 太阳轮、行星架、齿圈三者不同心　　D. 只太阳轮和齿圈同心

78. 单排行星齿轮机构中，三元件中任何两个元件连成一体，则行星排________。

A. 有一个自由度　　B. 不起传力作用

C. 起传力作用　　D. 各元件之间没有相对运动

79. 整个全液压转向系统一般由________、转向器、安全阀、缓冲阀、单向阀等组成。

A. 泵、转向缸　　B. 转向盘、转向柱

C. 转向横拉杆、转向垂臂　　D. 转向盘、转向横拉杆

80. 只要司机连续地转动转向盘，马达的转子及转阀阀套就会________。

A. 转阀阀套转动，转子不动　　B. 转子转动，转阀阀套不动

C. 间断地随之转动　　D. 连续地随之转动

81. 湿式多盘行车制动器，制动后松开制动踏板时，制动活塞背部的压力油通过制动阀被释放到________。

A. 蓄能器中　　B. 油箱中

C. 制动泵　　D. 液压油散热器

82. 小松 WA380—Ⅲ型装载机，驻车制动器是装在变速器内的一种________制动器。

A. 湿式多盘　　B. 鼓式

C. 浮钳盘式　　D. 定钳盘式

83. 驻车制动的手动释放方法，只是为了从危险工作区把机械移开；除非机械已经发生故障，否则不要用这方法。操作前不正确的做法是________。

A. 把铲斗下降到地面　　B. 把楔块放在轮胎下

C. 发动机在怠速状态　　D. 把发动机关闭

84. 湿式多盘制动器制动时，蓄能器的功用是储存足够的________，以便迅速实施制动，而且即使发动机熄火了，还能在一段时间内有效制动。

A. 惰性气体　　B. 制动压力油

C. 电能　　D. 机械能

85. 气压制动传动装置中，气顶油、四轮制动的双管路系统主要由________、压力控制器、空气罐、气制动阀、加力器、盘式制动器等组成。

A. 液压总泵、液压分泵　　B. 制动泵、加注阀

C. 空气压缩机、油水分离器　　D. 蓄能器、制动阀

86. 下列职能符号中________是压力继电器。

A. 　　B. 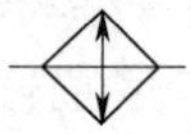　　C. 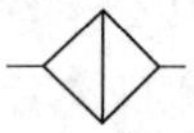　　D.

87. 下列选项中对密封装置的功用叙述错误的是________。

A. 防止系统中的液压油泄漏　　B. 保证通油能力好

C. 保护工作环境　　D. 节省液压油

88. 中央回转接头是________。

A. 用在把装在回转平台上的液压泵压力油输往固定不动的下部行走机构

B. 用在把装在底盘上的液压泵压力油输往回转平台的工作机构

C. 一种多通路的活动铰接管接头

D. 以上选项均正确

89. 气门间隙的调整应在气缸盖螺母按规定力矩拧紧、________的情况下进行，检查和调整气门间隙时，该气门的挺杆应处于最低位置。

A. 气门打开　　B. 摇臂座已紧固

C. A、B 都不对　　D. A、B 都对

90. 故障诊断的一般原则是先外后内、先简后繁、先熟后生、代码优先、________、先备后用。

A. 先思后行　　B. 先查后修

C. 先修后查　　D. 以上选项均不正确

91. 液压传动是通过液体介质的________进行能量转换和传递。

A. 势能　　B. 动能　　C. 热能　　D. 液压能

92. 下列关于液压油的错误说法是________。

A. 油泵入口处的油温最好保持在 55℃以上

B. 液压系统 70% 以上的故障是液压油污染造成的

C. 换油时液压系统要彻底清洗

D. 若系统中进入空气，应及时排除

93. 流量损失的主要原因是________。

A. 压力过大　　B. 压力过小　　C. 泄漏　　D. 换向和换速

94. 下列关于液压缸内漏的错误说法是________。

A. 液压缸内漏发生在活塞杆和缸底接触点

B. 液压缸内漏发生在活塞和缸内壁接触点

C. 液压缸油封密封不良或油封损坏造成的

D. 液压缸大腔和小腔油封损坏判断方法相反

95. 液压缸属于________。

A. 动力元件　　B. 控制元件　　C. 执行元件　　D. 辅助元件

96. 在外啮合齿轮泵前、后盖板或浮动轴套上开卸荷槽的目的是________。

A. 解决泄漏问题　　B. 解决气穴问题

C. 解决径向力不平衡问题　　D. 解决困油问题

97. 港口装卸机械中最常用的是________。

A. 外啮合渐开线齿轮泵　　B. 叶片泵

C. 摆线转子泵　　D. 以上选项均正确

98. 下列关于柱塞泵的正确说法是________。

A. 柱塞泵容积效率低

B. 柱塞的数量一般为偶数

C. 常用于高压、大流量、需要调节流量的场合

D. 对油液污染敏感度低

99. 单向变量液压马达的职能符号是________

A.　　B.　　C.　　D.

100. 下列关于液压系统压力的正确说法是________。

A. 液压系统压力大小由进入液压缸的流量决定

B. 液压系统压力人小出外负载决定

C. 液压系统压力的国际单位是牛顿

D. 液压系统压力和流量成反比

101. 由于气穴的原因而使零件表面产生的剥蚀叫作________现象。

A. 液压冲击　　B. 空穴　　C. 气蚀　　D. 卸荷

102. 港口装卸机械上常采用的液压马达是________马达。

A. 高速小转矩　　B. 低速小转矩　　C. 高速大转矩　　D. 低速大转矩

103. 单作用活塞液压缸一般用在________。

A. 升降机构　　B. 叉车倾斜机构

C. 转向机构　　D. 起重机变幅机构

104. 减压阀进口的压力为 10 MPa，调定压力为 5 MPa，出口压力为________。

A. 4 MPa　　B. 5 MPa

C. 12 MPa　　D. 以上选项均不正确

105. 下列压力控制阀中，________的出油口直接通向油箱。

A. 顺序阀　　B. 减压阀　　C. 溢流阀　　D. 压力继电器

106. 在液压系统中，最粗的油管应该是________。

A. 工作油管　　B. 吸油管　　C. 回油管　　D. 控制油管

107. 齿轮泵泵体压油腔的磨损正常情况下________进油腔的磨损。

A. 大于　　B. 等于　　C. 小于　　D. 不能判断

108. 下列选项中不属于蓄能器的功能的是________。

A. 短时间内供应大量油液　　B. 增大系统压力

C. 缓和压力冲击，吸收压力脉动　　D. 作为应急动力源

109. 单向节流阀一般应用在________。

A. 升降系统　　B. 转向系统

C. 制动系统　　D. 以上选项均不正确

110. 过滤器的作用是________。

A. 储油、散热　　B. 连接液压管路

C. 保护液压元件　　D. 指示系统压力

111. 用万能角度尺测量工件，当测量角度大于90°小于180°时，应加上一个________。

A. 90°　　B. 180°　　C. 360°　　D. 270°

112. 发现精密量具有不正常现象时，应________。

A. 报废　　B. 及时送交计量检修单位检修

C. 继续使用　　D. 以上选项均正确

113. 千分尺测微螺杆上螺纹的螺距是________mm。

A. 0.1　　B. 0.01　　C. 0.5　　D. 1

114. 某发电机的一个接线柱标注有“D+”符号，表示该接线柱为________。

A. 磁场接线柱　　B. 电枢输出接线柱

C. 励磁电压输出接线柱　　D. 中性点接线柱

115. 交流发电机的中性点电压等于发电机直流输出电压的________。

A. 1　　B. 1/2　　C. 1/3　　D. 1/4

116. 充电系统不充电，检查短路调节器“+”“F”接线柱后，开始充电，说明________。

A. 发电机有故障　　B. 调节器有故障

C. 二者都有故障　　D. 以上选项均正确

117. 直流电动机的转矩与________。

A. 电枢电流成正比

B. 磁极磁通成正比

C. 电枢电流和磁极磁通的乘积成正比

D. 以上选项均不正确

118. 起动机工作时电磁开关将主电路接通后，维持活动铁芯在吸合位置的电磁线圈是________。

A. 吸引线圈　　B. 保持线圈　　C. A、B都对　　D. A、B都不对

119. 当内燃装卸机械上照明系统的用电功率较小时，灯的电流直接受________控制。

A. 灯光总开关　　B. 点火开关　　C. 继电器　　D. 断电器

120. 在拧松螺栓的作业中，应选下列________工具。

A. 呆扳手　　B. 梅花扳手　　C. 套筒扳手　　D. 活扳手

121. 平面锉削时，右小臂与工件锉削面的________方向保持基本平行。

A. 左右　　B. 前后　　C. 上下　　D. 东西

122. 台虎钳是用来夹持工件的夹具，其规格用钳口的________表示。

A. 厚度　　B. 硬度　　C. 长度　　D. 平面度

123. 锯割管子和薄板时，必须用________锯条。

A. 粗齿　　B. 中齿　　C. 细齿　　D. 无齿

124. 整流器的作用是把三相同步交流发电机产生的交流电转换成________电输出。

A. 直流　　B. 交流　　C. 高压　　D. 低压

125. 电磁操纵式起动机主开关接通后，电磁开关中的铁芯被________线圈电磁力保持在吸合位置。

A. 吸引　　B. 保持

C. 吸引与保持　　D. 以上选项均不正确

126. 当发电机低速运转，电压________蓄电池电动势时，蓄电池向调压器励磁线圈供电，同时进行他励发电。

A. 低于　　B. 高于

C. 等于　　D. 以上选项均正确

127. 起动机空转的原因之一是________。

A. 蓄电池亏电　　B. 单向离合器打滑

C. 电刷过短　　D. 以上选项均不正确

128. 常见起动机驱动小齿轮与飞轮的啮合靠________强制拨动完成。

A. 拨叉　　B. 离合器　　C. 轴承　　D. 齿轮

129. 内燃装卸机械仪表显示系统中，保留指针式指示方式的主要原因是________。

A. 照顾传统使用习惯

B. 某些数据无法用其他方式显示

C. 方式结构简单、工艺成熟、工作性能稳定可靠

D. 价格便宜

130. 下列________故障会造成刮水器无慢速挡。

A. 点火开关及刮水器开关接触不好　　B. 电动机失效

C. 卸荷继电器损坏　　D. 电动机电源线断路

131. 关于扭力扳手说法正确的是________。

A. 扭力扳手可单独直接使用

B. 可读出所施力矩大小

C. 扭力扳手使用方法与普通扳手相同

D. 以上选项均正确

132. 以下砂轮机说法中不正确的是________。

A. 砂轮机是用来刃磨各种刀具、工具的常用设备

B. 常见砂轮机有台架式和手持式两种

C. 根据所采用的材料不同，砂轮可分为粗粒砂轮和细粒砂轮

D. 以上选项均不正确

133. 万用表在使用时，必须________，以免造成误差。

A. 水平放置　　B. 垂直放置

C. 侧斜放置　　D. 以上选项均不正确

134. 切削用量三要素包括________。

A. 切削厚度、切削宽度、进给量

B. 切削速度、背吃刀量、进给量

C. 切削速度、切削宽度、进给量

D. 切削速度、切削厚度、进给量

135. 台虎钳夹紧工件时，只允许________扳手柄。

A. 用锤子敲击　　B. 用手　　C. 套上长管子　　D. 两人同时

136. 下列属于旋具类工具的是________。

A. 套筒扳手　　B. 剥线钳　　C. 手锯　　D. 铰刀

137. 用量缸表测量时，小指针位置不变，大指针顺时针方向离开“0”位，表示气缸直径________标准尺寸的缸径。

A. 小于　　B. 大于　　C. 等于　　D. 小于等于

138. 交流发电机定子的作用是________。

A. 固定机身　　B. 产生交变电流

C. 产生旋转磁场　　D. 整流

139. 空调系统是内燃装卸机械电器的________系统。

A. 起动　　B. 电源　　C. 灯光信号　　D. 辅助电器

140. 下列说法正确的是________。

A. 起动机是由定子、转子、整流器等组成

B. 起动机是由电枢、磁极、换向器等组成

C. 起动机是由直流串励电动机、传动机构、磁力开关等组成

D. 起动机是由吸引线圈、保持线圈、活动铁芯等组成

141. 起动机电磁开关的作用是________。

A. 控制起动机电流的通断

B. 推动小齿轮啮入飞轮齿圈

C. 控制起动机电流的通断并推动小齿轮啮入飞轮齿圈

D. 将起动机转矩传递给飞轮齿圈

142. 当转向开关打到某一侧时，该侧转向灯亮而不闪，故障可能是________。

A. 闪光继电器坏了　　B. 该侧的灯泡坏了

C. 转向开关有故障　　D. 该侧灯泡的搭铁不好

143. 下列说法不正确的是________。

A. 使用量具时应注意防止由视差而产生的误差

B. 千分尺的使用与读数方法与游标卡尺一样

C. 工具和量具使用前后需进行清洁

D. 使用量缸表测量缸径时，量杆必须与气缸轴线垂直

144. 下列描述不正确的是________。

A. 砂轮机的尺寸是指它能带动的最大砂轮的直径

B. 台虎钳按其结构可分为固定式、旋转式两种

C. 砂轮机磨削工件时，不论大小都不能直接用手抓工件，而需要用手虎钳夹住，这样可以避免把手磨伤或是砂轮把工件卡住

D. 在使用气动扳手时，要注意扭矩大小正确选择挡位，防止拧断螺栓

145. 下列说法错误的是________。

A. 交流发电机一般由定子、转子、整流器、调节器组成

B. 发电机调节器的作用是在发动机转速变化时使发电机的电压仍保持稳定

C. 起动机的作用是将蓄电池的电能转变成电磁转矩，驱动发动机，使发动机起动工作

D. 起动机由直流电动机、传动机构和电磁开关三部分组成

146. 下列________电路不是发电机的基本电路。

A. 充电　　B. 供电　　C. 励磁　　D. 预励磁

147. 下列不属于内燃装卸机械报警装置的是________。

A. 机油压力报警　　B. 倒车报警　　C. 燃油报警　　D. 转向信号

148. 下列关于锉刀的选用原则的错误说法是________。

A. 按锉刀的用途选用　　B. 按断面形状不同选用

C. 按加工精度选用　　D. 按锉刀材质选用

149. 电喇叭按外形可分为螺旋形、________和盆形。

A. 长形　　B. 筒形　　C. 短形　　D. 球形

150. 当照明灯的数量多、功率大时，为了减少开关热负荷，减少线路压降而采用________控制。

A. 灯光总开关　　B. 点火开关　　C. 继电器　　D. 断电器

151. 前照灯的进光灯丝位于________。

A. 焦点上方　　B. 焦点处　　C. 焦点下方　　D. 焦点后方

152. 转向信号灯的最佳闪光频率应为________次 /min。

A. 40 ~ 60　　B. 70 ~ 90

C. 100 ~ 120 D. 20 ~ 40

153. 制动灯的灯光颜色应为________色。

A. 红 B. 黄 C. 白 D. 橙

154. 制动信号灯与车辆制动系统的工作关系为________，由制动信号灯开关控制。

A. 先于制动系统工作 B. 后于制动系统工作

C. 同时工作 D. 以上选项均正确

155. 电喇叭的调整包括音量和________的调整。

A. 音频 B. 音调 C. 音色 D. 音质

156. 下列设备中________不是钳工常用的钻孔设备。

A. 台钻 B. 立钻 C. 摇臂钻 D. 镗床

157. 关于测量误差产生的原因，下列说法不正确的是________。

A. 计算公式不准确 B. 测量方法选择不当

C. 工件安装不合理 D. 计量器制造不理想

158. 关于继电器的作用，下列说法不正确的是________。

A. 减小开关的电流负荷 B. 保护开关触点不被烧蚀

C. 小电流控制大电流的开关作用 D. 以上选项均不正确

159. 判断柴油机故障常用的方法有耳听法、触摸法、________、试探反证法。

A. 部分停止法 B. 比较法

C. 观察法 D. 以上选项均正确

160. 柴油机工作时若有大量的机油进入燃烧室燃烧会造成排气出现________现象。

A. 冒黑烟 B. 冒无色透明烟

C. 冒蓝烟 D. 冒白烟

理论知识考试模拟试卷（一）参考答案

一、判断题

1. √	2. ×	3. √	4. √	5. √	6. √	7. √
8. ×	9. √	10. ×	11. √	12. ×	13. ×	14. √
15. √	16. √	17. √	18. √	19. √	20. √	21. √
22. √	23. √	24. ×	25. √	26. ×	27. √	28. √
29. ×	30. √	31. √	32. ×	33. √	34. √	35. ×
36. √	37. ×	38. ×	39. √	40. √		

二、单项选择题

1. A	2. C	3. A	4. C	5. A	6. A	7. D
8. B	9. D	10. D	11. C	12. C	13. B	14. A
15. A	16. B	17. A	18. D	19. A	20. B	21. A
22. B	23. C	24. C	25. B	26. C	27. C	28. B
29. B	30. B	31. B	32. A	33. B	34. A	35. D
36. B	37. D	38. D	39. B	40. B	41. A	42. B
43. A	44. A	45. B	46. C	47. C	48. B	49. D
50. B	51. C	52. D	53. D	54. B	55. A	56. A
57. C	58. B	59. C	60. C	61. B	62. C	63. C
64. A	65. A	66. A	67. A	68. C	69. A	70. C
71. C	72. D	73. D	74. A	75. B	76. B	77. A
78. B	79. C	80. B	81. A	82. C	83. D	84. C
85. A	86. B	87. B	88. D	89. D	90. D	91. A
92. B	93. B	94. A	95. B	96. A	97. D	98. A
99. D	100. A	101. C	102. D	103. A	104. B	105. D
106. A	107. D	108. B	109. B	110. B	111. C	112. C
113. C	114. C	115. A	116. A	117. B	118. B	119. B
120. B	121. A	122. B	123. D	124. A	125. B	126. C
127. D	128. A	129. D	130. C	131. D	132. C	133. C
134. C	135. B	136. A	137. B	138. A	139. A	140. B
141. A	142. D	143. B	144. C	145. A	146. C	147. C
148. A	149. C	150. C	151. A	152. B	153. D	154. A
155. B	156. D	157. D	158. D	159. A	160. C	

理论知识考试模拟试卷（二）参考答案

一、判断题

1. √	2. ×	3. ×	4. √	5. √	6. ×	7. √
8. √	9. √	10. √	11. √	12. √	13. √	14. ×
15. √	16. ×	17. √	18. ×	19. √	20. √	21. ×
22. ×	23. √	24. √	25. ×	26. √	27. √	28. √
29. √	30. ×	31. ×	32. √	33. ×	34. √	35. √
36. √	37. √	38. ×	39. ×	40. √		

二、单项选择题

1. B	2. B	3. A	4. D	5. B	6. B	7. C
8. D	9. C	10. A	11. B	12. B	13. D	14. B
15. B	16. A	17. B	18. D	19. C	20. A	21. C
22. D	23. B	24. B	25. B	26. A	27. B	28. C
29. D	30. A	31. B	32. A	33. B	34. B	35. A
36. B	37. D	38. D	39. C	40. D	41. D	42. C
43. D	44. B	45. D	46. B	47. B	48. A	49. B
50. A	51. A	52. A	53. D	54. B	55. C	56. C
57. D	58. A	59. B	60. B	61. A	62. A	63. C
64. B	65. C	66. C	67. D	68. A	69. B	70. C
71. A	72. B	73. A	74. A	75. C	76. A	77. B
78. A	79. D	80. B	81. C	82. C	83. A	84. A
85. B	86. C	87. D	88. C	89. A	90. B	91. D
92. C	93. A	94. B	95. D	96. A	97. B	98. C
99. C	100. C	101. C	102. A	103. B	104. A	105. C
106. A	107. A	108. A	109. B	110. B	111. A	112. B
113. B	114. C	115. B	116. D	117. B	118. C	119. A
120. C	121. B	122. A	123. B	124. D	125. C	126. C
127. B	128. C	129. D	130. A	131. D	132. B	133. B
134. A	135. C	136. A	137. D	138. A	139. D	140. B
141. D	142. B	143. A	144. A	145. A	146. D	147. D
148. A	149. A	150. A	151. D	152. B	153. C	154. B
155. B	156. A	157. A	158. D	159. C	160. D	

理论知识考试模拟试卷（三）参考答案

一、判断题

1. ×	2. ×	3. √	4. √	5. ×	6. √	7. ×
8. √	9. √	10. √	11. √	12. ×	13. ×	14. √
15. √	16. √	17. √	18. ×	19. ×	20. √	21. √
22. ×	23. √	24. √	25. √	26. ×	27. ×	28. ×
29. √	30. √	31. ×	32. √	33. √	34. √	35. ×
36. √	37. √	38. √	39. ×	40. ×		

二、单项选择题

1. C	2. D	3. B	4. B	5. C	6. B	7. B
8. A	9. A	10. B	11. C	12. A	13. A	14. A
15. C	16. C	17. C	18. C	19. D	20. A	21. C
22. B	23. C	24. C	25. A	26. B	27. B	28. C
29. A	30. A	31. C	32. A	33. A	34. C	35. B
36. A	37. B	38. A	39. A	40. B	41. B	42. A
43. B	44. B	45. D	46. B	47. D	48. A	49. C
50. B	51. C	52. C	53. A	54. A	55. D	56. B
57. D	58. C	59. A	60. D	61. B	62. A	63. B
64. C	65. C	66. A	67. D	68. B	69. D	70. C
71. A	72. D	73. A	74. B	75. A	76. B	77. A
78. D	79. A	80. C	81. B	82. C	83. A	84. A
85. D	86. C	87. B	88. A	89. C	90. B	91. A
92. B	93. A	94. D	95. D	96. D	97. C	98. D
99. B	100. C	101. C	102. B	103. B	104. C	105. B
106. C	107. A	108. A	109. C	110. B	111. B	112. A
113. A	114. D	115. D	116. D	117. A	118. A	119. B
120. D	121. D	122. D	123. A	124. B	125. A	126. B
127. A	128. B	129. D	130. B	131. D	132. D	133. A
134. B	135. C	136. D	137. C	138. A	139. D	140. A
141. C	142. B	143. D	144. A	145. D	146. D	147. B
148. A	149. D	150. D	151. B	152. A	153. D	154. C
155. D	156. B	157. A	158. D	159. C	160. B	

理论知识考试模拟试卷（四）参考答案

一、判断题

1. √	2. ×	3. √	4. √	5. √	6. √	7. √
8. √	9. ×	10. √	11. √	12. ×	13. √	14. √
15. √	16. √	17. ×	18. √	19. √	20. √	21. √
22. √	23. ×	24. √	25. ×	26. √	27. √	28. √
29. ×	30. √	31. √	32. ×	33. √	34. ×	35. √
36. √	37. √	38. ×	39. √	40. ×		

二、单项选择题

1. D	2. A	3. A	4. C	5. A	6. B	7. A
8. A	9. B	10. C	11. A	12. A	13. B	14. A
15. D	16. A	17. A	18. A	19. D	20. A	21. B
22. C	23. A	24. A	25. D	26. A	27. A	28. A
29. D	30. D	31. B	32. A	33. B	34. B	35. B
36. B	37. A	38. D	39. B	40. B	41. D	42. D
43. D	44. A	45. B	46. B	47. A	48. C	49. B
50. A	51. C	52. C	53. A	54. A	55. D	56. B
57. C	58. A	59. B	60. B	61. B	62. A	63. C
64. A	65. C	66. A	67. C	68. B	69. A	70. C
71. B	72. B	73. C	74. D	75. B	76. B	77. A
78. D	79. A	80. D	81. B	82. A	83. C	84. B
85. C	86. B	87. B	88. D	89. B	90. A	91. D
92. A	93. C	94. A	95. C	96. D	97. A	98. C
99. B	100. B	101. C	102. D	103. A	104. B	105. C
106. B	107. C	108. B	109. A	110. C	111. A	112. B
113. C	114. C	115. B	116. B	117. C	118. B	119. A
120. C	121. B	122. C	123. C	124. A	125. C	126. A
127. B	128. A	129. C	130. C	131. B	132. D	133. B
134. B	135. B	136. A	137. B	138. B	139. D	140. C
141. C	142. A	143. B	144. C	145. A	146. D	147. D
148. D	149. B	150. C	151. A	152. B	153. A	154. C
155. B	156. D	157. D	158. D	159. D	160. C	